D1652840

Gloggengießer – Kröplin – Lhotzky

Das große Mathematik-Arbeitsbuch zur Abiturvorbereitung

Helmut Gloggengießer – Eckart Kröplin –
Alexander Lhotzky

Das große Mathematik-Arbeitsbuch zur Abiturvorbereitung

Infinitesimalrechnung
Lineare Algebra/Analytische Geometrie
Wahrscheinlichkeitsrechnung

Aufgaben mit ausführlichen Lösungen

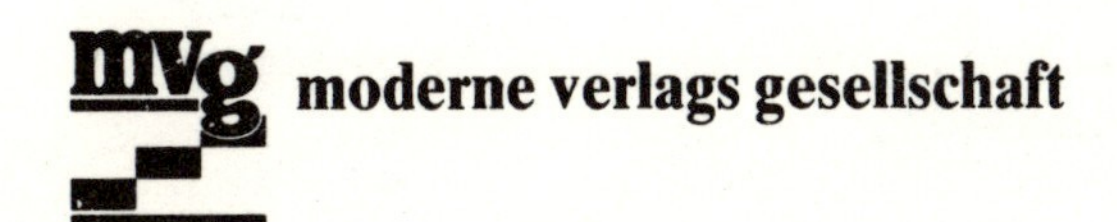

CIP- Kurztitelaufnahme der Deutschen Bibliotheken

Gloggengiesser, Helmut:
Das grosse Mathematik-Arbeitsbuch zur Abiturvorbereitung : Infinitesimalrechnung, lineare Algebra/analyt. Geometrie, Wahrscheinlichkeitsrechnung ; Aufgaben mit ausführl. Lösungen / Helmut Gloggengiesser ; Eckart Kröplin , Alexander Lhotzky. – Landsberg am Lech : Moderne Verlags-Gesellschaft, 1984.
(mvg-Lernhilfen)
ISBN 3 478-04540-1

NE: Kröplin, Eckart:, Lhotzky, Alexander.

8910 Landsberg am Lech
Schutzumschlag: Hendrik van Gemert
Satz: SatzStudio Pfeifer, Germering
Druck und Bindearbeiten: Limburger Vereinsdruckerei, Limburg 4
Printed in Germany 040540/684402
ISBN 3-478-4540-1

Vorwort

Dieses Buch wendet sich an Kollegiaten der zwölften und dreizehnten Jahrgangsstufe, die vollgestopft mit Theorie spüren, daß es Ihnen für die Abiturprüfung noch an Sicherheit fehlt. Diesem Adressatenkreis wird ein neues Lehrbuch wenig Freude machen – was er braucht, ist Praxis: Übungsmaterial mit Kontrollmöglichkeiten. Beides bietet unser Buch. Der Abiturstoff ist nicht lehrbuchmäßig, sondern nach gängigen Aufgabentypen geordnet. Jeder Aufgabenreihe ist ein Einführungstext vorangestellt, der dem Leser frei von mathematischen Ballast, dafür aber umso einprägsamer zeigt, welche Sätze er braucht und wozu. Spitzfindigkeiten, die kurz vor der Reifeprüfung nur irritieren könnten, sind weggelassen. Dafür werden die Kerngedanken an Hand durchgerechneter Beispiele klar herausgearbeitet.

Der gründliche Leser sucht im Inhaltsverzeichnis die Themen, die er noch nicht sicher beherrscht, und rechnet alle einschlägigen Übungsaufgaben der Reihe nach durch. Der Eilige – und auch für ihn ist das Buch gedacht – wird sich auf die Einführungstexte konzentrieren und dort, wo er sich unsicher fühlt, versuchen mindestens eine der folgenden Aufgaben selbständig zu bearbeiten, bevor er die richtige Lösung nachschlägt. Ob Sie nun zu den gründlichen oder eiligen Lesern zählen, wir wünschen Ihnen jedenfalls, daß Sie mit unserem Buch Ihre Erfolgschancen merklich verbessern.

Teil I: Analytische Geometrie

Inhaltsverzeichnis

Teil II: Infinitesimalrechnung

Teil III: Wahrscheinlichkeitsrechnung und Statistik

Teil I: Analytische Geometrie

1. Lineare Vektoroperationen

Addition und Subtraktion von Vektoren

Wir setzen voraus, daß Sie die Rechenoperationen mit Vektoren beherrschen. Dazu gehört die Addition $\vec{a} + \vec{b}$:

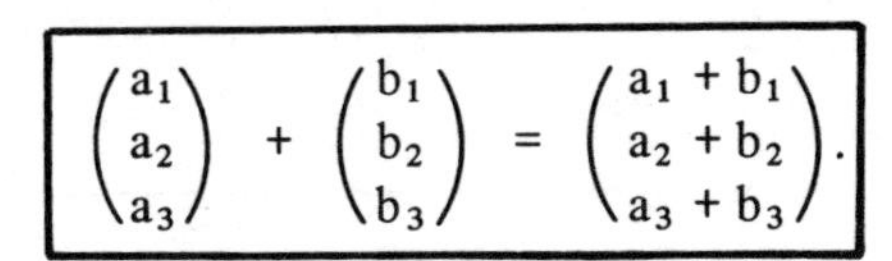

$$\begin{pmatrix} a_1 \\ a_2 \\ a_3 \end{pmatrix} + \begin{pmatrix} b_1 \\ b_2 \\ b_3 \end{pmatrix} = \begin{pmatrix} a_1 + b_1 \\ a_2 + b_2 \\ a_3 + b_3 \end{pmatrix}.$$

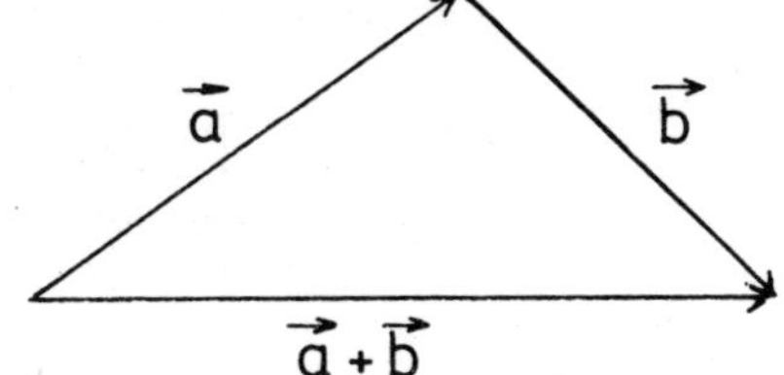

Zwei Vektoren heißen gleich, wenn alle ihre Koordinaten gleich sind. Die Vektorpfeile sind dann gleich lang, parallel und gleichgerichtet.

Für die Vektoraddition gelten

das Kommutativgesetz	$\vec{a} + \vec{b} = \vec{b} + \vec{a}$
und das Assoziativgesetz	$\vec{a} + (\vec{b} + \vec{c}) = (\vec{a} + \vec{b}) + \vec{c}$.

Der zu $\vec{a} = \begin{pmatrix} a_1 \\ a_2 \\ a_3 \end{pmatrix}$ entgegengerichtete Vektor heißt $-\vec{a} = \begin{pmatrix} -a_1 \\ -a_2 \\ -a_3 \end{pmatrix}$.

Es ist $\boxed{\vec{a} + (-\vec{a}) = \vec{o}.}$ $\vec{o}$ bedeutet dabei den Nullvektor, der die Länge O hat und dessen Richtung unbestimmt ist. Statt $\vec{a} + (-\vec{b})$ schreibt man kürzer $\vec{a} - \vec{b}$. Es gilt also die Subtraktionsregel

$$\boxed{\begin{pmatrix} a_1 \\ a_2 \\ a_3 \end{pmatrix} - \begin{pmatrix} b_1 \\ b_2 \\ b_3 \end{pmatrix} = \begin{pmatrix} a_1 - b_1 \\ a_2 - b_2 \\ a_3 - b_3 \end{pmatrix}.}$$

1.1 Rechnen Sie das Assoziativgesetz im zweidimensionalen Raum $\mathbb{R}^2$ mit $\vec{a} = \begin{pmatrix} 1 \\ 3 \end{pmatrix}$, $\vec{b} = \begin{pmatrix} -2 \\ 4 \end{pmatrix}$ und $\vec{c} = \begin{pmatrix} -3 \\ -1 \end{pmatrix}$ nach.

1.2 Berechnen Sie $\vec{a} + \vec{b} + \vec{c}$ mit $\vec{a} = \begin{pmatrix} 3 \\ 5 \\ 0 \end{pmatrix}$, $\vec{b} = \begin{pmatrix} -5 \\ -3 \\ -4 \end{pmatrix}$ und $\vec{c} = \begin{pmatrix} 2 \\ -2 \\ 4 \end{pmatrix}$. Welche geometrische Bedeutung hat das Ergebnis?

1.3 Berechnen Sie $\vec{a} - \vec{b} + \vec{c}$ und $\vec{a} + \vec{b} - \vec{c}$ mit $\vec{a} = \begin{pmatrix} -6 \\ 5 \end{pmatrix}$, $\vec{b} = \begin{pmatrix} -3 \\ 4 \end{pmatrix}$, $\vec{c} = \begin{pmatrix} 2 \\ 0 \end{pmatrix}$.

1.4 Bestimmen Sie den Vektor $\vec{x}$ so, daß $\vec{a} + \vec{x} = \vec{b}$ mit $\vec{a} = \begin{pmatrix} 4 \\ 6 \\ 3 \end{pmatrix}$ und $\vec{b} = \begin{pmatrix} -2 \\ 8 \\ 1 \end{pmatrix}$ wird. Wie heißt die Lösung von $\vec{a} + \vec{x} = \vec{b}$ allgemein?

Verbindungsvektor zweier Punkte

In einem Koordinatensystem bezeichnet man den Vektor $\overrightarrow{OP}$ vom Nullpunkt 0 zum Punkt P als den Ortsvektor $\vec{p}$ von P. Die Koordinaten des Punktes P und des Ortsvektors $\vec{p}$ sind dabei immer gleich.
Sind $\vec{p}$ und $\vec{q}$ die Ortsvektoren von P und Q, dann ist der Verbindungsvektor

$$\boxed{\overrightarrow{PQ} = \vec{q} - \vec{p}.}$$

Dabei wird also vom Ortsvektor des Zielpunktes der des Anfangspunktes subtrahiert.

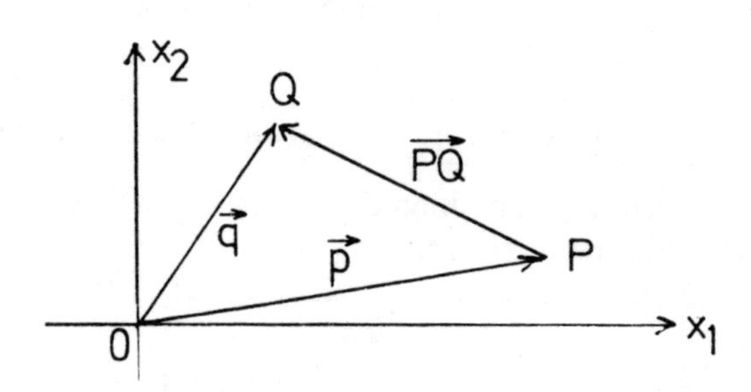

1.5 Überprüfen Sie, ob das Viereck ABCD mit A(1|4), B(5|3), C(0|7) und D(4|6) ein Parallelogramm ist. Benützen Sie, daß im Parallelogramm $\overrightarrow{AB} = \overrightarrow{DC}$ gelten muß.

1.6 Bestimmen Sie D so, daß das Viereck ABCD mit A(0|0|0), B(3|5|−1) und C(6|−2|4) ein Parallelogramm wird.

Translationen

Addiert man zu den Ortsvektoren $\vec{a}, \vec{b}, \vec{c}$ ... aller Punkte A, B, C ... einer Figur denselben Vektor $\vec{t}$, so erhält man die neuen Vektoren $\vec{a}' = \vec{a} + \vec{t}$, $\vec{b}' = \vec{b} + \vec{t}$, $\vec{c}' = \vec{c} + \vec{t}$. . . .
Diese sind die Ortsvektoren der Bildfigur A'B'C' . . . , die aus ABC durch die Parallelverschiebung um den Translationsvektor $\vec{t}$ entsteht.

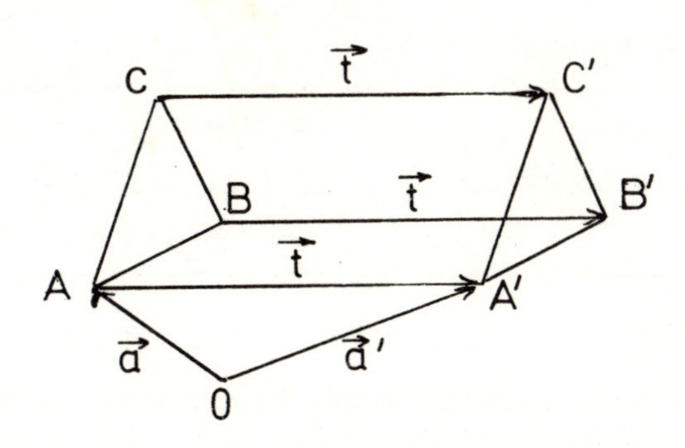

1.7 Welche Koordinaten haben die Ecken des Bilddreiecks A'B'C' von Dreieck A(0|0)B(3|5)C(1|7) nach der Parallelverschiebung um den Vektor $\overrightarrow{AB}$?

1.8 Welche Gleichung hat das Bild der Parabel $y = x^2$ nach der Parallelverschiebung um

$\vec{t} = \begin{pmatrix} 3 \\ -1 \end{pmatrix}$?

Benützen Sie, daß für die Ortsvektoren der neuen Parabel $\begin{pmatrix} x' \\ y' \end{pmatrix} = \begin{pmatrix} x \\ y \end{pmatrix} + \begin{pmatrix} 3 \\ -1 \end{pmatrix}$ gilt.

1.9 Punkt P(2|1|5) wird zuerst um $\vec{t}_1 = \begin{pmatrix} 0 \\ 3 \\ 1 \end{pmatrix}$ nach P_1 und P_1 dann um $\vec{t}_2 = \begin{pmatrix} -2 \\ 3 \\ -1 \end{pmatrix}$ nach P_2 verschoben. Welche Parallelverschiebung bildet P direkt auf P_2 ab?
Wie erhält man den Translationsvektor $\vec{t}$ dieser zusammengesetzten Abbildung allgemein aus $\vec{t}_1$ und $\vec{t}_2$?

Multiplikation eines Vektors mit einer Zahl (S-Multiplikation)

Vektoren lassen sich mit Skalaren, d.h. mit gewöhnlichen Zahlen k multiplizieren:

$$k \cdot \begin{pmatrix} a_1 \\ a_2 \\ a_3 \end{pmatrix} = \begin{pmatrix} ka_1 \\ ka_2 \\ ka_3 \end{pmatrix}.$$

$k\vec{a}$ hat die $|k|$ fache Länge von $\vec{a}$. Für $k > 0$ ist $k\vec{a}$ mit $\vec{a}$ gleichgerichtet, für $k < 0$ entgegengerichtet. Für $k = 0$ ist $k\vec{a} = \vec{o}$.

Für die S-Multiplikation gelten

das Assoziativgesetz	$s(t\vec{a}) = (st)\vec{a}$
und die Distributivgesetze	$(s+t)\vec{a} = s\vec{a} + t\vec{a}$
	$s(\vec{a}+\vec{b}) = s\vec{a} + s\vec{b}$.

1.10 Bestimmen Sie die Verbindungsvektoren der Ecken des Vierecks A(0|0)B(6|2)C(5|5) D(2|4). Warum ist das Viereck ein Trapez?

1.11 Berechnen Sie den Mittelpunkt M der Strecke A(2|3|7) B(4|−1|6). Benützen Sie dabei, daß $\overrightarrow{AM} = \frac{1}{2} \cdot \overrightarrow{AB}$ sein muß.

1.12 Rechnen Sie die beiden Distributivgesetze mit $s = 2$, $t = -3$, $\vec{a} = \begin{pmatrix} 3 \\ 2 \\ 5 \end{pmatrix}$ und $\vec{b} = \begin{pmatrix} -1 \\ 3 \\ -2 \end{pmatrix}$ nach.

Beweisen Sie das zweite Distributivgesetz im $\mathbb{R}^3$ allgemein.

1.13 Vereinfachen Sie $\frac{1}{2}(\vec{a}+\vec{b}) + \frac{1}{3}(\vec{c} - \frac{1}{2}\vec{a} - \frac{1}{2}\vec{b})$.

Streckung

Multipliziert man die Ortsvektoren aller Punkte einer Figur mit demselben Skalar m, so erhält man die Ortsvektoren der Punkte der Bildfigur bei der Streckung mit dem Zentrum 0 und dem Streckungsmaßstab m. Beispiele:

$m = 2$:

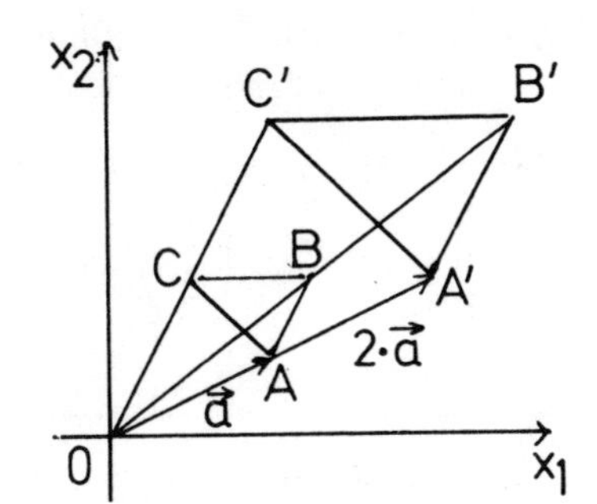

$m = -0{,}8$:

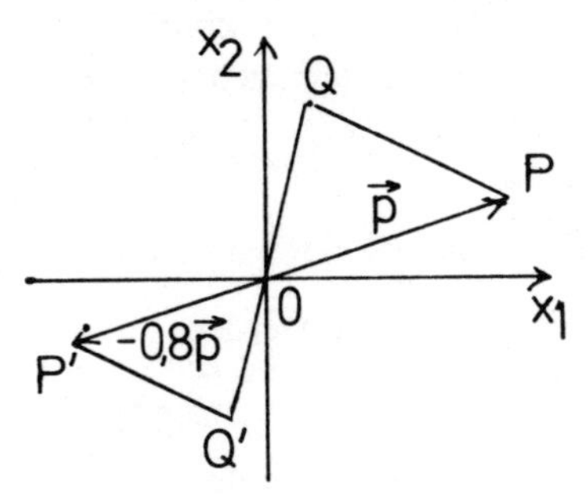

1.14 Geben Sie die Koordinaten der Ecken der Bilddreiecke des Dreiecks $A(-3|-1)$ $B(3|-1)$ $C(0|5)$ nach den Streckungen mit dem Zentrum 0 und den Maßstäben a) $m = \frac{3}{2}$, b) $m = -2$ und c) $m = -1$ an. Warum kann man die letzte Streckung auch als Punktspiegelung bezeichnen?

1.15 Was wird aus der Parabel $y = x^2$ bei der Streckung mit dem Zentrum 0 und mit $m = 3$?

Kollinearität und Komplanarität

Zwei Vektoren $\vec{a}$ und $\vec{b}$ heißen kollinear, wenn es eine Konstante k mit $\vec{a} = k\,\vec{b}$ oder mit $\vec{b} = k\,\vec{a}$ gibt. Sind beide Vektoren von $\vec{o}$ verschieden und kollinear, dann sind sie parallel und umgekehrt.
Drei Vektoren $\vec{a}$, $\vec{b}$ und $\vec{c}$ heißen komplanar, wenn eine der drei Gleichungen

$\vec{a} = s\,\vec{b} + t\,\vec{c}$, $\vec{b} = s\,\vec{a} + t\,\vec{c}$, $\vec{c} = s\,\vec{a} + t\,\vec{b}$

mit geeigneten Konstanten s und t gilt. Sind drei Vektoren von $\vec{o}$ verschieden und komplanar, dann sind sie zu derselben Ebene parallel und umgekehrt.

1.16 Welche von folgenden Vektoren sind kollinear?

$$\vec{a} = \begin{pmatrix} 2 \\ 6 \\ -8 \end{pmatrix}, \vec{b} = \begin{pmatrix} 5 \\ 10 \\ 15 \end{pmatrix}, \vec{c} = \begin{pmatrix} -3 \\ -9 \\ 12 \end{pmatrix}, \vec{d} = \begin{pmatrix} 3 \\ 6 \\ 8 \end{pmatrix}.$$

1.17 Warum ist der Nullvektor mit allen Vektoren kollinear?

1.18 Ist folgender Satz richtig:

Wenn $\vec{a}$ zu $\vec{b}$ kollinear und $\vec{b}$ zu $\vec{c}$ kollinear ist, ist auch $\vec{a}$ zu $\vec{c}$ kollinear. Wenn nein, geben Sie ein Gegenbeispiel an, wenn ja, begründen Sie das.

1.19 Berechnen Sie b_2 und c_1 so, daß $\vec{b} = \begin{pmatrix} 3 \\ b_2 \end{pmatrix}$ und $\vec{c} = \begin{pmatrix} c_1 \\ 5 \end{pmatrix}$ zu $\vec{a} = \begin{pmatrix} 2 \\ -3 \end{pmatrix}$ kollinear werden.

1.20 Welche der folgenden Vierecke ABCD sind eben? Benützen Sie, daß Vierecke eben sind, wenn die Vektoren $\overrightarrow{AB}$, $\overrightarrow{AC}$ und $\overrightarrow{AD}$ komplanar sind.

a) A(1|3|–5)B(3|3|6)C(4|6|7)D(1|4|–7),
b) A(5|2|–1)B(6|4|–2)C(–2|–4|0)D(–5|–2|–3).

1.21 Warum sind drei vom Nullvektor verschiedene Vektoren komplanar, wenn zwei von ihnen kollinear sind? Rechnerische und geometrische Begründung!

1.22 Wie groß muß c_3 sein, damit $\vec{a} = \begin{pmatrix} 1 \\ 0 \\ 5 \end{pmatrix}$, $\vec{b} = \begin{pmatrix} 0 \\ 1 \\ 3 \end{pmatrix}$ und $\vec{c} = \begin{pmatrix} 4 \\ -2 \\ c_3 \end{pmatrix}$ komplanar sind?

1.23 Können bei geeigneter Wahl von c_3 die Vektoren $\vec{a} = \begin{pmatrix} 2 \\ -4 \\ 5 \end{pmatrix}$, $\vec{b} = \begin{pmatrix} -3 \\ 6 \\ -1 \end{pmatrix}$ und $\vec{c} = \begin{pmatrix} 1 \\ 2 \\ c_3 \end{pmatrix}$ komplanar sein?

---

2. Skalarprodukt und Orthogonalität

Das Skalarprodukt

Als Skalarprodukt zweier Vektoren bezeichnet man

$$\vec{a}\,\vec{b} = \begin{pmatrix} a_1 \\ a_2 \\ a_3 \end{pmatrix} \begin{pmatrix} b_1 \\ b_2 \\ b_3 \end{pmatrix} = a_1 b_1 + a_2 b_2 + a_3 b_3 .$$

Das Skalarprodukt eines Vektors $\vec{a}$ mit sich selbst heißt sein Quadrat. = Norm
Es ist das Quadrat seiner Länge $|\vec{a}|$:

$$\vec{a}^{\,2} = \vec{a}\,\vec{a} = a_1^2 + a_2^2 + a_3^2 = |\vec{a}|^2 .$$

Für Skalarprodukte gelten

das kommutative Gesetz	$\vec{a}\,\vec{b} = \vec{b}\,\vec{a}$,
das assoziative Gesetz	$(k\,\vec{a})\,\vec{b} = k(\vec{a}\,\vec{b})$
und das distributive Gesetz	$(\vec{a} + \vec{b})\,\vec{c} = \vec{a}\,\vec{c} + \vec{b}\,\vec{c}$.

2.1 Berechnen Sie

a) $\begin{pmatrix} 2 \\ 1 \end{pmatrix} \begin{pmatrix} 4 \\ 3 \end{pmatrix}$, b) $\begin{pmatrix} 2 \\ -5 \end{pmatrix} \begin{pmatrix} -3 \\ -4 \end{pmatrix}$, c) $\begin{pmatrix} 5 \\ 3 \end{pmatrix} \begin{pmatrix} -3 \\ 5 \end{pmatrix}$,

d) $\begin{pmatrix} 2 \\ 3 \\ -4 \end{pmatrix} \begin{pmatrix} 1 \\ -3 \\ 9 \end{pmatrix}$, e) $\begin{pmatrix} 2 \\ 0 \\ 8 \end{pmatrix} \begin{pmatrix} 0 \\ 3 \\ 5 \end{pmatrix}$, f) $\begin{pmatrix} 7 \\ 5 \\ -3 \end{pmatrix} \begin{pmatrix} -2 \\ 4 \\ 2 \end{pmatrix}$.

2.2 Berechnen Sie die Längen der Vektoren

a) $\begin{pmatrix} 3 \\ -2 \end{pmatrix}$, b) $\begin{pmatrix} 5 \\ 12 \end{pmatrix}$, c) $\begin{pmatrix} 2 \\ 1 \\ 2 \end{pmatrix}$, d) $\begin{pmatrix} 5 \\ 0 \\ 7 \end{pmatrix}$.

2.3 Berechnen Sie die Entfernungen der Punkte P und Q als die Längen ihrer Verbindungsvektoren $\overrightarrow{PQ} = \vec{q} - \vec{p}$:

a) $P(-2|7)$ und $Q(3|5)$,

b) $P(3|-5)$ und $Q(8|-5)$,

c) $P(2|-3|9)$ und $Q(0|-6|3)$.

2.4 Rechnen Sie das assoziative und das distributive Gesetz mit

$$k = 5,\ \vec{a} = \begin{pmatrix} 2 \\ 1 \\ 3 \end{pmatrix},\ \vec{b} = \begin{pmatrix} 5 \\ -7 \\ 2 \end{pmatrix},\ \vec{c} = \begin{pmatrix} -3 \\ 0 \\ -5 \end{pmatrix}$$

nach. Beweisen Sie ihre Gültigkeit im $\mathbb{R}^2$ allgemein.

2.5 Zeigen Sie mit dem distributiven und dem kommutativen Gesetz, daß

$$(\vec{a} + \vec{b})^2 = \vec{a}^2 + 2\vec{a}\vec{b} + \vec{b}^2$$

auch für Vektoren gilt.

2.6 Zeigen Sie mit dem kommutativen und assoziativen Gesetz, daß $(s\vec{a})(t\vec{b}) = (st)\ (\vec{a}\vec{b})$ ist.

Kreis- und Kugelgleichung

Alle Punkte X mit den Ortsvektoren $\vec{x}$, für die

$$|\vec{x} - \vec{m}| = r$$

ist, liegen im $\mathbb{R}^2$ auf dem Kreis, im $\mathbb{R}^3$ auf der Kugel um $M(\vec{m})$ mit dem Radius r. Durch Quadrieren entsteht daraus die Kreis- bzw. Kugelgleichung

$$\boxed{(\vec{x} - \vec{m})^2 = r^2.}$$

So ist

$$\left[\vec{x} - \begin{pmatrix} 1 \\ 2 \\ 4 \end{pmatrix}\right]^2 = 25$$

die Gleichung der Kugel mit Radius $r = 5$ um $M(1|2|4)$.
Umgekehrt können Sie die Gleichung

$$x_1^2 + x_2^2 + x_3^2 + 4x_1 - 6x_2 + 8x_3 - 7 = 0$$

durch quadratische Ergänzung auf die Form

$$(x_1 + 2)^2 + (x_2 - 3)^2 + (x_3 + 4)^2 = 36$$

oder

$$\left[\vec{x} - \begin{pmatrix} -2 \\ 3 \\ -4 \end{pmatrix}\right]^2 = 36$$

bringen. Sie stellt also die Kugel um M(−2|3|−4) mit Radius r = 6 dar.

2.7 Geben Sie die Gleichungen der Kugeln an mit

a) M(0|0|0), r = 4, b) M(1|3|0), r = 5, c) M(−1|−2|1), r = 3.

Schreiben Sie diese Gleichungen vektoriell und in Koordinaten.

2.8 Geben Sie Mittelpunkt und Radius folgender Kugeln an:

a) $x_1^2 + x_2^2 + x_3^2 - 8x_1 + 8x_2 + 4x_3 + 4 = 0$,

b) $\vec{x}^2 + 5x_1 - x_3 + 2{,}5 = 0$,

c) $\vec{x}^2 - \begin{pmatrix} 6 \\ 0 \\ 8 \end{pmatrix} \vec{x} = 0$.

2.9 Stellt die Gleichung

$x_1^2 + x_2^2 - 6x_2 + 20 = 0$

einen Kreis dar?

Orthogonalität

Man kann das Skalarprodukt zweier Vektoren $\vec{a}$ und $\vec{b}$ auch durch

$$\vec{a}\,\vec{b} = |\vec{a}|\,|\vec{b}|\cos\varphi$$

definieren. Dabei sind $|\vec{a}|$ und $|\vec{b}|$ die Längen der Vektoren $\vec{a}$ und $\vec{b}$ und φ der Winkel zwischen $\vec{a}$ und $\vec{b}$.
Daraus folgt die Orthogonalitätsbedingung:

Stehen $\vec{a}$ und $\vec{b}$ aufeinander senkrecht, ist $\vec{a}\,\vec{b} = 0$.

Auch bei dieser Definition gelten das kommutative, assoziative und distributive Gesetz.

2.10 Leiten Sie das Distributivgesetz aus der neuen Definition des Skalarprodukts her.

2.11 Leiten Sie aus der neuen Definition des Skalarproduktes die alte unter den Voraussetzungen her, daß die Richtungsvektoren

$$\begin{pmatrix}1\\0\\0\end{pmatrix}, \begin{pmatrix}0\\1\\0\end{pmatrix} \text{ und } \begin{pmatrix}0\\0\\1\end{pmatrix}$$

der drei Koordinatenachsen aufeinander senkrecht stehen und die Länge 1 haben („Cartesisches Koordinatensystem").

2.12 Wann ist das Skalarprodukt zweier Vektoren gleich 0?
Wann ist es positiv, wann negativ?

2.13 Welche der folgenden Vektoren sind orthogonal, d.h. rechtwinklig zueinander?

$$\vec{a} = \begin{pmatrix}2\\5\end{pmatrix}, \vec{b} = \begin{pmatrix}1\\0\end{pmatrix}, \vec{c} = \begin{pmatrix}-10\\4\end{pmatrix}, \vec{d} = \begin{pmatrix}0\\5\end{pmatrix}, \vec{e} = \begin{pmatrix}2\\4\\1\end{pmatrix}, \vec{f} = \begin{pmatrix}-5\\1\\6\end{pmatrix}.$$

2.14

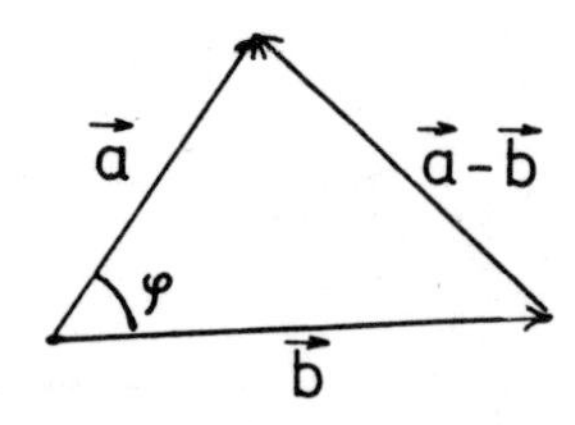

Leiten Sie aus

$$(\vec{a} - \vec{b})^2 = \vec{a}^2 - 2\vec{a}\vec{b} + \vec{b}^2$$

mit der Figur her, daß der Winkel φ zwischen $\vec{a}$ und $\vec{b}$ genau dann ein rechter ist, wenn $\vec{a}\vec{b} = 0$ gilt. Ist das auch im $\mathbb{R}^3$ richtig?

2.15 Wie groß muß $c_1 \geq 0$ sein, damit das Dreieck $A(-3|0)$ $B(0|-4)C(c_1|0)$ bei B spitzwinklig, rechtwinklig oder stumpfwinklig wird?

2.16 Geben Sie orthogonale Vektoren zu

$$\vec{a} = \begin{pmatrix}1\\3\end{pmatrix}, \vec{b} = \begin{pmatrix}5\\0\end{pmatrix}, \vec{c} = \begin{pmatrix}1\\0\\2\end{pmatrix}, \vec{d} = \begin{pmatrix}0\\1\\0\end{pmatrix} \text{ an.}$$

2.17 Begründen Sie geometrisch und rechnerisch, daß im $\mathbb{R}^2$ alle zu $\vec{a} = \begin{pmatrix}3\\2\end{pmatrix}$ orthogonalen Vektoren kollinear sind. Gilt das für jeden Vektor $\vec{a} = \begin{pmatrix}a_1\\a_2\end{pmatrix}$?

2.18 Begründen Sie geometrisch, daß im $\mathbb{R}^3$ alle zu $\vec{a} = \begin{pmatrix} 3 \\ 2 \\ 5 \end{pmatrix}$ orthogonalen Vektoren komplanar sind. Rechnen Sie es für die drei speziellen zu $\vec{a}$ orthogonalen Vektoren $\begin{pmatrix} 0 \\ -5 \\ 2 \end{pmatrix}$, $\begin{pmatrix} -5 \\ 0 \\ 3 \end{pmatrix}$, $\begin{pmatrix} -2 \\ 3 \\ 0 \end{pmatrix}$ auch nach.

---

3. Determinanten und ihre Anwendungen

Zweireihige Determinanten

Zweireihige Determinanten sind durch

$$\begin{vmatrix} a & b \\ c & d \end{vmatrix} = ad - bc$$

definiert. Damit läßt sich die Lösung des Gleichungssystems

$$a_{11}\,x_1 + a_{12}\,x_2 = b_1$$
$$a_{21}\,x_1 + a_{22}\,x_2 = b_2$$

in der Bruchform

$$x_1 = \frac{D_1}{D}\ ,\quad x_2 = \frac{D_2}{D}$$

mit

$$D = \begin{vmatrix} a_{11} & a_{12} \\ a_{21} & a_{22} \end{vmatrix}\ ,\quad D_1 = \begin{vmatrix} b_1 & a_{12} \\ b_2 & a_{22} \end{vmatrix}\ ,\quad D_2 = \begin{vmatrix} a_{11} & b_1 \\ a_{21} & b_2 \end{vmatrix}$$

schreiben, wenn $D \neq 0$ ist. Diese Regel heißt Cramersche Regel. Ist $D = 0$, hat das System unendlich viele Lösungen, falls auch $D_1 = D_2 = 0$ ist, andernfalls keine Lösung.

3.1 Berechnen Sie

a) $\begin{vmatrix} 2 & 5 \\ 3 & 8 \end{vmatrix}$, b) $\begin{vmatrix} 0{,}5 & 0 \\ 7{,}2 & 8 \end{vmatrix}$, c) $\begin{vmatrix} 3 & -1 \\ -6 & 2 \end{vmatrix}$.

Was ändert sich, wenn Sie in den Determinanten die Spalten vertauschen?

3.2 Welche Merkregel beschreibt die drei Determinanten D, D_1 und D_2?

3.3 Lösen Sie folgende Gleichungssysteme mit Determinanten:

a) $2x_1 - 3x_2 = 5$
$3x_1 - 5x_2 = 6$,

b) $4x_1 + 9x_2 = 5$
$8x_1 - 3x_2 = 3$.

3.4 Wie groß muß p sein, damit das Gleichungssystem

$$5x_1 + px_2 = 8$$
$$3x_1 - 6x_2 = 4$$

keine eindeutige Lösung hat? Wie viele Lösungen besitzt das System dann?

Kollinearität zweier Vektoren

Zwei Vektoren $\vec{a}$ und $\vec{b}$ des $\mathbb{R}^2$ heißen linear abhängig, wenn

$$\begin{vmatrix} a_1 & b_1 \\ a_2 & b_2 \end{vmatrix} = 0$$

ist, sonst linear unabhängig. Zwei Vektoren des $\mathbb{R}^3$ heißen linear abhängig, wenn alle zweireihigen Determinaten, die man aus

$$\begin{vmatrix} a_1 & b_1 \\ a_2 & b_2 \\ a_3 & b_3 \end{vmatrix}$$

durch Weglassen einer Zeile bilden kann, Null sind.
Sind $\vec{a}$ und $\vec{b}$ linear abhängig, ist $\vec{a} = \vec{o}$ oder $\vec{b} = \vec{o}$, oder $\vec{a}$ und $\vec{b}$ haben gleiche Richtung, sind also kollinear.

3.5 Berechnen Sie b_2 so, daß $\vec{a} = \begin{pmatrix} 3 \\ 5 \end{pmatrix}$ und $\vec{b} = \begin{pmatrix} 1 \\ b_2 \end{pmatrix}$ linear abhängig werden.

3.6 Können $\vec{a} = \begin{pmatrix} 1 \\ 3 \\ 4 \end{pmatrix}$ und $\vec{b} = \begin{pmatrix} b_1 \\ 2 \\ 4 \end{pmatrix}$ durch geeignete Wahl von b_1 linear abhängig werden?

3.7 Machen Sie $\vec{a} = \begin{pmatrix} 1 \\ a_2 \\ 5 \end{pmatrix}$ und $\vec{b} = \begin{pmatrix} -2 \\ 3 \\ b_3 \end{pmatrix}$ durch passende Wahl von a_2 und b_3 kollinear.

Das Vektorprodukt

Sucht man einen Vektor, der auf den linear unabhängigen Vektoren $\vec{a}$ und $\vec{b}$ des $\mathbb{R}^3$ senkrecht steht, ist seine Richtung eindeutig bestimmt. Ein spezieller solcher Vektor hat die Koordinaten

$$n_1 = \begin{vmatrix} a_2 & b_2 \\ a_3 & b_3 \end{vmatrix}, \quad n_2 = \begin{vmatrix} a_3 & b_3 \\ a_1 & b_1 \end{vmatrix}, \quad n_3 = \begin{vmatrix} a_1 & b_1 \\ a_2 & b_2 \end{vmatrix}.$$

Er heißt das Vektorprodukt

$$\vec{n} = \vec{a} \times \vec{b}$$

von $\vec{a}$ und $\vec{b}$. Alle zu $\vec{a}$ und $\vec{b}$ senkrechten Vektoren sind zu $\vec{n}$ kollinear, lassen sich also als $k \cdot \vec{n}$ mit reellem k schreiben.

3.8 Berechnen Sie

a) $\begin{pmatrix} 1 \\ 2 \\ 4 \end{pmatrix} \times \begin{pmatrix} 5 \\ 3 \\ 7 \end{pmatrix}$, b) $\begin{pmatrix} 0 \\ -2 \\ 3 \end{pmatrix} \times \begin{pmatrix} -3 \\ -5 \\ 1 \end{pmatrix}$, c) $\begin{pmatrix} 2 \\ -1 \\ 3 \end{pmatrix} \times \begin{pmatrix} -6 \\ 3 \\ -9 \end{pmatrix}$.

3.9 Zeigen Sie: Zwei Vektoren $\vec{a}$ und $\vec{b}$ des $\mathbb{R}^3$ sind genau dann kollinear, wenn $\vec{a} \times \vec{b} = \vec{o}$ ist.

3.10 Beweisen Sie das alternative Gesetz

$$\vec{a} \times \vec{b} = -\vec{b} \times \vec{a}.$$

3.11 Berechnen Sie und beachten Sie dabei den Unterschied von Skalar- und Vektorprodukten:

$\vec{a} \cdot (\vec{b} \times \vec{c})$, $(\vec{a} \times \vec{b}) \cdot \vec{c}$, $\vec{b} \cdot (\vec{a} \times \vec{c})$ mit

$$\vec{a} = \begin{pmatrix} 1 \\ 3 \\ 0 \end{pmatrix}, \quad \vec{b} = \begin{pmatrix} 6 \\ -1 \\ 2 \end{pmatrix}, \quad \vec{c} = \begin{pmatrix} -3 \\ 4 \\ 5 \end{pmatrix}.$$

Dreireihige Determinanten

Dreireihige Determinanten mit den Spaltenvektoren $\vec{a}$, $\vec{b}$ und $\vec{c}$ sind durch

$$\begin{vmatrix} a_1 & b_1 & c_1 \\ a_2 & b_2 & c_2 \\ a_3 & b_3 & c_3 \end{vmatrix} = \vec{a} \cdot (\vec{b} \times \vec{c})$$

definiert. Damit läßt sich die Lösung von

$$\begin{aligned} a_{11}x_1 + a_{12}x_2 + a_{13}x_3 &= r_1 \\ a_{21}x_1 + a_{22}x_2 + a_{23}x_3 &= r_2 \\ a_{31}x_1 + a_{32}x_2 + a_{33}x_3 &= r_3 \end{aligned}$$

in der Bruchform

$$x_1 = \frac{D_1}{D}\ ,\ x_2 = \frac{D_2}{D}\ ,\ x_3 = \frac{D_3}{D}$$

schreiben. Dabei ist wieder D die Determinante der Koeffizienten a_{ik}, und die Determinanten D_1, D_2, D_3 entstehen aus D, indem man die 1. bzw. 2. bzw. 3 Spalte von D durch die rechte Seite $\begin{pmatrix} r_1 \\ r_2 \\ r_3 \end{pmatrix}$ ersetzt.

Ist D = 0, gilt wieder, daß das Gleichungssystem unendlich viele Lösungen hat, wenn auch $D_1 = D_2 = D_3 = 0$ ist, sonst jedoch keine Lösung besitzt.

3.12 Berechnen Sie

a) $\begin{vmatrix} 2 & 4 & -1 \\ 1 & -3 & 6 \\ 2 & -5 & 2 \end{vmatrix}$, b) $\begin{vmatrix} 4 & -3 & -1 \\ 1 & 1 & 5 \\ 3 & 0 & 6 \end{vmatrix}$, c) $\begin{vmatrix} 4 & -5 & -6 \\ 6 & -7 & -9 \\ -2 & 8 & 3 \end{vmatrix}$.

3.13 Lösen Sie mit Determinanten:

a) $\begin{aligned} 7x_1 + 4x_2 + 2x_3 &= 9 \\ 8x_1 - 5x_2 - 4x_3 &= 1 \\ 6x_1 - 3x_2 - 2x_3 &= 3 \end{aligned}$, b) $\begin{aligned} 5x_1 + 7x_2 + 2x_3 &= 0 \\ 8x_1 - 9x_2 + 3x_3 &= 1 \\ 2x_1 + 9x_2 - 2x_3 &= 14 \end{aligned}$.

3.14 Wie groß muß k sein, damit

$$\begin{aligned} 5x_1 + kx_2 + 4x_3 &= 7 \\ 3x_1 - x_2 + 5x_3 &= 4 \\ x_1 - 3x_2 - 7x_3 &= 2 \end{aligned}$$

keine eindeutige Lösung hat? Wie viele Lösungen des Gleichungssystems existieren dann?

3.15 Bestimmen Sie p und q so, daß

$$\begin{aligned} 5x_1 + px_2 - 4x_3 &= 4 \\ 6x_1 + 5x_2 - 7x_3 &= 5 \\ px_1 - x_2 + 2x_3 &= q \end{aligned}$$

unendlich viele Lösungen hat.

Komplanarität dreier Vektoren

Drei Vektoren $\vec{a}$, $\vec{b}$ und $\vec{c}$ heißen linear abhängig, wenn ihre Determinante

$$\begin{vmatrix} a_1 & b_1 & c_1 \\ a_2 & b_2 & c_2 \\ a_3 & b_3 & c_3 \end{vmatrix} = 0$$

ist, sonst linear unabhängig.

Sind $\vec{a}$, $\vec{b}$ und $\vec{c}$ linear abhängig, sind sie zu ein und derselben Ebene parallel, also komplanar, oder mindestens einer von ihnen ist der Nullvektor $\vec{o}$.

3.16 Berechnen Sie a_3 so, daß

$$\vec{a} = \begin{pmatrix} -2 \\ 5 \\ a_3 \end{pmatrix}, \quad \vec{b} = \begin{pmatrix} 7 \\ 4 \\ -5 \end{pmatrix}, \quad \vec{c} = \begin{pmatrix} 3 \\ 1 \\ 9 \end{pmatrix}$$

linear abhängig werden.

3.17 Können

$$\vec{a} = \begin{pmatrix} 1 \\ 2 \\ -6 \end{pmatrix}, \quad \vec{b} = \begin{pmatrix} b_1 \\ 5 \\ 7 \end{pmatrix}, \quad \vec{c} = \begin{pmatrix} 9 \\ -3 \\ 9 \end{pmatrix}$$

durch geeignete Wahl von b_1 linear abhängig werden?

3.18 Welche Beziehung muß zwischen a_2 und b_2 bestehen, damit

$$\vec{a} = \begin{pmatrix} 4 \\ a_2 \\ 3 \end{pmatrix}, \quad \vec{b} = \begin{pmatrix} 5 \\ b_2 \\ 7 \end{pmatrix}, \quad \vec{c} = \begin{pmatrix} 1 \\ -3 \\ -5 \end{pmatrix}$$

komplanar sind?

---

4. Geraden und Ebenen

Parameterform

Die Parameterdarstellung einer Geraden im $\mathbb{R}^2$ oder $\mathbb{R}^3$ lautet

$$\boxed{\vec{x} = \vec{a} + \lambda\,\vec{u},}$$

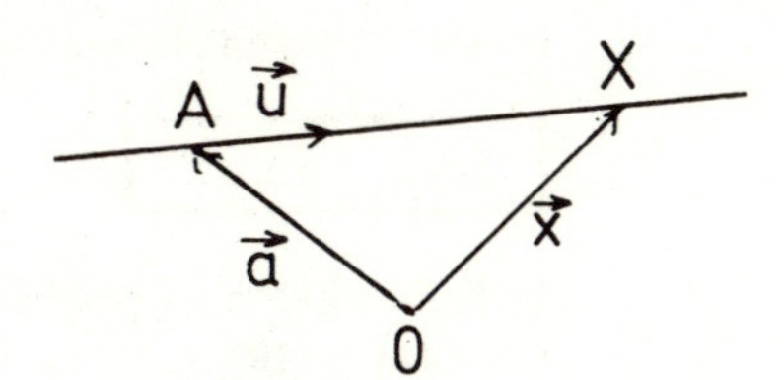

die Parameterdarstellung einer Ebene im $\mathbb{R}^3$ ist

$$\boxed{\vec{x} = \vec{a} + \lambda\,\vec{u} + \mu\vec{v}.}$$

Dabei ist $\vec{a}$ der Ortsvektor eines beliebigen Punktes der Geraden bzw. Ebene, $\vec{u}$ und $\vec{v}$ sind Richtungsvektoren, die in der Geraden bzw. Ebene liegen und nicht kollinear sind. Die Parameter λ und μ können beliebige reelle Zahlenwerte haben. $\vec{x}$ ist dann der Ortsvektor eines beliebigen Punktes der Geraden bzw. der Ebene.

4.1 Geben Sie eine Parameterdarstellung der Geraden durch A(1|–3) an, die zur x_2-Achse parallel läuft. Weshalb ist die Parameterform der Geraden nicht eindeutig?

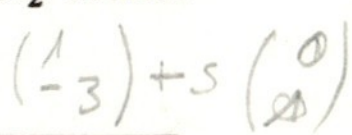

4.2 Wie lautet eine Parameterdarstellung der Geraden durch P(2|0|3) und Q(5|–1|2)?

4.3 Geben Sie eine Parameterdarstellung der Ebene durch A(3|5|–1) und B(2|2|0), die zu $\begin{pmatrix}1\\0\\1\end{pmatrix}$ parallel ist, an.

4.4 Wie heißt eine Parameterdarstellung der Ebene durch P(1|0|0), Q(0|2|0) und R(0|0|3)? Zeichnen Sie ein Schrägbild des Dreiecks PQR.

4.5 Warum ist $\vec{x} = \begin{pmatrix}1\\0\\0\end{pmatrix} + \lambda \begin{pmatrix}2\\4\\-6\end{pmatrix} + \mu \begin{pmatrix}-1\\-2\\3\end{pmatrix}$ keine Parameterdarstellung einer Ebene? Welche Punktmenge beschreiben die Ortsvektoren $\vec{x}$, wenn λ und μ beliebige reelle Zahlen sind?

4.6 Liegt der Punkt A(5|5|5) auf der Ebene

$$\vec{x} = \begin{pmatrix} 3 \\ 4 \\ 5 \end{pmatrix} + \lambda \begin{pmatrix} 1 \\ 1 \\ 1 \end{pmatrix} + \mu \begin{pmatrix} 1 \\ 0 \\ 1 \end{pmatrix} ?$$

Normalform

Die Normalform oder Normalengleichung einer Geraden im $\mathbb{R}^2$ bzw. einer Ebene im $\mathbb{R}^3$, die den Normalenvektor $\vec{n}$ hat und durch den Punkt A geht, ist

$$\boxed{\vec{n}\,(\vec{x} - \vec{a}) = 0.}$$

In Koordinaten ausgeschrieben ist sie mit dem konstanten Glied $c = -\vec{n}\,\vec{a}$ bei einer Geraden im $\mathbb{R}^2$

$$\boxed{n_1 x_1 + n_2 x_2 + c = 0}$$

und bei einer Ebene im $\mathbb{R}^3$

$$\boxed{n_1 x_1 + n_2 x_2 + n_3 x_3 + c = 0.}$$

4.7 Geben Sie eine Normalengleichung der Geraden an, die durch A(1|0) geht und auf der Geraden $\vec{x} = \begin{pmatrix} 0 \\ 3 \end{pmatrix} + \lambda \begin{pmatrix} 3 \\ 2 \end{pmatrix}$ senkrecht steht.

4.8 Geben Sie ein Normalengleichung der Ebene an, die den Nullpunkt enthält und auf der Geraden

$$\vec{x} = \begin{pmatrix} 1 \\ 4 \\ 0 \end{pmatrix} + \lambda \begin{pmatrix} 5 \\ -7 \\ -3 \end{pmatrix}$$

senkrecht steht.

4.9 Was bedeutet es geometrisch, wenn in einer Normalengleichung das konstante Glied c fehlt?

4.10 Worin unterscheiden sich verschiedene Normalengleichungen derselben Geraden bzw. Ebene?

4.11 Bestimmen Sie A, B und C so, daß $2x_1 + Ax_2 + 3x_3 + B = 0$ und $Cx_1 + 4x_2 - 5x_3 + 7 = 0$ Normalengleichungen derselben Ebene sind.

4.12 Warum gibt es im $\mathbb{R}^3$ für Gerade keine Normalengleichung?

Umwandlung von Normalform und Parameterform und umgekehrt

Um die Parameterdarstellung einer Geraden oder Ebene in eine Normalengleichung umzuformen, multiplizieren Sie sie mit einem Normalenvektor. Dieser steht auf den Richtungsvektoren senkrecht. Bei Ebenen ist also $\vec{n} = \vec{u} \times \vec{v}$ ein Normalenvektor. Um umgekehrt die Normalengleichung $2x_1 - 3x_2 + x_3 - 5 = 0$ einer Ebene in eine Parameterdarstellung umzuformen, gibt es viele Möglichkeiten. Setzen Sie z.B. $x_1 = \lambda$ und $x_2 = \mu$, liefert die Normalengleichung $x_3 = 5 - 2\lambda + 3\mu$. Vektoriell zusammengefaßt lauten diese Gleichungen

$$\vec{x} = \begin{pmatrix} 0 \\ 0 \\ 5 \end{pmatrix} + \lambda \begin{pmatrix} 1 \\ 0 \\ -2 \end{pmatrix} + \mu \begin{pmatrix} 0 \\ 1 \\ 3 \end{pmatrix} .$$

Das ist bereits eine Parameterdarstellung der Ebene.

4.13 Geben Sie Normalengleichungen der Geraden

a) $\vec{x} = \begin{pmatrix} 1 \\ 3 \end{pmatrix} + \lambda \begin{pmatrix} -5 \\ 2 \end{pmatrix}$,

b) $\vec{x} = \mu \begin{pmatrix} 6 \\ 1 \end{pmatrix}$, (der Buchstabe für den Parameter ist gleichgültig!)

c) $\vec{x} = \begin{pmatrix} 0 \\ 2 \end{pmatrix} + \sigma \begin{pmatrix} 0 \\ 1 \end{pmatrix}$,

d) $\vec{x} = \begin{pmatrix} 2 \\ 3 \end{pmatrix} + \tau \begin{pmatrix} 3 \\ 0 \end{pmatrix}$

an.

4.14 Geben Sie Normalengleichungen der Ebenen

a) $\vec{x} = \begin{pmatrix} 1 \\ 0 \\ 0 \end{pmatrix} + \lambda \begin{pmatrix} 2 \\ 0 \\ 3 \end{pmatrix} + \mu \begin{pmatrix} 1 \\ 3 \\ 0 \end{pmatrix}$,

b) $\vec{x} = \sigma \begin{pmatrix} 1 \\ 0 \\ 5 \end{pmatrix} + \tau \begin{pmatrix} 2 \\ 3 \\ -1 \end{pmatrix}$,

c) $\vec{x} = \begin{pmatrix} 5 \\ 0 \\ 6 \end{pmatrix} + \mu \begin{pmatrix} 2 \\ -1 \\ 2 \end{pmatrix} + \nu \begin{pmatrix} 1 \\ 2 \\ 2 \end{pmatrix}$,

d) $\vec{x} = \begin{pmatrix} 2 \\ 0 \\ 0 \end{pmatrix} + \lambda \begin{pmatrix} 1 \\ 0 \\ 0 \end{pmatrix} + \mu \begin{pmatrix} 3 \\ 0 \\ -5 \end{pmatrix}$

an. Wie liegt die letzte Ebene im Koordinatensystem?

4.15 Bestimmen Sie eine Parameterdarstellung der Geraden $5x_1 - x_2 - 15 = 0$, indem Sie $x_1 = \lambda$ setzen.

4.16 Bestimmen Sie eine Parameterdarstellung der Ebene $2x_1 - x_2 - 2x_3 - 9 = 0$, indem Sie $x_1 = \lambda$ und $x_2 = \mu$ setzen.

4.17 Bestimmen Sie Parameterdarstellungen folgender Ebenen, bei denen die Richtungsvektoren nur ganzzahlige Koordinaten haben:

a) $2x_1 + 3x_2 - 6x_3 - 14 = 0$,

b) $\begin{pmatrix} 3 \\ 1 \\ 2 \end{pmatrix} \vec{x} = 0$,

c) $\begin{pmatrix} 1 \\ 0 \\ 5 \end{pmatrix} \vec{x} - 9 = 0$ (setzen Sie hier $x_2 = \lambda$, $x_3 = \mu$),

d) $x_1 + 2x_2 + 5 = 0$,

e) $x_3 = 5$.

Bestimmung der gemeinsamen Punkte zweier Geraden

1. Sind von beiden Geraden Normalengleichungen

   $n_1 x_1 + n_2 x_2 + c = 0$,

   $m_1 x_1 + m_2 x_2 + d = 0$

   gegeben, lösen Sie dieses Gleichungssystem nach x_1 und x_2 auf.

2. Liegen von beiden Geraden Parameterdarstellungen

   $\vec{x} = \vec{a} + \lambda \vec{u}$, $\vec{x} = \vec{b} + \mu \vec{v}$

   vor, setzen Sie diese in Koordinatenschreibweise gleich und berechnen λ (oder μ). Einsetzen dieses Parameterwertes liefert den Schnittpunkt.

3. Haben Sie für eine Gerade die Normalengleichung $\vec{n}\,\vec{x} + c = 0$ und für die andere die Parameterdarstellung $\vec{x} = \vec{a} + \lambda\,\vec{u}$, setzen Sie diese in die Normalengleichung ein: $\vec{n}\,(\vec{a} + \lambda\,\vec{u}) + c = 0$; daraus finden Sie λ.

4.18 Berechnen Sie die Schnittpunkte der Geraden

a) $2x_1 + 3x_2 - 17 = 0,\ 3x_1 - x_2 + 2 = 0,$

b) $\vec{x} = \lambda \begin{pmatrix} 3 \\ 8 \end{pmatrix},\ \vec{x} = \begin{pmatrix} 0 \\ 1 \end{pmatrix} + \mu \begin{pmatrix} 2 \\ 5 \end{pmatrix},$

c) $2x_1 + x_2 + 1 = 0,\ \vec{x} = \begin{pmatrix} -1 \\ 1 \end{pmatrix} + \sigma \begin{pmatrix} 1 \\ -2 \end{pmatrix}.$

4.19 Wie liegen jeweils folgende zwei Geraden zueinander?

a) $3x_1 - x_2 - 4 = 0,\ \vec{x} = \begin{pmatrix} 1 \\ -1 \end{pmatrix} + \lambda \begin{pmatrix} 1 \\ 3 \end{pmatrix},$

b) $2x_1 + x_2 - 3 = 0,\ \vec{x} = \sigma \begin{pmatrix} 1 \\ -2 \end{pmatrix},$

c) $3x_1 + 5 = 0,\ \vec{x} = \tau \begin{pmatrix} 1 \\ 2 \end{pmatrix}.$

4.20 Haben $\vec{x} = \begin{pmatrix} 1 \\ 2 \\ 0 \end{pmatrix} + \lambda \begin{pmatrix} 2 \\ 1 \\ 0 \end{pmatrix}$ und $\vec{x} = \begin{pmatrix} 5 \\ 0 \\ 0 \end{pmatrix} + \mu \begin{pmatrix} 1 \\ 0 \\ -3 \end{pmatrix}$ gemeinsame Punkte?
Wie liegen die beiden Geraden zueinander?

4.21 Bestimmen Sie u_3 so, daß sich $\vec{x} = \begin{pmatrix} 1 \\ 0 \\ 1 \end{pmatrix} + \sigma \begin{pmatrix} 0 \\ 3 \\ 4 \end{pmatrix}$ und $\vec{x} = \begin{pmatrix} 0 \\ 6 \\ 0 \end{pmatrix} + \tau \begin{pmatrix} 1 \\ 0 \\ u_3 \end{pmatrix}$ schneiden. Kann u_3 auch so bestimmt werden, daß diese Geraden parallel sind?

4.22 Zeigen Sie, daß $\vec{x} = \lambda \begin{pmatrix} 1 \\ 2 \\ 0 \end{pmatrix}$ und $\vec{x} = \begin{pmatrix} 0 \\ 3 \\ 1 \end{pmatrix} + \mu \begin{pmatrix} 3 \\ 0 \\ -5 \end{pmatrix}$ windschief sind.

Schnitt von Gerade und Ebene

Stellen Sie notfalls für die Ebene eine Normalengleichung her, und setzen Sie die Parameterdarstellung der Geraden in diese ein.

Beispiel: Ebene: $\vec{x} = \begin{pmatrix} 1 \\ 0 \\ 0 \end{pmatrix} + \lambda \begin{pmatrix} 0 \\ 2 \\ 3 \end{pmatrix} + \mu \begin{pmatrix} 3 \\ 0 \\ 1 \end{pmatrix}$, Gerade: $\vec{x} = \begin{pmatrix} 4 \\ 0 \\ 0 \end{pmatrix} + \sigma \begin{pmatrix} 2 \\ 0 \\ 1 \end{pmatrix}$.

Normalengleichung der Ebene: $2x_1 + 9x_2 - 6x_3 - 2 = 0$,
Geradengleichung eingesetzt: $2(4 + 2\sigma) + 9 \cdot 0 - 6\sigma - 2 = 0 \Rightarrow \sigma = 3$,
in Geradengleichung eingesetzt: Schnittpunkt $(10|0|3)$.

4.23 Bestimmen Sie die gemeinsamen Punkte von

a) $3x_1 - 7x_2 + 9x_3 + 11 = 0$ und $\vec{x} = \begin{pmatrix} 1 \\ 0 \\ 4 \end{pmatrix} + \lambda \begin{pmatrix} 0 \\ 1 \\ -2 \end{pmatrix}$,

b) $\vec{x} = \begin{pmatrix} 2 \\ 0 \\ 0 \end{pmatrix} + \sigma \begin{pmatrix} 1 \\ 2 \\ 2 \end{pmatrix} + \tau \begin{pmatrix} 2 \\ 5 \\ 7 \end{pmatrix}$ und $\vec{x} = \begin{pmatrix} 0 \\ 4 \\ 2 \end{pmatrix} + \mu \begin{pmatrix} -1 \\ 1 \\ 1 \end{pmatrix}$,

c) $\vec{x} = \lambda \begin{pmatrix} 1 \\ 5 \\ 0 \end{pmatrix} + \mu \begin{pmatrix} 2 \\ -1 \\ 3 \end{pmatrix}$ und $\vec{x} = \begin{pmatrix} 8 \\ 6 \\ 2 \end{pmatrix} + \nu \begin{pmatrix} 4 \\ 3 \\ 1 \end{pmatrix}$.

4.24 Bestimmen Sie die Schnittmengen von

a) $x_1 + 4x_2 + 3x_3 - 5 = 0$, $\vec{x} = \begin{pmatrix} -1 \\ -5 \\ 0 \end{pmatrix} + \sigma \begin{pmatrix} 2 \\ 2 \\ 1 \end{pmatrix}$,

b) $2x_1 - 5x_3 + 7 = 0$, $\vec{x} = \begin{pmatrix} 4 \\ 1 \\ 3 \end{pmatrix} + \tau \begin{pmatrix} 5 \\ 2 \\ 2 \end{pmatrix}$,

c) $3x_1 - x_2 + 9x_3 - 11 = 0$, $\vec{x} = \begin{pmatrix} 1 \\ 1 \\ 1 \end{pmatrix} + \lambda \begin{pmatrix} 3 \\ 0 \\ -1 \end{pmatrix}$.

Welche geometrische Bedeutung haben die Ergebnisse?

4.25 Bestimmen Sie a_1 und u_3 so, daß die Gerade

$\vec{x} = \begin{pmatrix} a_1 \\ 0 \\ 0 \end{pmatrix} + \lambda \begin{pmatrix} 1 \\ -1 \\ u_3 \end{pmatrix}$ in der Ebene $2x_1 - 3x_2 - 5x_3 - 8 = 0$

liegt.

4.26 Welcher Bedingung müssen u_2 und u_3 genügen, damit die

Gerade $\vec{x} = \lambda \begin{pmatrix} 1 \\ u_2 \\ u_2 \end{pmatrix}$ und die Ebene $5x_1 - 2x_2 + 3x_3 - 8 = 0$

einen Schnittpunkt haben?

Schnittgerade zweier Ebenen

Stellen Sie notfalls erst für eine Ebene eine Normalengleichung und für die andere eine Parameterdarstellung her. Dann rechnen Sie nach folgendem Beispiel:

$$E_1: 2x_1 + 3x_2 - x_3 - 5 = 0, \quad E_2: \vec{x} = \begin{pmatrix} -1 \\ 0 \\ 0 \end{pmatrix} + \lambda \begin{pmatrix} 0 \\ 1 \\ 2 \end{pmatrix} + \mu \begin{pmatrix} 2 \\ 1 \\ 2 \end{pmatrix}.$$

Setzen Sie die Parameterdarstellung von E_2 in die Normalengleichung von E_1 ein:

$2(-1 + 2\mu) + 3(\lambda + \mu) - (2\lambda + 2\mu) - 5 = 0 \Rightarrow \lambda = 7 - 5\mu$,

in die Parameterdarstellung von E_2 eingesetzt:

$$\vec{x} = \begin{pmatrix} -1 \\ 0 \\ 0 \end{pmatrix} + (7 - 5\mu) \begin{pmatrix} 0 \\ 1 \\ 2 \end{pmatrix} + \mu \begin{pmatrix} 2 \\ 1 \\ 2 \end{pmatrix}$$

$$= \begin{pmatrix} -1 \\ 0 \\ 0 \end{pmatrix} + 7 \begin{pmatrix} 0 \\ 1 \\ 2 \end{pmatrix} - \mu \cdot 5 \cdot \begin{pmatrix} 0 \\ 1 \\ 2 \end{pmatrix} + \mu \begin{pmatrix} 2 \\ 1 \\ 2 \end{pmatrix},$$

$$\vec{x} = \begin{pmatrix} -1 \\ 7 \\ 14 \end{pmatrix} + \mu \begin{pmatrix} 2 \\ -4 \\ -8 \end{pmatrix} \text{ oder } \vec{x} = \begin{pmatrix} -1 \\ 7 \\ 14 \end{pmatrix} + \sigma \begin{pmatrix} 1 \\ -2 \\ -4 \end{pmatrix}.$$

Das sind Parameterdarstellungen der Schnittgeraden.

4.27 Bestimmen Sie die Schnittgeraden von

a) $x_1 + x_3 - 1 = 0$ und $\vec{x} = \begin{pmatrix} 3 \\ 1 \\ -2 \end{pmatrix} + \lambda \begin{pmatrix} -2 \\ 2 \\ 1 \end{pmatrix} + \mu \begin{pmatrix} 1 \\ 2 \\ 2 \end{pmatrix}$,

b) $x_1 - x_2 - x_3 = 0$ und $4x_1 - 2x_2 + 4x_3 = 0$,

c) $\vec{x} = \begin{pmatrix} 2 \\ 1 \\ -1 \end{pmatrix} + \lambda \begin{pmatrix} 1 \\ 3 \\ 4 \end{pmatrix} + \mu \begin{pmatrix} 3 \\ 4 \\ 1 \end{pmatrix}$ und $\vec{x} = \begin{pmatrix} 0 \\ 1 \\ 3 \end{pmatrix} + \sigma \begin{pmatrix} 1 \\ 2 \\ 0 \end{pmatrix} + \tau \begin{pmatrix} 0 \\ 1 \\ 1 \end{pmatrix}$.

4.28 Wie liegen folgende Ebenen zueinander?

a) $2x_1 - 3x_2 + 4x_3 - 8 = 0,\ x_1 + 7x_3 + 10 = 0,$

b) $3x_1 + 2x_2 - 8x_3 - 5 = 0,\ \vec{x} = \begin{pmatrix} 5 \\ 4 \\ 0 \end{pmatrix} + \lambda \begin{pmatrix} 0 \\ 4 \\ 1 \end{pmatrix} + \mu \begin{pmatrix} 2 \\ 1 \\ 1 \end{pmatrix},$

c) $5x_1 - 7x_2 + 3x_3 = 0,\ \vec{x} = \begin{pmatrix} 1 \\ 2 \\ 3 \end{pmatrix} + \sigma \begin{pmatrix} 3 \\ 3 \\ 2 \end{pmatrix} + \tau \begin{pmatrix} 2 \\ 1 \\ -1 \end{pmatrix}.$

4.29 Bestimmen Sie einen Richtungsvektor der Schnittgeraden der zwei Ebenen $2x_1 - 7x_2 + 5x_3 = 0$ und $x_1 + 9x_3 = 0$.
Welche Gleichung hat die Schnittgerade?

4.30 Bestimmen Sie den Punkt A, in dem die Schnittgerade der Ebenen $7x_1 + x_2 - 3x_3 - 5 = 0$ und $6x_1 - 4x_2 + x_3 + 9 = 0$ die x_2x_3-Ebene durchstößt.
Welche Gleichung hat die Schnittgerade?

4.31 Berechnen Sie den gemeinsamen Punkt der drei Ebenen

$7x_1 + 9x_2 + 3x_3 = 1,$
$5x_1 - 7x_2 - 2x_3 = 9,$
$8x_1 + 5x_2 - 4x_3 = 16.$

4.32 Bestimmen Sie k so, daß die Normalenvektoren der drei Ebenen

$kx_1 + 2x_2 - 8x_3 = 1,$
$2x_1 + 4x_2 - 7x_3 = 2,$
$3x_1 - 6x_2 + 9x_3 = 3$

komplanar werden. Wie viele Punkte haben alle drei Ebenen dann gemeinsam? Was bedeutet das geometrisch?

---

5. Punktmengen in besonderen Lagen

Punktmengen, die den Nullpunkt enthalten

Die Gleichung der Ebene E: $2x_1 - 3x_2 - 5x_3 = 0$ ist für $x_1 = x_2 = x_3 = 0$ erfüllt; also geht E durch den Nullpunkt.

Dasselbe gilt für die Kugel $x_1^2 + x_2^2 + x_3^2 - 2x_1 + 2x_2 + 3x_3 = 0$.

Allgemein:

Fehlt bei der algebraischen Gleichung einer Punktmenge das konstante Glied, so enthält die Punktmenge den Nullpunkt.

5.1 Welche der folgenden Punktmengen gehen durch 0?

a) Ebene $5x_1 - 3x_3 = 0$,

b) Ebene $\vec{x} = \begin{pmatrix} 3 \\ 0 \\ 0 \end{pmatrix} + \lambda \begin{pmatrix} 2 \\ 3 \\ 0 \end{pmatrix} + \mu \begin{pmatrix} 0 \\ 1 \\ 4 \end{pmatrix}$,

c) Ebene $\vec{x} = \begin{pmatrix} -1 \\ 4 \\ -1 \end{pmatrix} + \sigma \begin{pmatrix} 5 \\ 2 \\ 7 \end{pmatrix} + \tau \begin{pmatrix} 3 \\ -1 \\ 4 \end{pmatrix}$,

d) Parabel $y = x^2 - 3x$ (im $\mathbb{R}^2$ mit Koordinaten x, y),

e) Parabel $y = (x - 1)^2$,

f) Kreis $x_1^2 + (x_2 - 3)^2 = 9$.

5.2 Wie groß muß k sein, damit die Ebene

$3x_1 + k(x_2 - 3) + 2x_3 + 6 = 0$

durch den Nullpunkt geht?

5.3 Wie groß muß der Radius der Kugel

$$\left[\vec{x} - \begin{pmatrix} 2 \\ 1 \\ 3 \end{pmatrix}\right]^2 = r^2$$

sein, damit die Kugel durch den Nullpunkt geht?

Achsenabschnitte und Spurgeraden von Geraden und Ebenen

Die Schnittpunkte der Ebene E: $3x_1 + 4x_2 - 6x_3 - 12 = 0$ mit den Koordinatenachsen und damit ihre Achsenabschnitte erhalten Sie, indem Sie jeweils zwei Koordinaten Null setzen und die dritte aus der Ebenengleichung berechnen. Als Ergebnis finden Sie P(4|0|0), Q(0|3|0), R(0|0|–2). Die Abschnitte auf den drei Achsen sind also 4, 3 und –2.
Als Spurgerade von E in der x_1x_2-Ebene bezeichnet man ihre Schnittgerade mit dieser Koordinatenebene. Sie enthält P und Q. Eine ihrer Parameterdarstellungen ist demnach

$$\vec{x} = \begin{pmatrix} 4 \\ 0 \\ 0 \end{pmatrix} + \lambda \begin{pmatrix} -4 \\ 3 \\ 0 \end{pmatrix}.$$

5.4 Geben Sie Gleichungen der Spurgeraden von E : $3x_1 + 4x_2 - 6x_3 - 12 = 0$ in der x_1x_3- bzw. der x_2x_3-Ebene an.

5.5 Welche Achsenabschnitte und Spurgeraden haben die Ebenen

$$E_1 : \vec{x} = \begin{pmatrix} 1 \\ 0 \\ 3 \end{pmatrix} + \lambda \begin{pmatrix} 1 \\ 0 \\ -1 \end{pmatrix} + \mu \begin{pmatrix} 2 \\ 2 \\ -1 \end{pmatrix},$$

$E_2 : 2x_1 - 3x_2 + 6x_3 = 0$?

Um bei E_2 etwa einen zweiten Punkt der Spurgeraden in der x_2x_3-Ebene zu finden, setzen Sie $x_1 = 0$ und $x_3 = 1$ und berechnen dazu x_2.

5.6 Welche Achsenabschnitte haben im $\mathbb{R}^2$ die Geraden

$g_1 : 3x_1 - 4x_2 - 6 = 0,$

$$g_2 : \vec{x} = \begin{pmatrix} 3 \\ 5 \end{pmatrix} + \lambda \begin{pmatrix} -3 \\ 5 \end{pmatrix}?$$

Geraden und Ebenen parallel zu Achsen

Die Gerade $2x_2 - 5 = 0$ des $\mathbb{R}^2$ ist parallel zur x_1-Achse, weil sie mit dieser Achse keinen Schnittpunkt liefert oder weil ihr Normalenvektor $\begin{pmatrix} 0 \\ 2 \end{pmatrix}$ die Richtung der x_2-Achse hat. Die Gerade $\vec{x} = \begin{pmatrix} 1 \\ 2 \end{pmatrix} + \lambda \begin{pmatrix} 3 \\ 0 \end{pmatrix}$ ist parallel zur x_1-Achse, weil ihr Richtungsvektor zu dieser parallel ist.

Der Normalenvektor der Ebene $2x_1 - 3x_3 - 5 = 0$ ist $\begin{pmatrix} 2 \\ 0 \\ -3 \end{pmatrix}$.

Er steht senkrecht auf der x_2-Achse, deren Richtungsvektor $\begin{pmatrix} 0 \\ 1 \\ 0 \end{pmatrix}$ ist. Also ist die Ebene zur x_2-Achse parallel.

5.7 Zu welchen Achsen sind folgende Geraden parallel? Welche gehen überdies durch 0?

a) $\vec{x} = \sigma \begin{pmatrix} -2 \\ 0 \end{pmatrix}$,

b) $\vec{x} = \begin{pmatrix} 1 \\ 0 \\ 2 \end{pmatrix} + \lambda \begin{pmatrix} 0 \\ 0 \\ 1 \end{pmatrix}$,

c) $3x_1 - 8 = 0$ (im $\mathbb{R}^2$),

d) $x_2 = 7$.

5.8 Können folgende Geraden für geeignete Werte von c zur x_2-Achse parallel werden?

a) $2(x_1 - 3) + c(x_2 + 4) + 5c = 0$,

b) $(2 - c)x_1 + (3 - c)x_2 + 4 - c = 0$,

c) $\vec{x} = \begin{pmatrix} 1 \\ 0 \\ c \end{pmatrix} + \lambda \begin{pmatrix} 1-c \\ 1 \\ c \end{pmatrix}$.

5.9 Geben Sie eine Gleichung der Ebene E an, die den Punkt $Q(3|-4|1)$ und die x_2-Achse enthält.

5.10 Geben Sie eine Normalengleichung der Ebene E an, die durch $A(1|2|-5)$ und $B(2|3|-8)$ geht und zur x_3-Achse parallel ist.

Ebenen parallel zu Koordinatenebenen

Die Ebene $2x_2 + 8 = 0$ ist zur x_1x_3-Ebene parallel; denn ihr Normalenvektor $\begin{pmatrix} 0 \\ 2 \\ 0 \end{pmatrix}$ steht auf dieser senkrecht, oder: da $x_2 = -4$ ist, haben alle Punkte von der x_1x_3-Ebene den gleichen Abstand.

5.11 Zu welchen Koordinatenachsen sind folgende Ebenen parallel? Welche sind sogar zu einer Koordiatenebene parallel?

a) $5x_2 + 6x_3 = 0$,

b) $x_1 - 2x_2 + 8 = 0$,

c) $x_3 = 5$,

d) $x_2 = 0$,

e) $\vec{x} = \begin{pmatrix} 0 \\ 2 \\ 0 \end{pmatrix} + \sigma \begin{pmatrix} 1 \\ 0 \\ 0 \end{pmatrix} + \tau \begin{pmatrix} 0 \\ 0 \\ 1 \end{pmatrix}$,

f) $\vec{x} = \lambda \begin{pmatrix} 4 \\ 0 \\ 3 \end{pmatrix} + \mu \begin{pmatrix} 8 \\ 7 \\ 6 \end{pmatrix}$.

5.12 Welche Gleichungen haben die drei Ebenen durch $A(2|4|-7)$, die zu je einer Koordinatenebene parallel sind?

5.13 Gibt es für geeignete q unter den Ebenen

$E_q: (2x_1 - x_2 - 2x_3 + 9) + q(x_1 + 2x_2 + 2x_3 + 9) = 0$

solche, die zu einer Koordinatenachse, bzw. solche, die zu einer Koordinatenebene parallel sind?

---

6. Streckenteilung und Abtragen von Strecken

Teilung einer Strecke

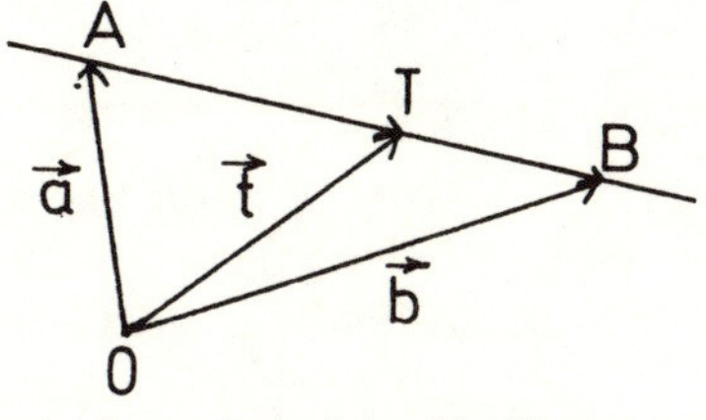

T teilt die orientierte Strecke AB im Verhältnis λ, wenn

$$\overrightarrow{AT} = \lambda \cdot \overrightarrow{TB}$$

gilt. Für $\lambda>0$ liegt T zwischen A und B (innere Teilung), für $\lambda<0$ auf der Verlängerung von AB (äußere Teilung). Das Teilverhältnis -1 kann nicht auftreten, weil es bei der äußeren Teilung keinen Teilpunkt T gibt, der von A und B gleiche Entfernungen hätte.
Aus den Ortsvektoren $\vec{a}$ und $\vec{b}$ berechnet sich der Ortsvektor des Teilpunkts:

$$\vec{t} = \frac{1}{1+\lambda}\,(\vec{a} + \lambda\vec{b}).$$

Den Mittelpunkt M von AB erhält man mit $\lambda = 1$; sein Ortsvektor ist

$$\vec{m} = \frac{1}{2}\,(\vec{a} + \vec{b}).$$

6.1 Bestimmen Sie den Mittelpunkt M von A(2|3|−5) und B(4|3|6).

6.2 Bestimmen Sie die Teilpunkte T von A und B mit den angegebenen Verhältnissen.

a) A(2|7|−3), B(12|−8|2), $\lambda = \frac{2}{3}$,

b) A(5|−7|−1), B(−1|−1|5), $\lambda = -2{,}5$,

c) A(7|9|−4). B(11|−1|8), $\lambda = -0{,}6$.

6.3 Welche Teilverhältnisse haben die beiden Punkte, die die Verbindungsstrecke von P(6|8|−3) und Q(15|0|0) in drei gleiche Teile zerlegen? Berechnen Sie diese Drittelungspunkte.

6.4 A′ soll der Bildpunkt von A(6|–5|3) bei der Punktspiegelung an Z(4|–1|7) sein. In welchem Verhältnis teilt A′ die Strecke AZ? Berechnen Sie A′.

6.5 A(0|2|3), B(4|–4|–1) und C(14|11|4) sind die Ecken eines Dreiecks. Berechnen Sie den Mittelpunkt D von AB und den Schwerpunkt S des Dreiecks; er teilt DC von innen im Verhältnis 1:2. Leiten Sie die allgemeine Formel für den Dreiecksschwerpunkt her.

Abtragen von Strecken

Die Punkte einer Geraden $\vec{x} = \vec{a} + \sigma \vec{u}$, deren Parameterwerte gleiche Differenz haben, sind gleich weit voneinander entfernt. Das kann man oft ausnützen:
Um z.B. den Punkt T zu bestimmen, der die Strecke vom Nullpunkt 0 nach F(4|12|–8) von innen im Verhältnis $\lambda = 3 : 1$ teilt, bilden Sie die einfachste Gleichung der Geraden OF:

$$\vec{x} = \sigma \begin{pmatrix} 1 \\ 3 \\ -2 \end{pmatrix}.$$

0 gehört zu $\sigma = 0$, F zu $\sigma = 4$. Die Figur zeigt, daß T zu

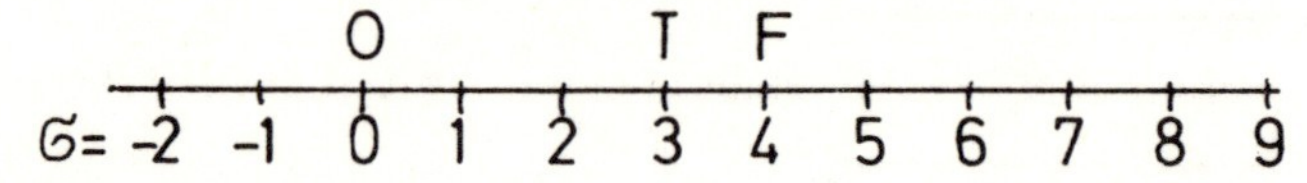

$\sigma = 3$ gehört. Also ist T(3|9|–6).

6.6 Bestimmen Sie nach diesem Verfahren die Teilpunkte T von AB mit den vorgegebenen Teilverhältnissen für

a) A(0|0|0), B(8|–2|6), $\lambda = -\frac{5}{3}$,

b) A(2|8|0), B(12|–2|5), $\lambda = 1{,}5$,

c) A(3|7|–3), B(7|2|–5), $\lambda = 2$.

6.7 R sei der Punkt mit $\sigma = 0$ auf der Geraden

$$g\colon \vec{x} = \begin{pmatrix} 2 \\ 3 \\ -4 \end{pmatrix} + \sigma \begin{pmatrix} 2 \\ -1 \\ 2 \end{pmatrix},$$

S der Schnittpunkt von g mit der x_1x_3-Ebene. Welche Koordinaten hat der Punkt T, der RS von außen im Verhältnis 2:5 teilt?

6.8 Bestimmen Sie auf der Geraden

$$\vec{x} = \begin{pmatrix} 2 \\ 6 \\ 0 \end{pmatrix} + \sigma \begin{pmatrix} -8 \\ 11 \\ 4 \end{pmatrix}$$

die Punkte, die die Verbindungsstrecke von A mit $\sigma = 0$ und B mit $\sigma = 1$ in fünf gleiche Teile teilen.

Berechnung symmetrisch liegender Punkte

Es soll der zu R(6|5|–3) bezüglich der Ebene E: $2x_1 + x_2 - 2x_3 - 8 = 0$ symmetrische Punkt S bestimmt werden.

Die Gerade l durch R senkrecht zu E hat die Gleichung

$$\vec{x} = \begin{pmatrix} 6 \\ 5 \\ -3 \end{pmatrix} + \lambda \begin{pmatrix} 2 \\ 1 \\ -2 \end{pmatrix}.$$

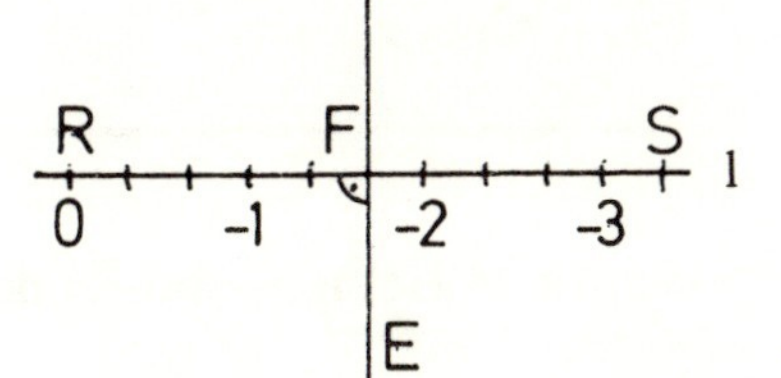

R gehört dabei zu $\lambda = 0$, der Parameterwert des Schnittpunkts F von l und E ergibt sich aus

$2(6 + 2\lambda) + (5 + \lambda) - 2(-3 - 2\lambda) - 8 = 0$ zu $\lambda_F = -\frac{5}{3}$. S gehört dann zu $\lambda_S = -\frac{10}{3}$, also $S(-\frac{2}{3} \mid \frac{5}{3} \mid \frac{11}{3})$.

6.9 Welche Koordinaten haben die Spiegelpunkte des Nullpunkts an den Ebenen

a) $3x_1 - 2x_2 + 7x_3 - 31 = 0$,

b) $5x_1 + 4x_2 - 3x_3 + 20 = 0$,

c) $\vec{x} = \begin{pmatrix} 0 \\ -3 \\ 0 \end{pmatrix} + \sigma \begin{pmatrix} 1 \\ 4 \\ 1 \end{pmatrix} + \tau \begin{pmatrix} 3 \\ -1 \\ 0 \end{pmatrix}$?

6.10 Spiegeln Sie die Punkte der Geraden

$$g: \vec{x} = \begin{pmatrix} 1 \\ 2 \\ 1 \end{pmatrix} + \lambda \begin{pmatrix} 1 \\ -2 \\ -1 \end{pmatrix},$$

die zu $\lambda = 0$ und $\lambda = 1$ gehören, an der Ebene

E: $3x_1 - 2x_2 + 6x_3 - 7 = 0$.

Welche Gleichung hat das Spiegelbild g' von g an E? Rechnen Sie nach, daß g und g' den gleichen Schnittpunkt S mit E haben.

6.11 Hat die Gerade g: $\vec{x} = \begin{pmatrix} 0 \\ 4 \\ 0 \end{pmatrix} + \sigma \begin{pmatrix} 2 \\ -1 \\ 3 \end{pmatrix}$ einen Schnittpunkt mit der Ebene E: $x_1 - x_2 - x_3 - 2 = 0$?

Welche Gleichung hat das Spiegelbild g' von g an E?

6.12 Spiegeln Sie im $\mathbb{R}^2$ den Punkt A(3|5)

a) an der x_1-Achse,

b) an der x_2-Achse,

c) an der Geraden $x_1 = 7$,

d) am Nullpunkt,

e) am Punkt Z(−1|2).

Spezielle Achsen- und Punktsymmetrie

In einem ebenen x, y-Koordinatensystem sind Kurven $y = f(x)$
symmetrisch zur y-Achse, wenn $f(-x) = f(x)$ gilt,
symmetrisch zum Nullpunkt, wenn $f(-x) = -f(x)$ gilt.

6.13 Welche der folgenden Kurven sind achsensymmetrisch zur y-Achse, welche punktsymmetrisch zum Nullpunkt, und welche haben keine dieser Eigenschaften?

a) $y = x^2$,

b) $y = \frac{1}{x}$,

c) $y = x^4 - 3x^2 + 8$,

d) $y = x^2 - 7x + 12$,

e) $y = x^3 - 3x$,

f) $y = \frac{2x}{x^2 + 1}$.

Allgemeine Achsen- und Punktsymmetrie

Es soll gezeigt werden, daß die Kurve C: $y = x^3 - 6x^2 + 9$ punktsymmetrisch bezüglich W(2|–7) ist.
Legen Sie dazu in das x, y-System ein zweites x′, y′-Koordinatensystem, dessen Nullpunkt W ist. Aus der Zeichnung entnehmen Sie für die Ortsvektoren beliebiger Punkte P

$$\begin{pmatrix} x \\ y \end{pmatrix} = \begin{pmatrix} 2 \\ -7 \end{pmatrix} + \begin{pmatrix} x' \\ y' \end{pmatrix},$$

in Koordinaten

$x = 2 + x', y = -7 + y'$.

In die Kurvengleichung eingesetzt:

$-7 + y' = (2 + x')^3 - 6(2 + x')^2 + 9$,

vereinfacht

$y' = x'^3 - 12\,x'$.

Also ist im x′, y′-System der Nullpunkt W Symmetriezentrum von C.

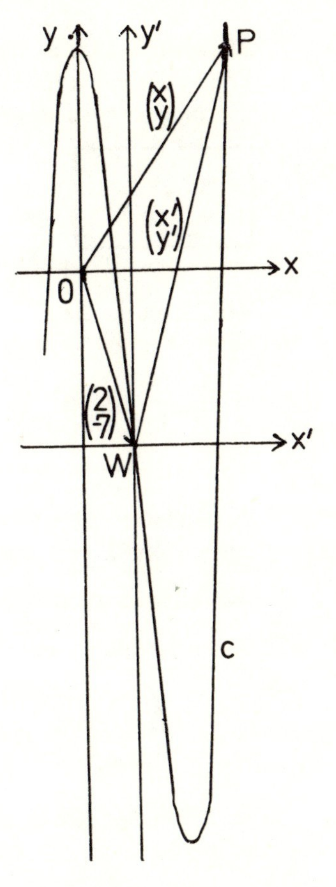

6.14 Die Kurve C: $y = \dfrac{2x + 3}{x + 1}$ hat die Asymptoten $x = -1$ und $y = 2$. Zeigen Sie, daß C punktsymmetrisch zum Schnittpunkt der Asymptoten ist.

6.15 Zeigen Sie, daß $y = x^2 - 6x + 8$ achsensymmetrisch zur Achse $x = 3$ ist. Legen Sie dazu den Nullpunkt des neuen Koordinatensystems nach (3|0).

---

7. Einheitsvektoren und hessesche Normalform

Einheitsvektoren

Zu jedem Vektor $\vec{a}$, der vom Nullvektor verschieden ist, gibt es einen Einheitsvektor $\vec{a}^0$ mit derselben Richtung und Orientierung wie $\vec{a}$, aber der Länge 1. Man erhält ihn, indem man $\vec{a}$ durch seinen Betrag, d.h. seine Länge $|\vec{a}|$ dividiert:

$$\boxed{\vec{a}^0 = \frac{\vec{a}}{|\vec{a}|}} \quad \text{oder ausführlicher} \quad \boxed{\vec{a}^0 = \frac{\vec{a}}{\sqrt{\vec{a}^2}}}\ .$$

7.1 Berechnen Sie die Einheitsvektoren zu

a) $\begin{pmatrix} 3 \\ 4 \end{pmatrix}$, b) $\begin{pmatrix} -5 \\ 4 \end{pmatrix}$, c) $\begin{pmatrix} 1 \\ -2 \\ 2 \end{pmatrix}$, d) $\begin{pmatrix} -7 \\ 0 \\ 3 \end{pmatrix}$, e) $\begin{pmatrix} -8 \\ 0 \\ 0 \end{pmatrix}$.

7.2 Warum haben $\vec{a}^0 + \vec{b}^0$ und $\vec{a}^0 - \vec{b}^0$ die Richtungen der Winkelhalbierenden zwischen $\vec{a}$ und $\vec{b}$ und dem Nebenwinkel davon?

7.3 Geben Sie Gleichungen der Winkelhalbierenden w und w′ zwischen den Geraden

$$g\colon \vec{x} = \begin{pmatrix} 3 \\ 0 \\ 0 \end{pmatrix} + \lambda \begin{pmatrix} 1 \\ 0 \\ 7 \end{pmatrix} \text{ und } g'\colon \vec{x} = \begin{pmatrix} 3 \\ 0 \\ 0 \end{pmatrix} + \mu \begin{pmatrix} -4 \\ 5 \\ 3 \end{pmatrix}$$

an. Zeigen Sie, daß w und w′ aufeinander senkrecht stehen.

7.4 Bestimmen Sie Gleichungen der Ebenen W und W′, die die Winkelfelder zwischen

$E\colon 4x_1 - 7x_2 + 4x_3 = 0$ und $E'\colon x_1 - 2x_2 - 2x_3 = 0$

halbieren.

Die hessesche Normalform

Die Normalengleichung einer Geraden im $\mathbb{R}^2$ bzw. einer Ebene im $\mathbb{R}^3$ heißt hessesche Normalform, wenn der Normalenvektor ein Einheitsvektor ist und das konstante Glied < 0 ist: $\boxed{\vec{n}^0 \vec{x} + c = 0, c < 0}$. Man erhält sie aus einer beliebigen Normalengleichung, indem man diese durch den Betrag ihres Normalenvektors teilt und gegebenenfalls noch mit -1 multipliziert. Der Betrag des konstanten Gliedes ist dann der Abstand der Geraden bzw. Ebene vom Nullpunkt.

7.5 Bestimmen Sie die hessesche Normalform von

a) $5x_1 - 12x_2 - 26 = 0$,

b) $7x_1 + 3x_2 + 29 = 0$,

c) $2x_1 - 6x_2 - 3x_3 + 14 = 0$,

d) $4x_1 + 7x_2 - 4x_3 = 0$.

Welche der Geraden a) und b) hat den größeren Abstand vom Nullpunkt?

7.6 Welche Gleichungen haben die beiden Ebenen, die zu

$2x_1 - 2x_2 + x_3 + 12 = 0$

parallel sind und von 0 den Abstand 2 haben?

Abstände zwischen Punkten, Geraden und Ebenen

Ist $\vec{n}^0\vec{x} - d = 0$ die hessesche Normalform einer Geraden im $\mathbb{R}^2$ bzw. einer Ebene im $\mathbb{R}^3$, dann hat der Punkt P mit dem Ortsvektor $\vec{p}$ von ihr den Abstand

$\boxed{e = \vec{n}^0\vec{p} - d.}$ Man erhält diesen Abstand also, indem man den Ortsvektor $\vec{p}$ in die linke Seite der hesseschen Normalform für $\vec{x}$ einsetzt. Der Abstand wird positiv, wenn P auf der anderen Seite der Geraden bzw. Ebene liegt wie der Nullpunkt, negativ, wenn P auf derselben Seite wie 0 liegt.

7.7 Berechnen Sie die Abstände der Punkte A(1|2|4), B(3|–1|–5) und C(4|0|1) von der Ebene E: $3x_1 - 2x_2 + 6x_3 - 21 = 0$. Welche Seiten des Dreiecks ABC schneiden E?

7.8 Für welche Werte von c schneiden die Ebenen $4x_1 - 7x_2 - 4x_3 - c = 0$ die Kugel

$$K: \left[\vec{x} - \begin{pmatrix} 1 \\ -5 \\ 3 \end{pmatrix}\right]^2 = 81\ ?$$

Für welche c sind sie Tangentialebenen?

7.9 Welche Gleichungen muß der Ortsvektor $\vec{p}$ von P erfüllen, damit P von den Ebenen E: $x_1 - 3x_2 - 4x_3 + 7 = 0$ und E': $5x_1 - x_3 + 8 = 0$ gleiche oder entgegengesetzt gleiche Abstände hat?
Welche Gleichungen haben demnach die winkelhalbierenden Ebenen W und W' von E und E'?

7.10 a) Bestimmen Sie nach dem Verfahren von 7.9 die Gleichungen der Winkelhalbierenden w und w' der Geraden g: $x_1 - 8x_2 = 0$ und g': $4x_1 + 7x_2 + 13 = 0$.

b) Machen Sie dasselbe für die Geraden g: $x_2 = 5$ und g': $3x_1 - 4x_2 = 0$.

7.11 Welchen Abstand hat P(5|4|–4) von der Geraden

$$g: \vec{x} = \begin{pmatrix} 3 \\ 5 \\ 5 \end{pmatrix} + \lambda \begin{pmatrix} 0 \\ 1 \\ 1 \end{pmatrix} ?$$

Vorsicht! Im $\mathbb{R}^3$ haben Geraden keine hessesche Normalform. Legen Sie deshalb eine Hilfsebene E senkrecht zu g durch P. Ihr Schnittpunkt F mit g ist der Fußpunkt des Lotes von P auf g und die Entfernung $|PF|$ der gesuchte Abstand.

7.12 Zeigen Sie, daß die Geraden

$$g: \vec{x} = \begin{pmatrix} -1 \\ -1 \\ 0 \end{pmatrix} + \sigma \begin{pmatrix} 1 \\ 0 \\ -1 \end{pmatrix} \text{ und } g': \vec{x} = \begin{pmatrix} 3 \\ 0 \\ 0 \end{pmatrix} + \tau \begin{pmatrix} 1 \\ -2 \\ 0 \end{pmatrix}$$

windschief sind. Welchen Abstand haben g und g' voneinander? Legen Sie zur Berechnung eine Hilfsebene E durch g, die zu g' parallel ist.

Windschiefe Geraden

Gegeben sollen die beiden windschiefen Geraden

$$g: \vec{x} = \begin{pmatrix} 0 \\ 0 \\ 8 \end{pmatrix} + \sigma \begin{pmatrix} 1 \\ 0 \\ 1 \end{pmatrix} \text{ und } g': \vec{x} = \begin{pmatrix} 6 \\ -1 \\ -8 \end{pmatrix} + \tau \begin{pmatrix} 3 \\ -4 \\ -4 \end{pmatrix}$$

sein. Gesucht sind ihr Abstand und ihre Schnittpunkte P und Q mit ihrer gemeinsamen Lotgeraden 1.

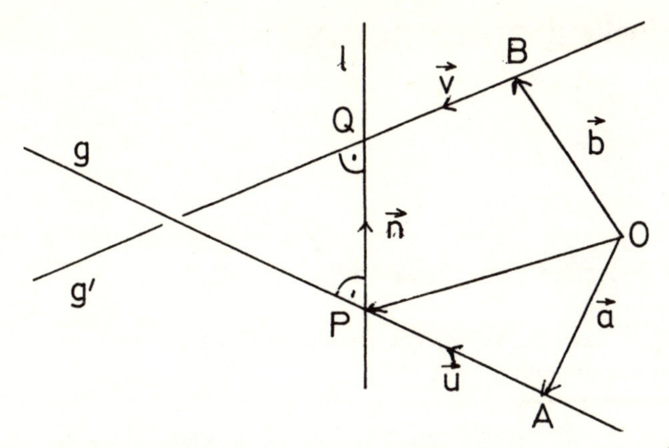

Statt nach 7.12 können Sie auch so rechnen: Der Richtungsvektor $\vec{n}$ von l steht auf den Richtungsvektoren von g und g' senkrecht, ist also

$$\vec{n} = \begin{pmatrix} 1 \\ 0 \\ 1 \end{pmatrix} \times \begin{pmatrix} 3 \\ -4 \\ -4 \end{pmatrix} = \begin{pmatrix} 4 \\ 7 \\ -4 \end{pmatrix}.$$

Den Vektor $\overrightarrow{OP}$ können Sie dann aus anderen Vektoren in zweierlei Weise zusammensetzen:

$$\overrightarrow{OP} = \vec{a} + \sigma\,\vec{u} = \vec{b} + \tau\,\vec{v} + \lambda\,\vec{n}$$

$$= \begin{pmatrix} 0 \\ 0 \\ 8 \end{pmatrix} + \sigma \begin{pmatrix} 1 \\ 0 \\ 1 \end{pmatrix} = \begin{pmatrix} 6 \\ -1 \\ -8 \end{pmatrix} + \tau \begin{pmatrix} 3 \\ -4 \\ -4 \end{pmatrix} + \lambda \begin{pmatrix} 4 \\ 7 \\ -4 \end{pmatrix}.$$

In Koordinaten ausgeschrieben sind das drei Gleichungen für σ, τ und λ mit den Lösungen $\sigma = -4$, $\tau = -2$ und $\lambda = -1$. Der Parameterwert $\sigma = -4$ liefert P(–4|0|4), der Parameterwert $\tau = -2$ ergibt Q(0|7|0). Der Abstand der Geraden wird $|PQ| = |\lambda\,\vec{n}| = 9$.

7.13 Wo schneiden g: $\vec{x} = \begin{pmatrix} 5 \\ 0 \\ 0 \end{pmatrix} + \lambda \begin{pmatrix} 0 \\ 3 \\ 4 \end{pmatrix}$ und g': $\vec{x} = \mu \begin{pmatrix} 0 \\ 1 \\ 0 \end{pmatrix}$ ihre gemeinsame Lotgerade, und welchen Abstand haben sie?

7.14 Welche Gleichung hat die gemeinsame Lotgerade von

g: $\vec{x} = \begin{pmatrix} -5 \\ 0 \\ 0 \end{pmatrix} + \sigma \begin{pmatrix} 2 \\ 1 \\ 2 \end{pmatrix}$ und g': $\vec{x} = \begin{pmatrix} 1 \\ 3 \\ 0 \end{pmatrix} + \tau \begin{pmatrix} 0 \\ 0 \\ 1 \end{pmatrix}$?

Welchen Abstand haben g und g'? Was bedeutet das Ergebnis geometrisch?

---

8. Winkelberechnungen

Winkel zwischen zwei Geraden

Den Winkel φ zwischen zwei Vektoren $\vec{a}$ und $\vec{b}$ erhält man mit den zugehörigen Einheitsvektoren $\vec{a}^0$ und $\vec{b}^0$ aus

$\cos\varphi = \vec{a}^0 \cdot \vec{b}^0$. Der Schnittwinkel zweier Geraden ist der spitze oder gegebenenfalls rechte Winkel zwischen ihren Richtungsvektoren: $\cos\varphi = |\vec{u}_1^0 \cdot \vec{u}_2^0|$

8.1 Welche Winkel bilden je zwei der drei Vektoren

$$\vec{a} = \begin{pmatrix} -5 \\ 3 \\ 4 \end{pmatrix}, \vec{b} = \begin{pmatrix} 11 \\ -2 \\ 0 \end{pmatrix}, \vec{c} = \begin{pmatrix} 7 \\ 12 \\ 1 \end{pmatrix}.$$

8.2 Unter welchem Winkel schneiden sich die beiden Geraden

$$g: \vec{x} = \begin{pmatrix} 3 \\ 0 \end{pmatrix} + \lambda \begin{pmatrix} 3 \\ 4 \end{pmatrix} \text{ und } g': \vec{x} = \begin{pmatrix} 0 \\ 1 \end{pmatrix} + \mu \begin{pmatrix} -5 \\ 12 \end{pmatrix} ?$$

8.3 Zeigen Sie, daß sich die Geraden

$$g_1: \vec{x} = \begin{pmatrix} -1 \\ 0 \\ 4 \end{pmatrix} + \lambda \begin{pmatrix} 1 \\ -1 \\ -2 \end{pmatrix} \text{ und}$$

$$g_2: \vec{x} = \begin{pmatrix} 4 \\ 1 \\ 3 \end{pmatrix} + \mu \begin{pmatrix} 1 \\ 1 \\ 1 \end{pmatrix}$$

schneiden. Wie groß ist ihr Schnittwinkel φ?

8.4 Welche Innenwinkel hat das Dreieck

A(−5|−7|−4)B(1|5|8)C(6|3|−6)?

Neigungswinkel von Geraden im $\mathbb{R}^2$

Im x, y-Koordinatensystem des $\mathbb{R}^2$ gibt man für Geraden oft Gleichungen in der expliziten Form

$y = mx + t$

an. Den Neigungswinkel der Geraden gegen die positive Richtung der x-Achse erhält man dann aus

$$\boxed{\tan \alpha = m.}$$

8.5 Welche Neigungswinkel gegen die x-Achse haben die Geraden

a) $y = 2x - 4$,

b) $y = -\frac{1}{3}x + 7$,

c) $y = \frac{3}{2}x$,

d) $y = 4$?

8.6 Welche Neigungswinkel gegen die x-Achse haben die Geraden g: $2x - 3y + 5 = 0$ und g': $4x + 5y = 0$? Welchen spitzen Winkel bilden g und g'?

Winkel zwischen Ebenen

Der Winkel zwischen zwei Ebenen ist gleich dem spitzen oder gegebenenfalls rechten Winkel zwischen ihren Normalenvektoren $\vec{n}_1$ und $\vec{n}_2$, ergibt sich also aus

$$\boxed{\cos \varphi = |\vec{n}_1^{\,0} \cdot \vec{n}_2^{\,0}|.}$$

8.7 Welche Winkel schließen jeweils die folgenden zwei Ebenen ein?

a) $E_1: 2x_1 - x_2 + 2x_3 - 9 = 0$, $E_2: 2x_1 + 3x_2 - 6x_3 = 0$,

b) $E_1: 5x_1 + 3x_2 - 4x_3 - 5 = 0$, $E_2: x_2 = 1$,

c) $E_1: \vec{x} = \begin{pmatrix} 3 \\ 0 \\ 0 \end{pmatrix} + \lambda \begin{pmatrix} 2 \\ 1 \\ 0 \end{pmatrix} + \mu \begin{pmatrix} 0 \\ 1 \\ -1 \end{pmatrix}$, $E_2: x_1 - x_3 = 3$.

8.8 Welche sechs Winkel bilden paarweise die vier Begrenzungsebenen des Tetraeders mit den Ecken A(1|0|0), B(2|−1|0), C(1|0|3) und D(5|4|0)?

8.9 Welche Neigungswinkel bilden die Seitenflächen des Oktaeders mit den Ecken A(2|0|0), B(0|2|0), C(−2|0|0). D(0|−2|0), E(0|0|3) und F(0|0|−3) miteinander?

8.10 Ein Würfel der Kantenlänge 2 wird von den Ebenen $x_1 = 1, x_1 = -1, x_2 = 1, x_2 = -1, x_3 = 1$ und $x_3 = -1$ begrenzt. Welche Winkel bildet die Ebene E: $x_1 + x_2 + x_3 = 0$ mit den Würfelflächen? Wie viele Ecken hat die Schnittfigur von E mit dem Würfel? Welche Innenwinkel hat dieses Vieleck?

Winkel zwischen Gerade und Ebene

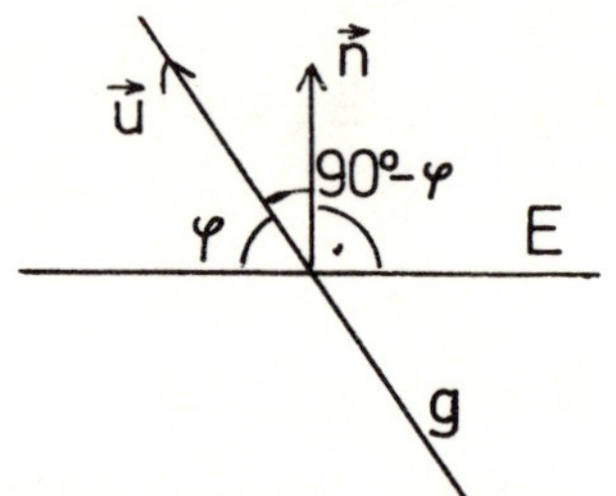

Der Neigungswinkel φ einer Geraden mit Richtungsvektor $\vec{u}$ gegen eine Ebene mit Normalenvektor $\vec{n}$ ergänzt den Winkel zwischen $\vec{u}$ und $\vec{n}$ zu 90°, ergibt sich also aus

$\cos(90° - \varphi) = \sin\varphi = |\vec{u}^0 \cdot \vec{n}^0|$.

8.11 Welche Neigungswinkel haben in folgenden Beispielen die Geraden g gegen die Ebenen E?

a) g: $\vec{x} = \begin{pmatrix} 1 \\ 0 \\ 0 \end{pmatrix} + \lambda \begin{pmatrix} -3 \\ -6 \\ 2 \end{pmatrix}$, E: $4x_1 - 7x_2 + 4x_3 - 3 = 0$,

b) g: $\vec{x} = \lambda \begin{pmatrix} -1 \\ 2 \\ 2 \end{pmatrix}$, E: $\vec{x} = \sigma \begin{pmatrix} 0 \\ 1 \\ -1 \end{pmatrix} + \tau \begin{pmatrix} 2 \\ -1 \\ 2 \end{pmatrix}$.

8.12 Welche Neigungswinkel hat die Gerade $\vec{x} = \lambda \begin{pmatrix} -6 \\ 3 \\ 2 \end{pmatrix}$ gegen die drei Koordinatenebenen? Unter welchen spitzen Winkeln schneidet sie die drei Koordinatenachsen?

8.13 Welche Neigungswinkel haben die Seitenkanten der dreiseitigen Pyramide A(0|0|0)B(1|2|2)C(−3|4|0)S(1|7|−5) gegen ihre Grundfläche ABC?

Teil II: Infinitesimalrechnung

9. Formales Differenzieren

Wir setzen voraus, daß Sie formal differenzieren können. Sollten Sie sich jedoch nicht ganz sicher sein, rechnen Sie bitte die folgenden Aufgaben durch. Andernfalls überschlagen Sie diesen Abschnitt.

Differentiation der Grundfunktionen

Sie sollten die Ableitungen der einfachsten Funktionen auswendig wissen:

$f(x)$	$f'(x)$
c	0
x^n	$n \cdot x^{n-1}$
$\sin x$	$\cos x$
$\cos x$	$-\sin x$
e^x	e^x
a^x	$a^x \ln a$
$\ln \lvert x \rvert$	$\frac{1}{x}$
$\arcsin x$	$\frac{1}{\sqrt{1-x^2}}$
$\arccos x$	$-\frac{1}{\sqrt{1-x^2}}$
$\arctan x$	$\frac{1}{1+x^2}$

Ein konstanter Faktor bleibt beim Differenzieren stehen.
Beispiel:

$$f(x) = 5 \ln |x| \Rightarrow f'(x) = \frac{5}{x}.$$

9.1 Differenzieren Sie

a) $f(x) = \frac{3}{x^2}$; b) $f(x) = \sqrt{x}$; c) $f(x) = \frac{1}{\sqrt[3]{x}}$.

Bei welchen Funktionen stimmt der Definitionsbereich D_f mit dem ihrer Ableitung $D_{f'}$ überein?

9.2 Differenzieren Sie

a) $f(x) = -e^x$; b) $f(x) = 2 \cdot \cos x$.

Die Summenregel

Summen von Funktionen differenzieren Sie nach der Summenregel:

$$f(x) = u(x) + v(x) \quad \Rightarrow \quad f'(x) = u'(x) + v'(x)$$

Ist ein Summand unabhängig von x, so ist seine Ableitung Null:

Beispiel:

$$f(x) = x^2 + \ln|x| + 1 \Rightarrow f'(x) = 2x + \frac{1}{x}.$$

9.3 Differenzieren Sie

a) $f(x) = \frac{a}{x^2} + \frac{b}{x}$; b) $f(x) = \sqrt{x} + \frac{2}{\sqrt{x}}$; c) $f(x) = 2\sin x + 3\cos x$;

d) $f(x) = e^x - 1$.

9.4 Verwandeln Sie die folgenden Funktionen in Summen und differenzieren Sie dann:

a) $f(x) = \ln(5x^2)$; b) $f(x) = \ln(2x^3)$;

c) $f(x) = \frac{x^3 - 2x + 1}{x^4}$.

Geben Sie D_f und $D_{f'}$ an.

Die Produktregel

$$f(x) = u(x) \cdot v(x) \quad \Rightarrow \quad f'(x) = u'(x)\ v(x) + u(x)\, v'(x)$$

Beispiel:

$$f(x) = \underbrace{x^2}_{u} \cdot \underbrace{\sin x}_{v} \quad \Rightarrow \quad f'(x) = \underbrace{2x}_{u'} \cdot \underbrace{\sin x}_{v} + \underbrace{x^2}_{u} \cdot \underbrace{\cos x}_{v'}.$$

9.5 Differenzieren Sie

a) $f(x) = (x^2 + 1) \cdot \sqrt{x}$; b) $f(x) = (x^2 + 2x) \cdot \cos x$; c) $f(x) = e^x \cdot \ln |x|$.

9.6 Verwandeln Sie die folgenden Funktionen in Produkte und differenzieren Sie dann nach der Produktregel.

a) $f(x) = \sin 2x$; b) $f(x) = \ln x^x$; c) $f(x) = e^{2x}$.

Die Quotientenregel

$$f(x) = \frac{u(x)}{v(x)} \Rightarrow f'(x) = \frac{u'(x) \cdot v(x) - u(x) \cdot v'(x)}{[v(x)]^2}.$$

Beispiel:

$$f(x) = \frac{x^2 - 1}{x^2 + 1} \Rightarrow$$

$$f'(x) = \frac{2x(x^2 + 1) - (x^2 - 1) \cdot 2x}{(x^2 + 1)^2} = \frac{4x}{(x^2 + 1)^2}.$$

9.7 Differenzieren Sie

a) $f(x) = \dfrac{x}{x^2 - 1}$; b) $f(x) = \dfrac{a\,x}{x - a}$;

c) $f(x) = \dfrac{\cos x}{1 + x}$; d) $f(x) = \dfrac{k \cdot e^x}{k - e^x}$, $k > 0$.

Geben Sie D_f und $D_{f'}$ an.

9.8 Differenzieren Sie

a) $f(x) = \tan x$; b) $f(x) = e^{-x}$; c) $f(x) = e^{-x}(\sin x - \cos x)$,

indem Sie die Funktionen zunächst als Quotienten schreiben.

9.9 Bilden Sie die Ableitungen von

a) $f(x) = \dfrac{\ln |x|}{x}$; b) $f(x) = \dfrac{\ln |x|}{1 - x^2}$; c) $f(x) = \dfrac{e^x}{\sqrt{x}}$.

9.10 Differenzieren Sie

$$f(x) = \frac{k\,x + x^2}{1 - k\,x^2} \;.$$

Geben Sie für positives und negatives k die maximalen Definitionsmengen D_f und $D_{f'}$ an.

Die Kettenregel

Die Funktion $y = f(x) = \sin(x^2)$ können Sie in der Form

$y = \sin u,\; u = x^2$

darstellen. Die Ableitung erhalten Sie dann nach der Kettenregel:

$$y' = \frac{dy}{dx} = \frac{dy}{du} \cdot \frac{du}{dx} \;.$$

Mit $\frac{dy}{du} = \cos u$, $\frac{du}{dx} = 2\,x$ ist

$y' = \cos u \cdot 2x = 2x \cdot \cos(x^2)$.

Die Regel läßt sich erweitern:

Für $y = \cos(x^2 - 3)^5$ gilt

$y = \cos v,\; v = u^5,\; u = x^2 - 3.$

$\frac{dy}{dv} = -\sin v,\quad \frac{dv}{du} = 5\,u^4,\quad \frac{du}{dx} = 2x.$

$$y' = \frac{dy}{dv} \cdot \frac{dv}{du} \cdot \frac{du}{dx} \;.$$

$$\begin{aligned} y' &= -\sin v \cdot 5\,u^4 \cdot 2x \\ &= -2x \cdot 5\,(x^2 - 3)^4 \cdot \sin(x^2 - 3)^5 . \end{aligned}$$

9.11 Differenzieren Sie

a) $y = f(x) = (x^2 - 2\,x + 3)^3$; b) $y = \sqrt{x^2 - 2x}$;

c) $y = \sqrt{\sin 2x}$; d) $y = \ln |x^2 - 1|$.

9.12 Differenzieren Sie

a) $y = \frac{2x + 1}{(x^2 - 3)^2}$; b) $y = \frac{\sin x}{(3 - x)^3}$.

Beachten Sie: Die Ableitung von

$$y = \frac{g(x)}{[h(x)]^n}$$

können Sie durch $[h(x)]^{n-1}$ kürzen.

9.13 Differenzieren Sie zweimal

a) $y = \frac{x}{x^2 - 1}$; b) $y = \frac{x^2 - 2x}{x + 1}$.

Vergessen Sie dabei nicht, in der zweiten Ableitung zu kürzen.

9.14 a) Differenzieren Sie zweimal

$y = 2 \sin w x + 3 \cos w x$.

Zeigen Sie, daß bei passender Wahl von k die Funktion y der Differentialgleichung $y + ky'' = 0$ genügt;

b) Geben Sie eine Gleichung zwischen y und y' an, der $y = e^{-kx}$ genügt.

9.15 Differenzieren Sie

a) $y = \frac{\sqrt{e^x - 1}}{e^x}$; b) $y = \frac{1}{x \ln a x}$; $a \neq 0$.

Geben Sie D_y und $D_{y'}$ an.

9.16 Differenzieren Sie

$$y = b \cdot \arcsin\left(\frac{x}{b} - 1\right), \; b > 0 .$$

Geben Sie D_y und $D_{y'}$ an.

9.17 Zeigen Sie: Für alle $x \in \mathbb{R}$ stimmen die Ableitungen von

$$f(x) = \arcsin \frac{2x}{\sqrt{1 + 4x^2}}$$

und

$$g(x) = \arctan(2x)$$

überein. Welcher Zusammenhang besteht zwischen den beiden Funktionen?

---

10. Tangenten und Normalen

$t_{x_0}(x) = f'(x_0)(x - x_0) + f(x_0)$

Die Steigung einer Kurve

> Die Ableitung $f'(x)$ einer Funktion $f(x)$ gibt für jeden Wert von x aus $D_{f'}$ die Steigung des Funktionsgraphen an, also den Tangens des Winkels, den die Kurventangente mit der positiven x-Achse bildet.

Beispiel: An den Graphen von $y = \ln x^2$, $1 \leq x \leq 4$ soll an der Stelle $x = 2{,}5$ die Tangente gelegt werden.
Wir skizzieren zunächst die Kurve nach der Tabelle

x	1	1,5	2	2,5	3	3,5	4
y	0	0,81	1,39	1,83	2,20	2,51	2,77

Dann bilden wir die Ableitung: $y' = \frac{2}{x}$.

$y'(2{,}5) = 0{,}8$ ist der Tangens des Winkels α, den die Tangente mit der positiven x-Achse bildet. Sie erhalten die Tangente wie folgt:

> Zeichnen Sie vom Berührpunkt aus ein „Stützdreieck" mit der horizontalen Kathete 1 und der vertikalen Kathete $y' = \tan \alpha$. Ist der Tangens negativ, so zeigt die vertikale Kathete nach unten.

Also vom Punkt $(2{,}5|1{,}83)$ aus eine Einheit nach rechts und 0,8 Einheiten nach oben oder 2 Einheiten nach rechts und 1,6 Einheiten nach oben.

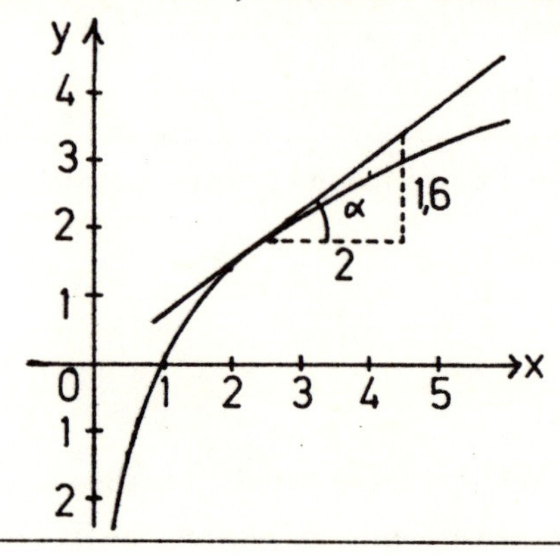

10.1 Legen Sie an die Kurve $y = x + \sin x$, $0 \leq x < 2\pi$ an den Stellen $x = 0$, $x = \frac{\pi}{2}$, $x = \pi$, $x = \frac{3}{2}\pi$ die Tangenten an. Welche Besonderheit hat die Tangente bei $x = \pi$?

10.2 Welchen Winkel bildet die Tangente von

$$y = \frac{x^2}{1 - x^2}$$

an der Stelle $x = 2$ mit der positiven x-Achse?

10.3 Unter welchem Winkel schneidet die Kurve

$$y = \frac{e^x}{e^{2x} + 1}$$

die y-Achse?

10.4 Gibt es eine Stelle x, an der die Kurven

$$y = f(x) = \frac{1}{e^x + 1} \text{ und } y = g(x) = x + \ln(1 + e^x)^2$$

parallel verlaufen?

Tangenten

Die Gleichung der Tangente an die Kurve $y = f(x)$ erhalten Sie nach der Formel

$$\frac{y - f(x_0)}{x - x_0} = f'(x_0).$$

Dabei sind $P_0\ (x_0 | f(x_0))$ der Berührpunkt und $f'(x_0)$ die Tangentensteigung.
Beispiel: Wie lautet die Gleichung der Tangente an die Kurve

$$y = e^x + e^{-x}$$

an der Stelle $x = 1$?

Es ist

$$y' = e^x - e^{-x}.$$

Sie berechnen $y(1) = e^1 + e^{-1} = 3{,}09$ und $y'(1) = e^1 - e^{-1} = 2{,}35$.
Hieraus ergibt sich die Tangentengleichung

$$\frac{y - 3{,}09}{x - 1} = 2{,}35 \text{ oder } y = 2{,}35\,x + 0{,}74.$$

10.5 Gegeben ist die Kurvenschar

$$y = kx^2 + \frac{1}{k}, k \neq 0.$$

Bestimmen Sie die Koordinaten $(x_k | y_k)$ der Punkte P_k, in denen die Tangente die Steigung m hat. Stellen Sie die Gleichung der Tangentenschar auf.

10.6 Stellen Sie für allgemeines t die Gleichung der Tangente im Punkt T (t/y_T) des Graphen der Funktion

$$f(x) = -\frac{3}{t^2} x^2 + \frac{4}{t} x$$

auf. Zeigen Sie, daß bei veränderlichem t alle Tangenten durch einen Punkt gehen.

10.7 Die Tangente in einem beliebigen Punkt P des Graphen von

$$f_k(x) = x + \frac{k}{x}$$

bildet mit der y-Achse und der Verbindungsgeraden des Punktes P mit dem Ursprung ein Dreieck. Zeigen Sie, daß der Flächeninhalt dieses Dreiecks von der Abszisse des Punktes P unabhängig ist.

10.8 Bestimmen Sie die Gleichung der Tangente an die Kurve $y = e^{\frac{x}{2}}$, die parallel zur Geraden g: $2x - 3y - 6 = 0$ verläuft.

Normalen

Die Normale in einem Kurvenpunkt steht auf der dortigen Tangente senkrecht:

> Hat eine Tangente die Steigung m, so hat die Normale die Steigung $-\frac{1}{m}$.

$\frac{1}{f'(x_0)} \cdot (x_0 - x) + f(x_0)$

Beispiel:

Zu $y = e^x$ soll an der Stelle $x = 1$ die Gleichung der Kurvennormalen aufgestellt werden.

Sie berechnen

$y(1) = e$ und $y'(1) = e$.

Hieraus ergibt sich die Normale

$$\frac{y-e}{x-1} = -\frac{1}{e} \; .$$

10.9 Stellen Sie die Gleichung der Kurvennormalen an den Graphen von

$$y = \sqrt{\sin x}$$

an der Stelle $x = 1$ auf.

10.10 Für welche Parameterwerte k gibt es eine Normale an die Kurve

$$y = x^3 - kx^2,$$

die parallel zur Winkelhalbierenden des ersten Quadranten verläuft?

10.11 Durch die Gleichung

$$f_k(x) = k\sqrt{x} - x, \quad k > 0$$

ist eine Kurvenschar gegeben. Wo schneiden die Kurven die positive x-Achse? Wie lauten die Gleichungen der Normalen in den Schnittpunkten mit der x-Achse? Welche Besonderheit hat die Schar der Normalen?

Berührung und senkrechter Schnitt zweier Kurven

> Zwei Kurven berühren sich in einem Punkt, wenn sie dort eine gemeinsame Tangente haben. Sie schneiden sich orthogonal, wenn die Tangenten im Schnittpunkt aufeinander senkrecht stehen.

Beispiel für Berührung:

Gegeben ist die Funktion

$$f(x) = a\,x^2 + \frac{b}{x^2} + a + b$$

mit $a \neq 0$ und $b \neq 0$. Berechnen Sie a und b so, daß der Graph von f(x) den Graphen von

$$g(x) = -x^{2n} + 1$$

in seinem Schnittpunkt mit der positiven x-Achse berührt.
g(x) schneidet die positive x-Achse in (1/0). Durch diesen Punkt muß auch f(x) gehen:

$$a + b + a + b = 0 \text{ oder } \text{(I) } a + b = 0.$$

Wenn sich die Graphen in (1/0) berühren sollen, müssen an der Stelle x = 1 beide Ableitungen übereinstimmen:

$$f'(x) = 2\,a\,x - \frac{2b}{x^3}\ ; f'(1) = 2a - 2b;$$

$$g'(x) = -\,2\,n\,x^{2n-1}; g'(1) = -2\,n.$$

$2a - 2b = -\,2n$ oder (II) $a - b = -\,n$.

Aus (I) und (II) folgt

$$a = -\frac{n}{2}, \ b = \frac{n}{2}.$$

Beispiel für senkrechten Schnitt:

Die Kurven

$$y = f(x) = \frac{3}{2} - x^2 \quad \text{und} \quad y = g(x) = \frac{x}{2}$$

schneiden sich im Punkt S(1/0,5). Wegen

$$f'(1) = -\,2 \quad \text{und} \quad g'(1) = \frac{1}{2}$$

stehen die Tangentenrichtungen aufeinander senkrecht. Die Kurven schneiden sich daher unter einem rechten Winkel.

10.12 Zeigen Sie, daß sich die Graphen von

$$f(x) = \frac{x^2}{2} + x - 4 \quad \text{und} \quad g(x) = 3\ln(x-1)$$

in einem Punkt berühren und geben Sie den Berührpunkt an.

10.13 Gegeben ist die Funktionenschar

$$f_{\alpha,\beta} = \alpha\,x + \frac{\beta}{x^2}\ .$$

Welche Beziehungen müssen zwischen α und β bestehen, damit sich die durch $f_{\alpha,\beta}$ und $f_{\beta,\alpha}$ definierten Kurven senkrecht schneiden?

10.14 Bestimmen Sie a so, daß sich die Kurven $y = 2e^{ax}$ und $y = 2e^{-ax}$ senkrecht schneiden.

10.15 Weisen Sie nach, daß sich die Graphen von

$$f(x) = \frac{2}{1 + x^2} - 1$$

und

$$g(x) = \text{arc sin} \left(\frac{2}{1 + x^2} - 1 \right)$$

in den Punkten (1/0) und (–1/0) berührend durchdringen und sonst keine weiteren Punkte gemeinsam haben.

---

11. Formales Integrieren

Die Grundformeln

Integration ist die Umkehrung der Differentiation. Daher folgt aus der Tabelle der Differentiationsformeln die der Integrationsformeln:

$f(x)$	$F(x) = \int f(x)\, d\, x$
0	C
x^n	$\frac{x^{n+1}}{n+1} + C$ für $n \neq -1$
$\sin x$	$-\cos x + C$
$\cos x$	$\sin x + C$
e^x	$e^x + C$
a^x	$\frac{a^x}{\ln a} + C$
$\frac{1}{x}$	$\ln \lvert x \rvert + C$
$\frac{1}{\sqrt{1-x^2}}$	$\arcsin x + C$
$\frac{1}{1+x^2}$	$\arctan x + C$

Sind $F(x)$ und $G(x)$ Stammfunktionen zu $f(x)$ und $g(x)$, so sind $c \cdot F(x)$ und $F(x) \pm G(x)$ Stammfunktionen zu $c \cdot f(x)$ bzw. $f(x) \pm g(x)$.

Beachten Sie: Da die Ableitung einer Konstanten Null ist, enthält jede Integrationsformel eine unbestimmte additive Konstante. Sie erhalten also zu jeder Funktion unendlich viele Stammfunktionen. Sie können aus dieser Schar eine spezielle herausholen, indem Sie einen Punkt vorgeben, durch den die Integralkurve laufen soll.

Beispiel: Wir bestimmen zu

$$f(x) = \frac{1}{x} + e^x$$

die Integralkurve, die durch den Punkt P(2/3) geht.

Es ist

$$F(x) = \int \left(\frac{1}{x} + e^x\right) dx = \ln|x| + e^x + C.$$

Wir wählen nun aus den unendlich vielen Stammfunktionen diejenige aus, für die gilt:

$F(2) = \ln 2 + e^2 + C = 3;$

$8{,}08 + C = 3 \Rightarrow C = -5{,}08;$

$F(x) = \ln x + e^x - 5{,}08.$

11.1 Welche Integralkurve von

$f(x) = 2 \sin x - \cos x$

geht durch den Punkt (0/1)?

11.2 Welche Funktionen haben als Ableitung

$f(x) = \sqrt[3]{x} + \dfrac{1}{\sqrt[3]{x}}$?

Für welche x sind f(x) und diese Funktionen definiert?

11.3 Integrieren Sie

$f(x) = \dfrac{x^2 - 1}{x}$.

11.4 Gibt es eine Integralkurve von $f(x) = e^{2+x}$, die den Nullpunkt enthält?

11.5 Bestimmen Sie zu $f(x) = \dfrac{2}{\sqrt{1 - x^2}}$

die Integralkurve, die durch den Punkt (1/1) geht.

Integration durch Substitution

Integrale von Funktionen, die nicht in der Tabelle stehen, versuchen Sie auf Grundintegrale zurückzuführen. Oft schaffen Sie dies, indem Sie Teile des Integranden durch eine neue Variable, – wir nennen sie u – ersetzen. Vergessen Sie jedoch dabei nicht, auch dx durch du auszudrücken.

Beispiel: $\displaystyle\int \frac{2\,e^x}{1 + e^{2x}}\, dx$.

Hier steht im Nenner

$$1 + e^{2x} = 1 + (e^x)^2,$$

ein Term, der durch Substitution von $u = e^x$ in

$$1 + u^2$$

übergeht. Dieser Nenner kommt im Integranden der arc tan-Funktion vor. Glücklicherweise folgt aus

$$\frac{du}{dx} = e^x$$

formal

$$dx = \frac{du}{e^x} = \frac{du}{u},$$

so daß sich der lästige Faktor e^x im Zähler wegkürzt:

$$\int \frac{2\,e^x}{1 + e^{2x}}\,dx = 2 \cdot \int \frac{u}{1 + u^2} \cdot \frac{du}{u} = 2 \cdot \int \frac{du}{1 + u^2}.$$

Nun können wir integrieren:

$$2 \int \frac{du}{1 + u^2} = 2 \text{ arc } \tan u + C.$$

Zum Schluß ersetzen wir wieder u durch e^x und erhalten als Integral

$$F(x) = 2 \text{ arc } \tan e^x + C.$$

11.6 Berechnen Sie

$$\int \frac{a}{x^2 + 4}\,dx.$$

Substituieren Sie $u = \frac{x}{2}$.

11.7 Integrieren Sie

$$f(x) = \frac{2^x}{\sqrt{1 - 4^x}}$$

und geben Sie die Integralfunktion F(x) an, für die $F(-1) = 0$ ist.

11.8 Berechnen Sie

$$\int \frac{4^x}{1 - 4^x}\,dx.$$

11.9 Integrieren Sie die Funktion

$$f(x) = \frac{1}{x \ln x} \ .$$

Für welche x-Werte ist das Integral definiert?

11.10 Integrieren Sie die Funktion

$$f(x) = \frac{2x + 3}{x^2 + 3x} \ .$$

11.11 Suchen Sie zu

$$f(x) = \frac{a\,x}{x + a}$$

die Stammfunktion, deren Graph durch den Ursprung geht.
Formen Sie vor der Integration den Bruch geeignet um.

11.12 Integrieren Sie

$$f(x) = \frac{x^2 + 4x + 1}{x + 1} \ .$$

Partielle Integration

Aus der Produktregel der Differentiation ergibt sich durch Integration

$$\int u(x) \cdot v'(x)\, dx = u(x) \cdot v(x) - \int u'(x)\, v(x)\, dx \ .$$

Beispiel: Um $\int x \cdot e^{1-x}\, dx$ zu berechnen, setzen wir

$x = u$ und $e^{1-x} = v'$.

Wir wählen diese Substitutionen, weil sich $u = x$ durch das Differenzieren vereinfacht und $v' = e^{1-x}$ durch das Integrieren kaum komplizierter wird: $v = \int e^{1-x}\, dx = -\, e^{1-x}$.

Nun ist

$$\begin{aligned}\int x\, e^{1-x}\, dx &= -\, x\, e^{1-x} + \int e^{1-x}\, dx + C \\ &= -\, x\, e^{1-x} - e^{1-x} + C \\ &= -\,(x + 1)\, e^{1-x} + C.\end{aligned}$$

11.13 Berechnen Sie

$\int x\, a^x\, dx,\ a > 0.$

11.14 Welche Stammfunktion von

$f(x) = e^{-\sqrt{x}}$

geht durch den Punkt (1/1)?
Substituieren Sie zunächst $u = -\sqrt{x}$.

11.15 Bestimmen Sie die Gleichung der Integralkurve zu

$f(x) = x\, e^{-x} + e^x \sin x,$

die durch den Punkt (1/1) geht.

---

12. Monotonie und Umkehrfunktion

Monotonie

Die Funktion $f(x) = x^5 + 2x^3 + x - 1$ ist für alle x definiert und differenzierbar. Da $f'(x) = 5x^4 + 6x^2 + 1$ stets positiv ist, wächst die Funktion monoton.
Eine monotone Funktion nimmt jeden ihrer Funktionswerte nur einmal an. Mit diesem Satz läßt sich beweisen, daß die obige Funktion eine und nur eine Nullstelle hat. Es ist nämlich $f(0) = -1$ und $f(1) = 3$. Aus der Stetigkeit der Funktion folgt, daß zwischen 0 und 1 eine Nullstelle liegen muß und aus der Monotonie, daß diese Nullstelle die einzige ist.
Für Funktionen, die nicht für alle x definiert sind oder bei denen die Ableitung an einigen Stellen Null wird, ist das folgende „Monotoniekriterium" nützlich:

> Eine in einem abgeschlossenen Intervall definierte Funktion $f(x)$, deren Ableitung $f'(x)$ im Innern des Intervalls stets positiv ist, wächst dort monoton. Ist $f'(x)$ stets negativ, so nimmt die Funktion monoton ab.

Mit Hilfe dieses Satzes lassen sich nicht monotone Funktionen oft in monotone Teilfunktionen zerlegen.

12.1 Welche der folgenden Funktionen sind überall in ihrem Definitionsbereich monoton?

a) $y = 1 - \frac{1}{x+2}$; b) $y = \frac{x^2}{2x+3}$; c) $y = \int_0^x e^{-\frac{1}{2}t^2}\,dt$.

Zerlegen Sie die nicht überall monotonen Funktionen in monotone Teilfunktionen.

12.2 Zeigen Sie: Die Funktion

$$J(x) = \int_1^x \frac{e^t}{\sqrt{e^t - 1}}\,dt$$

ist im ganzen Definitionsbereich monoton.

12.3 Gegeben sind die Funktionen

$f_a(x) = (x - a) \ln \frac{x}{a}$, $f_b(x) = (x - b) \ln \frac{x}{b}$.

Zeigen Sie mit Hilfe der Funktion

$g(x) = f_b(x) - f_a(x)$,

daß sich für $0 < a < x < b$ die Scharkurven C_a und C_b genau einmal schneiden.

12.4 Bestimmen Sie den Bereich, in dem

$f(x) = |x| + 2 \arctan x$

monoton abnimmt. Zeigen Sie weiter: $f(x)$ hat im Intervall

$-2{,}5 \leq x \leq -2$

genau eine Nullstelle.

12.5 Untersuchen Sie das Monotonieverhalten von

$f(x) = e^x - e^{-x}$

und beweisen Sie, daß $f(x)$ den Wert 1 im Intervall $0 \leq x \leq 1$ genau einmal annimmt.

Umkehrfunktionen

Die Funktion

$$y = \frac{x}{x+1}$$

läßt sich eindeutig umkehren. Sie finden die Umkehrfunktion, indem Sie zunächst nach x auflösen und dann die Variablen vertauschen:

$$y = \frac{1}{x+1} \Rightarrow x = \frac{y}{1-y} \quad ; \quad y = \frac{x}{1-x} \ .$$

Allgemein:

$$f\colon y = f(x) \Rightarrow x = f^{-1}(y); \quad f^{-1}\colon y = f^{-1}(x)$$

Die Wertemente W_f der gegebenen Funktion wird zur Definitionsmenge $D_{f^{-1}}$ der Umkehrfunktion. Die Definitionsmenge D_f wird zur Wertemenge $W_{f^{-1}}$.
Die Bilder von Funktion f und Umkehrfunktion f^{-1} liegen symmetrisch zur Winkelhalbierenden des ersten Quadranten.

Die Funktion

$f\colon y = x^2 + 2x + 2$

ist nicht umkehrbar, da die Auflösung nach x nicht eindeutig ist; denn sie liefert

$x = -1 \pm \sqrt{y-1}$.

f nimmt für $x < -1$ monoton ab und für $x > -1$ monoton zu. f läßt sich jedoch in zwei Teilfunktionen f_1 und f_2 zerlegen, die umkehrbar sind:

$f_1: y = x^2 + 2x + 2$ für $x \geq -1$,

$f_2: y = x^2 + 2x + 2$ für $x < -1$.

Die Wertemengen sind

$W_{f_1} = \{ y | y \geq 1 \}$, $W_{f_2} = \{ y | y > 1 \}$.

Die Umkehrfunktionen zu f_1 und f_2 stellen Sie nach obiger Regel auf:

$x = -1 + \sqrt{y-1} \vee x = -1 - \sqrt{y-1}$.

Vertauschung von x und y:

$y = 1 + \sqrt{x-1} \vee y = -1 - \sqrt{x-1}$.

Die richtige Zuordnung finden Sie, indem Sie sich an Definitions- und Wertemenge orientieren.
Die ursprüngliche Funktion f_1 hat die Definitionsmenge $x \geq -1$. Da dies die Wertemenge ihrer Umkehrfunktion f_1^{-1} ist, gilt die Zuordnung

$f_1^{-1}: y = -1 + \sqrt{x-1}$,

$f_2^{-1}: y = -1 - \sqrt{x-1}$.

Die Intervalle, in denen eine Funktion umkehrbar ist, finden Sie, indem Sie die Monotonieintervalle bestimmen, denn:

Ist eine Funktion in einem Intervall monoton, so ist sie dort auch umkehrbar.

12.6 Zeigen Sie, daß

$$f: y = \frac{1}{2}(2 - e^x)^2 ; \; x \leq \ln 2$$

umkehrbar ist. Geben Sie die Umkehrfunktion sowie die Definitions- und Wertemenge von f^{-1} an.

12.7 Zeigen Sie, daß

$$f: y = \begin{cases} \frac{1}{2}x^2 + x - 4 & \text{für } -1 \leq x \leq 2 \\ 3 \ln (x-1) & \text{für } 2 < x \end{cases}$$

umkehrbar ist und berechnen Sie die Umkehrfunktion.

12.8 Zeigen Sie, daß

$f\colon y = e^{-\sqrt{x}}$

für $x \geq 0$ umkehrbar ist. Geben Sie die Umkehrfunktion und ihren Definitionsbereich an. Welches Vorzeichen hat die erste Ableitung der Umkehrfunktion?

12.9 Bestimmen Sie den maximalen Definitionsbereich D_{f_a} von

$f_a\colon y = -\ln(a - e^{-x}), a > 0.$

Zeigen Sie, daß f_a in D_{f_a} umkehrbar ist und bestimmen Sie die Umkehrfunktion f_a^{-1}.
Welche Symmetrie des Graphen von f_a läßt sich durch den Vergleich von f_a und f_a^{-1} folgern?

12.10 Welche Monotoniebereiche werden bei der Bildung der Umkehrfunktionen arc sin, arc cos, arc tan zu a) $y = \sin x$, b) $y = \cos x$, c) $y = \tan x$ zugrundegelegt?

12.11 a) Zeigen Sie, daß die Funktion

$f(x) = \arcsin(2x - 1)$

umkehrbar ist, und berechnen Sie die Umkehrfunktion $g(x)$. Geben Sie den maximalen Definitionsbereich D_g an und zeichnen Sie f und g in das gleiche Koordinatensystem.

b) Benutzen Sie die Umkehrfunktion, um das Integral

$$\int_0^{\frac{1}{2}} \arcsin(2x - 1)\,dx$$

zu berechnen.

Die Ableitung der Umkehrfunktion

Nach der Kettenregel gilt

$$\frac{dy}{dx} \cdot \frac{dx}{dy} = 1$$

oder anders geschrieben

$$\boxed{\frac{dy}{dx} = \frac{1}{\frac{dx}{dy}}}\,.$$

Mit dieser Formel lassen sich die Ableitungen der Arcusfunktionen bestimmen:

Beispiel:

$y = \text{arc tan } x, x = \tan y;$

$$\frac{dx}{dy} = \frac{1}{\cos^2 y} = \frac{\cos^2 y + \sin^2 y}{\cos^2 y} = 1 + \tan^2 y = 1 + x^2; \quad \frac{dy}{dx} = \frac{1}{1 + x^2}.$$

12.12 Die Umkehrfunktion der e-Funktion ist der natürliche Logarithmus.
Leiten Sie aus der Beziehung

$y = e^x \Rightarrow y' = e^x$

die Ableitung der Funktion $y = \ln x$ her.

12.13 Bestimmen Sie die Ableitung von $y = \text{arc sin } x$.

---

13. Flächen- und Rauminhalt

Das bestimmte Integral

> Ist F(x) eine Stammfunktion von f(x), so ist das bestimmte Integral
>
> $$\int_a^b f(x)\,dx = F(b) - F(a)\,.$$

Geometrisch bedeutet $\int_a^b f(x)\,dx$, falls f(x) zwischen a und b nicht das Vorzeichen wechselt, den Inhalt der Fläche zwischen der Kurve, der x-Achse und den Geraden x = a und x = b. Ist $a < b$, so ergeben sich positive Flächen, wenn die Kurve oberhalb, negative Flächen, wenn die Kurve unterhalb der x-Achse liegt.

Beispiel:

$$\int_1^e \frac{x^2-1}{x}\,dx = \int_1^e \left(x - \frac{1}{x}\right) dx =$$

$$\left[\frac{x^2}{2} - \ln x\right]_1^e =$$

$$\left[\frac{e^2}{2} - 1\right] - \left[\frac{1}{2} - 0\right] = \frac{e^2}{2} - \frac{3}{2}\,.$$

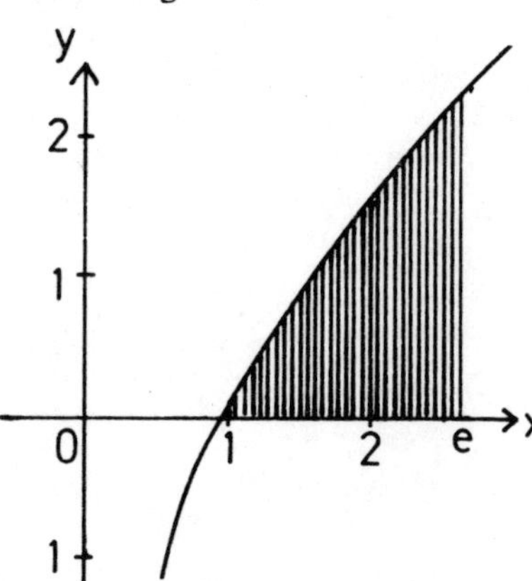

Wechselt die Funktion zwischen a und $b > a$ ihr Vorzeichen, so wird die Fläche über der x-Achse positiv, die Fläche unter der x-Achse negativ gezählt:

$$\int_0^{2\pi} \sin x\,dx = [-\cos x]_0^{2\pi} = -1 - [-1] = 0.$$

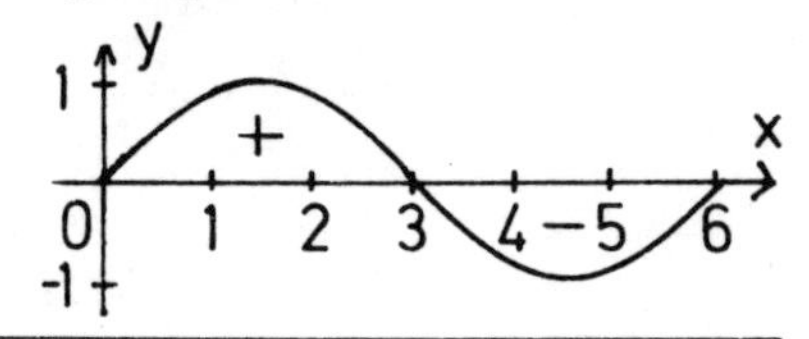

13.1 Welchen Inhalt hat das zwischen x-Achse und

$y = -x^2 + k\,x$ mit $k > 0$

liegende Flächenstück?

13.2 Beweisen Sie

$$\int_a^b f(x)\,dx = -\int_b^a f(x)\,dx.$$

13.3 Wie groß ist die Fläche, die zwischen der positiven x-Achse, der y-Achse und der durch

$$f(x) = \frac{x^2-1}{x^2+1}$$

definierten Kurve liegt?

13.4 Bilden Sie die Ableitung y' von

$$y = e^{1-\frac{x^2}{2}}.$$

Berechnen Sie den Inhalt jenes Flächenstücks, das vom Graphen von y', der x-Achse und der Geraden x = 1 eingeschlossen wird.

13.5 Bestimmen Sie die Konstante $a > 0$ so, daß

$$\int_{-a}^{a} (1-x^2)\,dx = 0$$

wird. Interpretieren Sie das Ergebnis geometrisch.

Abschätzung bestimmter Integrale

Nicht zu jeder Funktion finden Sie auf einfache Weise eine Stammfunktion. In gewissen Fällen ermitteln Sie jedoch einen Näherungswert für ein bestimmtes Integral, indem Sie den Integranden durch eine bequem integrable" Näherungsfunktion" ersetzen. Für eine Abschätzung hilft Ihnen der Satz:

> Ist $g(x) \leq f(x) \leq h(x)$ im Intervall $a \leq x \leq b$, so ist auch
>
> $$\int_a^b g(x)\,dx \leq \int_a^b f(x)\,dx \leq \int_a^b h(x)\,dx.$$

Wir wenden diesen Satz zur Abschätzung des Integrals

$$\int_1^2 \frac{x}{x^3+1}\,dx$$

an. Wegen $1 \leq x$ gilt $1 \leq x^3$, also $\frac{1}{2x^2} = \frac{x}{x^3 + x^3} \leq \frac{x}{x^3 + 1} \leq \frac{x}{x^3} = \frac{1}{x^2}$ und

$$\frac{1}{2} \int_1^2 \frac{dx}{x^2} \leq \int_1^2 \frac{x}{x^3 + 1}\, dx \leq \int_1^2 \frac{dx}{x^2},$$

$$\frac{1}{2} \left[-\frac{1}{x} \right]_1^2 \leq \int_1^2 \frac{x}{x^3 + 1}\, dx \leq \left[-\frac{1}{x} \right]_1^2,$$

$$\frac{1}{4} \leq \int_1^2 \frac{x}{x^3 + 1}\, dx \leq \frac{1}{2}.$$

13.6 Schätzen Sie

$$\int_0^{\pi} \frac{x^2 + 5 \sin x}{5 + 0{,}5 \sin x}\, dx$$

nach unten ab, indem Sie den Zähler unverändert lassen und den Nenner durch eine geeignete Konstante ersetzen.

13.7 Eine für alle x definierte stetige Funktion f(x) genüge der Ungleichung

$$x - x^2 \leq f(x) \leq x + x^2, \; -\infty < x < +\infty.$$

Man bestimme nun für das Integral

$$\int_0^{0{,}5} f(x)\, dx$$

eine möglichst kleine obere Schranke S und eine möglichst große untere Schranke s, so daß also die Abschätzung

$$s \leq \int_0^{0{,}5} f(x)\, dx \leq S$$

gilt.

Fläche zwischen zwei Kurven

Schneiden sich die Graphen zweier im Intervall $a \leq x \leq b$ stetiger Funktionen $f_1(x)$ und $f_2(x)$ nicht im Innern dieses Intervalls, so erhalten Sie den Inhalt der von den beiden Graphen und den Geraden $x = a$ und $x = b$ eingeschlossenen Fläche, indem Sie über die Differenz $f_2(x) - f_1(x)$ von a bis b integrieren. Wird die Fläche negativ, so nehmen Sie ihren absoluten Betrag.

Beispiel: Zwischen den Kurven

$$y = \frac{1}{x^2} + x^2 \quad \text{und} \quad y = -\frac{1}{x^2} + x^2,$$

sowie den Geraden x = 1 und x = 2 liegt die Fläche mit dem Inhalt

$$\int_1^2 \left(\frac{1}{x^2} + x^2 + \frac{1}{x^2} - x^2 \right) dx = \int_1^2 \frac{2}{x^2}\, dx =$$

$$\left[\frac{-2}{x} \right]_1^2 = -\frac{2}{2} + \frac{2}{1} = 1.$$

Schneiden sich zwei Kurven im Intervall $a \leq x \leq b$ genau einmal bei $x = c$, so erhalten Sie die Fläche als Summe zweier Integrale:

$$A = \left| \int_a^c (f_1(x) - f_2(x))\, dx \right| + \left| \int_c^b (f_1(x) - f_2(x))\, dx \right| .$$

Beispiel: $y = x^2$ und $y = \sqrt{x}$ schneiden sich bei x = 0 und x = 1. Die Fläche zwischen ihnen und der Geraden x = 2 ist

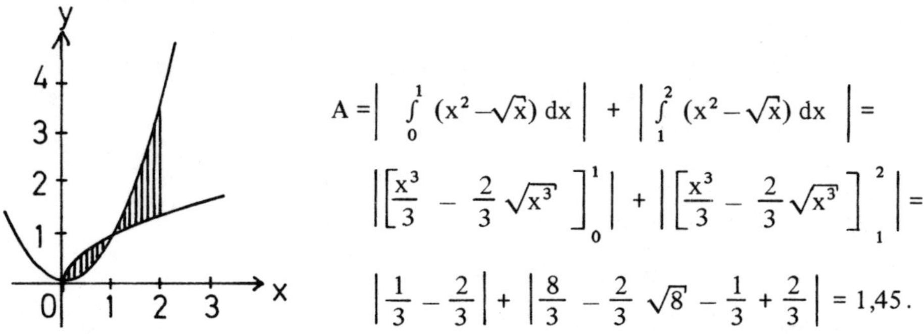

$$A = \left| \int_0^1 (x^2 - \sqrt{x})\, dx \right| + \left| \int_1^2 (x^2 - \sqrt{x})\, dx \right| =$$

$$\left| \left[\frac{x^3}{3} - \frac{2}{3}\sqrt{x^3} \right]_0^1 \right| + \left| \left[\frac{x^3}{3} - \frac{2}{3}\sqrt{x^3} \right]_1^2 \right| =$$

$$\left| \frac{1}{3} - \frac{2}{3} \right| + \left| \frac{8}{3} - \frac{2}{3}\sqrt{8} - \frac{1}{3} + \frac{2}{3} \right| = 1{,}45.$$

Würden Sie von 0 bis 2 direkt integrieren, würden Sie die Differenz der beiden Teilflächen erhalten.

13.8 Gegeben sind die Kurven K_1, K_2 und K_3 mit den Gleichungen

$K_1: y = a - a \sin x$ im Bereich $0 \leq x \leq \frac{\pi}{2}$,

$K_2: y = a + a \sin x$ im Bereich $-\frac{\pi}{2} \leq x \leq 0$,

$K_3: y = -\frac{1}{a} \cos x$ im Bereich $-\frac{\pi}{2} \leq x \leq \frac{\pi}{2}$.

Berechnen Sie den Inhalt der von K_1, K_2 und K_3 umschlossenen Fläche in Abhängigkeit von a.

13.9 Zeigen Sie, daß $F(x) = \ln(1-x)^2 - 2x$

eine Stammfunktion von $f(x) = \frac{2x-4}{1-x}$

ist.

Bestimmen Sie den Inhalt der Fläche, die vom Graphen von f und den drei Geraden $y = x$, $x = -2$ und $x = 0$ begrenzt wird.

13.10 Für jedes $t > 0$ umschließt der Graph der Funktion $y = t \sin x$ mit den Normalen in $(0|0)$ und $(\pi|0)$ eine Fläche mit dem Inhalt $A(t)$. Bestimmen Sie t so, daß diese Fläche von der x-Achse halbiert wird.

13.11 Die Ableitung der Funktion

$$y = \frac{x^3}{x^2-1} \quad \text{ist} \quad y' = \frac{x^4-3x^2}{(x^2-1)^2} .$$

a) Berechnen Sie

$$\int_{1,5}^{3} \frac{x^4-3x^2}{(x^2-1)^2}\, dx.$$

b) Stellt dieses Integral den Inhalt des Flächenstücks dar, welches von der x-Achse, den Geraden $x = 1{,}5$ und $x = 3$ und dem Graphen der Funktion y' eingeschlossen wird?

13.12 Weisen Sie nach, daß $G(x) = 3 \cdot (x-1)\,[\ln(x-1) - 1]$

eine Stammfunktion von $g(x) = 3 \ln(x-1)$

ist.

Berechnen Sie den Inhalt des Flächenstücks, das vom Graphen von g, der Geraden $y = -x + 3(1 + \ln 2)$ und der x-Achse begrenzt wird.

Rauminhalt von Rotationskörpern

> Es sei $y = f(x) \geq 0$ und stetig für $a \leq x \leq b$. Rotiert das von den Geraden $x = a$, $x = b$, der x-Achse und der Kurve $y = f(x)$ begrenzte Flächenstück um die x-Achse, so hat der Drehkörper den Rauminhalt
>
> $$V = \pi \int_a^b y^2\, dx = \pi \int_a^b [f(x)]^2\, dx.$$

So entsteht durch Rotation der Kurve $y = \sqrt{x - x^2}$, $0 \leq x \leq 1$ um die x-Achse ein Drehkörper mit dem Volumen

$$V = \pi \int_0^1 (x - x^2)\, dx = \pi \left[\frac{x^2}{2} - \frac{x^3}{3} \right]_0^1 = \frac{\pi}{6}.$$

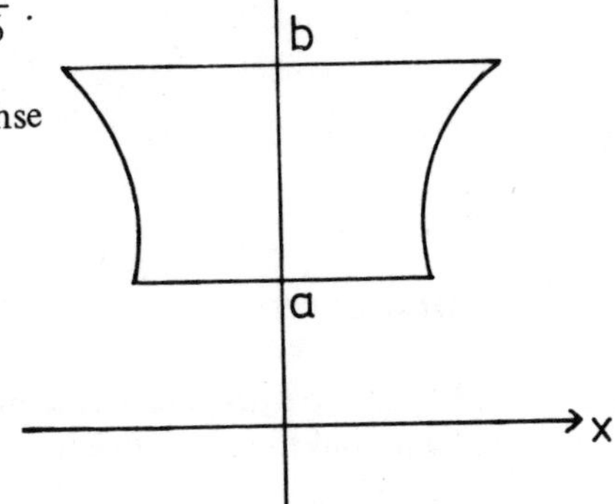

Auch durch Rotation einer Kurve um die y-Achse lassen sich Drehkörper erzeugen.
Die entsprechende Volumenformel lautet

$$\boxed{V = \pi \int_a^b x^2\, dy.}$$

Ist die Kurve in der Form $y = f(x)$ gegeben, müssen Sie die Funktion nach x auflösen: $x = \varphi(y)$. Die Funktion muß dazu umkehrbar sein. Beispielsweise ergibt das Parabelstück $y = x^2$, $0 \leq x \leq 2$ durch Rotation um die y-Achse einen Rotationskörper vom Volumen

$$V = \pi \int_0^4 y\, dy = \pi \left[\frac{y^2}{2} \right]_0^4 = 8\pi.$$

Hierbei wurde die Umkehrfunktion $x = \sqrt{y}$; $0 \leq y \leq 4$ in die Formel eingesetzt.

13.13 Das Flächenstück zwischen der durch

$y = \ln(x^2 + c)$, $c > 0$

beschriebenen Kurve und der Verbindungsgeraden ihrer Wendepunkte rotiere um die y-Achse. Berechnen Sie das Volumen des Drehkörpers.

13.14 $y^2 = 4 \cdot (6 - a)(a - x)$; $0 < a < 6$

ist die Gleichung einer Parabel.

a) Das Flächenstück, das von der Parabel und den Koordinatenachsen begrenzt wird, rotiere um die x-Achse. Berechnen Sie das Volumen des Drehkörpers.
b) Zeigen Sie, daß die Parabel die Gerade g: $x + y = 6$ berührt.
Für welches a halbiert die mitrotierende Ordinate des Berührpunktes das Volumen des Drehkörpers?

13.15 Die Kurve mit der Gleichung

$y = 4 - 2\sqrt{x}$

hat mit der x-Achse den Punkt A und mit der y-Achse den Punkt B gemeinsam. Der Kurvenbogen AB, die Tangente in A und die y-Achse schließen ein Flächenstück ein, das um die y-Achse rotieren soll. Wie groß ist der Rauminhalt des Drehkörpers?

---

14. Grenzwerte und Asymptoten

Grenzwerte

Grenzwerte bestimmen Sie meist an Singularitäten einer Funktion, dort also, wo kein Funktionswert existiert. Bei

$$f(x) = \frac{x^2 - 4x + 3}{x^2 - 3x + 2}$$

sind das die Nullstellen des Nenners x = 1 und x = 2. Bei x = 2 wird nur der Nenner Null, nicht hingegen der Zähler. Hier gibt es keinen Grenzwert; denn bei Annäherung an x = 2 wächst |f(x)| über alle Grenzen. Wir schreiben kurz

$$\lim_{x \to 2} |f(x)| = \infty$$

Bei x = 1 gibt es dagegen möglicherweise einen endlichen Grenzwert, da dort Zähler und Nenner gleichzeitig Null werden.
Für die Ermittlung des Grenzwertes wenden Sie die l'Hospitalsche Regel an:

> Streben Zähler und Nenner eines Bruches für $x \to x_0$ beide gegen Null oder beide gegen unendlich, so gilt
>
> $$\lim_{x \to x_0} \frac{z(x)}{n(x)} = \lim_{x \to x_0} \frac{z'(x)}{n'(x)} .$$

Also ist $\lim\limits_{x \to 1} \frac{x^2 - 4x + 3}{x^2 - 3x + 2}$

$$= \lim_{x \to 1} \frac{2x - 4}{2x - 3} = \frac{-2}{-1} = 2.$$

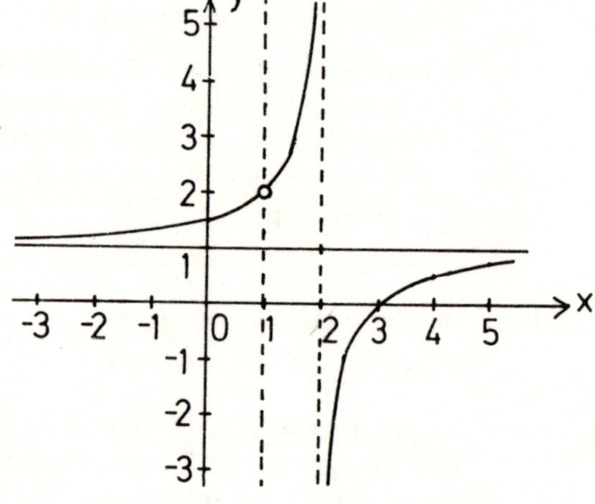

Die graphische Darstellung zeigt das unterschiedliche Verhalten der Funktion an den beiden Singularitäten.

14.1 Welchen Grenzwert hat

$$f(x) = \frac{x - k}{x^2 - 3kx + 2k^2}$$

an der Stelle $x = k$?

14.2 Zeigen Sie mit der l'Hospitalschen Regel:

$$\lim_{x \to 0} \frac{\sin x}{x} = 1$$

14.3 a) Wie ist die Ableitung einer Funktion definiert?
b) Beweisen Sie durch unmittelbare Anwendung der Ableitungsdefinition:

$$f(x) = \sqrt{x} \Rightarrow f'(x) = \frac{1}{2\sqrt{x}} \quad .$$

14.4 Skizzieren Sie die Funktion $f(x) = x \ln x$ für $0 < x \leq 2{,}5$ und zeigen Sie mit der l'Hospitalschen Regel

$$\boxed{\lim_{x \to 0} (x \cdot \ln x) = 0 \, .}$$

14.5 Bestimmen Sie

$$\lim_{x \to 0} \frac{e^x - e^{-x}}{x} \quad .$$

Zeichnen Sie die Funktion in der Umgebung von $x = 0$.

Vertikale Asymptoten

Vertikale Asymptoten finden Sie an Singularitäten, an denen der Betrag einer Funktion gegen unendlich strebt oder, wie man auch sagt, den „uneigentlichen Grenzwert“ ∞ hat.

So hat

$$f(x) = \frac{1}{x \ln x} \quad , x > 0$$

zwei vertikale Asymptoten. Die eine liegt bei $x = 1$, da dort $\ln x$ Null wird und der Zähler 1 ist. Die andere liegt bei $x = 0$.

Wir untersuchen noch, ob die Funktion in unmittelbarer Umgebung der Singularität nach $+\infty$ oder nach $-\infty$ strebt.
An der Stelle 0 ist in unserem Beispiel nur eine Annäherung von rechts möglich. Da für kleine x stets $x > 0$ und $\ln x < 0$ ist, wird

$$\lim_{x \to 0+0} \frac{1}{x \ln x} = -\infty.$$

Ebenso gilt

$$\lim_{x \to 1-0} \frac{1}{x \ln x} = -\infty, \quad \lim_{x \to 1+0} \frac{1}{x \ln x} = +\infty.$$

14.6 Hat

$$f(x) = k \ln x + \frac{1-k}{x}, \quad x > 0, k \neq 1$$

bei $x = 0$ eine senkrechte Asymptote? Wenn ja, strebt die Funktion bei Annäherung an die Stelle 0 nach $+\infty$ oder nach $-\infty$?

14.7 Untersuchen Sie das Verhalten von

$$f_a(x) = \frac{\ln \frac{x}{a}}{x-a}, \quad a > 0$$

für $x \to a$.

Horizontale Asymptoten

Strebt eine Funktion für $x \to +\infty$ oder $x \to -\infty$ einem festen Wert c zu, so ist die Gerade $y = c$ eine rechts- bzw. linksseitige horizontale Asymptote.
Bei

$$f(x) = \frac{\sqrt{e^x - 1}}{e^x}$$

berechnen Sie den Grenzwert für $x \to +\infty$, indem Sie Zähler und Nenner zunächst durch e^x dividieren:

$$\lim_{x \to +\infty} \frac{\sqrt{e^x - 1}}{e^x} = \lim_{x \to +\infty} \frac{\sqrt{\frac{1}{e^x} - \frac{1}{e^{2x}}}}{1} = 0.$$

Hier ist also die x-Achse eine rechtsseitige Asymptote.
Ein anderer Weg führt über die l'Hospitalsche Regel, die auch für den Grenzübergang $x \to \infty$ gilt:

$$\lim_{x \to +\infty} \frac{\sqrt{e^x - 1}}{e^x} = \lim_{x \to +\infty} \frac{\frac{e^x}{2\sqrt{e^x - 1}}}{e^x} = \lim_{x \to +\infty} \frac{1}{2\sqrt{e^x - 1}} = 0.$$

14.8 Welchem Grenzwert strebt

$$f(x) = \frac{x^2 - 1}{x^2 + 1}$$

für $x \to \pm\infty$ zu?
In welchen Intervallen unterscheiden sich Funktion und Asymptote um weniger als 0,1?

14.9 Zeigen Sie:

$$\boxed{\lim_{x \to +\infty} \frac{x}{e^x} = 0} \quad \text{und} \quad \boxed{\lim_{x \to -\infty} \frac{x}{e^x} = -\infty}$$

14.10 Wie verhält sich

$$f_a(x) = (x - a) \cdot e^{2 - \frac{x}{a}}, \quad a > 0$$

für $x \to +\infty$ und $x \to -\infty$?

14.11 Berechnen Sie die horizontale Asymptote von

$$f(x) = \arcsin\left(\frac{2}{1 + x^2} - 1\right)$$

für $|x| \to \infty$. Liegt f(x) für große x oberhalb oder unterhalb der Asymptote?

14.12 Wie verhalten sich die Funktionen der Schar

$$f_k(x) = \frac{k \cdot e^x}{k - e^x}, \quad k \neq 0,$$

wenn x gegen unendlich strebt?

14.13 Bestimmen Sie die beiden horizontalen Asymptoten der Funktion

$$f(x) = \frac{e^x - 1}{e^x + 1} \ .$$

Von welchem positiven x ab unterscheiden sich Asymptote und Funktion um weniger als 0,1?

Schräge Asymptoten

Eine Gerade $y = a\,x + b$ ist schräge Asymptote einer Funktion $f(x)$, wenn

$$\lim_{x \to \infty} \left[f(x) - (a\,x + b) \right] = 0 \text{ oder } \lim_{x \to -\infty} \left[f(x) - (a\,x + b) \right] = 0 \text{ ist.}$$

Besonders einfach erhalten Sie schräge Asymptoten von rationalen Funktionen wie

$$f(x) = \frac{x^2 + 1}{x - 1} \ .$$

Sie dividieren den Zähler solange durch den Nenner, bis der Rest von kleinerem Grade wird als der Nenner:

$$(x^2 + 1) : (x - 1) = x + 1 \, .$$
$$\underline{x^2 - x}$$
$$x + 1$$
$$\underline{x - 1}$$
$$2$$

Aus der Restglieddarstellung

$$\frac{x^2 + 1}{x - 1} = x + 1 + \frac{2}{x - 1}$$

lesen Sie die Gleichung der schrägen Asymptote ab:

$$y = x + 1 \, .$$

Mit dem Restglied $\frac{2}{x - 1}$ können Sie abschätzen, wie weit sich die Funktion ihrer Asymptote genähert hat. Für $x > 21$ oder $x < -19$ beträgt die Differenz weniger als 0,1. Die Kurve nähert sich beidseitig der Asymptote.
Bei rationalen Funktionen gibt es genau dann eine schräge Asymptote, wenn der Grad des Zählers um 1 größer ist als der Grad des Nenners.

Bei der Funktion

$$y = \ln(1 + e^x)$$

gilt für große positive x:

$$y = \ln(1 + e^x) \approx \ln e^x = x.$$

Also ist $y = x$ eine rechtsseitige Asymptote von

$y = \ln(1 + e^x)$.

Anderseits ist

$$\lim_{x \to -\infty} \ln(1 + e^x) = \ln 1 = 0.$$

Also ist $y = 0$ eine linksseitige Asymptote.

14.14 Geben Sie die Asymptote der Funktion

$$f(x) = \frac{3x^3 - 2x^2 + 3x - 4}{2x^2 + 5x - 7}$$

an.

14.15 Welche Asymptoten hat die Funktion

$$f(x) = \left| \frac{x^2 - 1}{x} \right| \ ?$$

Zeichnen Sie den Graphen im Bereich $-4 \leq x \leq 4$.

14.16 Weisen Sie nach, daß die Geraden $y = 0$ und $y = -x$ rechts- bzw. linksseitige Asymptoten an den Graphen von

$$y = \ln(1 + e^{-x})$$

sind, indem Sie zeigen, daß die Differenzen zwischen Funktion und Geraden gegen Null gehen.

14.17 Ermitteln Sie die Asymptoten der Funktion

$$y = -x + 2\ln(e^x + 1).$$

Uneigentliche Integrale

Uneigentliche Integrale sind Integrale, bei denen eine oder auch beide Integrationsgrenzen ∞ sind, wie z.B.

$$\int_1^\infty \frac{dx}{x^2}$$

oder Integrale, deren Integrand im Integrationsbereich unendlich wird wie

$$\int_{-1}^{0} \frac{2^x}{\sqrt{1-4^x}} \, dx.$$

Das erste Integral ist definiert durch $\int_1^{\infty} f(x)\,dx = \lim_{a\to\infty} \int_1^{a} f(x)\,dx$.

Sie rechnen also

$$\int_1^{\infty} \frac{dx}{x^2} = \lim_{a\to\infty} \int_1^{a} \frac{dx}{x^2} = \lim_{a\to\infty} \left[-\frac{1}{x} \right]_1^a = \lim_{a\to\infty} \left[-\frac{1}{a} + 1 \right] = 1.$$

Das Ergebnis zeigt: Obwohl die berechnete Fläche sich ins Unendliche erstreckt, hat sie doch einen endlichen Inhalt.

Im zweiten Fall wird der Integrand bei x = 0 unendlich. Sie integrieren daher statt bis x = 0 bis x = a und bilden anschließend den Limes für a gegen Null:

$$\int_{-1}^{0} \frac{2^x}{\sqrt{1-4^x}}\,dx = \lim_{a\to 0} \int_{-1}^{a} \frac{2^x}{\sqrt{1-4^x}}\,dx.$$

Die Substitution $z = 2^x$; $\frac{dz}{dx} = 2^x \cdot \ln 2$

führt auf

$$\lim_{a\to 0} \left[\frac{\arcsin 2^x}{\ln 2} \right]_{-1}^{a} = \frac{\pi}{2 \ln 2} - \frac{\pi}{6 \ln 2} = \frac{\pi}{3 \ln 2}.$$

14.18 Bestimmen Sie den Inhalt des Flächenstücks, das zwischen

$$y_1 = \frac{1}{x^2} + x^2 \quad \text{und} \quad y_2 = -\frac{1}{x^2} + x^2$$

liegt und links und rechts von den Geraden x = b und x = c $(0 < b < c)$ begrenzt wird. Hat dieser Flächeninhalt Grenzwerte für $c \to \infty$ und $b \to 0$?

14.19 Der Graph von

$f_t(x) = (e^x - t)^2,\ t > 0,$

die zugehörige linksseitige Asymptote und die Gerade mit der Gleichung $x = -u$ $(u > 0)$ umschließen ein Flächenstück. Berechnen Sie dessen Inhalt A, sowie $\lim_{u\to\infty} A$.

14.20 Die Funktion

$$f^{-1}(x) = \ln \frac{x}{5-x}$$

ist die Umkehrfunktion zu

$$f(x) = \frac{5\,e^x}{1 + e^x}.$$

a) Skizzieren Sie beide Funktionen.

b) Berechnen Sie das uneigentliche Integral

$$\int_0^{2,5} \ln \frac{x}{5-x} \, dx.$$

14.21 a) Weisen Sie nach, daß für

$$f(x) = \frac{1}{1+e^x}$$

die Ungleichung

$$0 < f(x) < e^{-x}$$

gilt. Folgern Sie daraus, daß die im ersten Quadranten liegende vom Graphen von f(x) und den Koordinatenachsen begrenzte Fläche einen endlichen Inhalt J hat. Welche Abschätzung ergibt sich für J?

b) Berechnen Sie den exakten Wert von J, indem Sie die Umformung

$$\frac{1}{1+e^x} = 1 - \frac{e^x}{1+e^x}$$

benutzen.

14.22 Hat die zwischen den Koordinatenachsen und dem Graphen von $f(x) = \frac{\sqrt{1-x^2}}{x}$,

$D_f = \{x \mid 0 < x \leq 1\}$

liegende Fläche einen endlichen Inhalt? Beweisen Sie zur Beantwortung dieser Frage zunächst die Ungleichung $f(x) \geq \frac{1}{x} - 1$ für $x \in D_f$ und leiten Sie daraus die Abschätzung für das zu untersuchende Integral her.

---

15. Stetigkeit und Differenzierbarkeit

Stetigkeit

Eine Funktion f(x) ist an der Stelle x_0 stetig, wenn der Funktionswert $f(x_0)$ existiert und gleich den beiderseitigen Grenzwerten der Funktion ist:

$$\lim_{x \to x_0+0} f(x) = \lim_{x \to x_0-0} f(x) = f(x_0)\ .$$

Interessant ist die Untersuchung der Stetigkeit vor allem an den „Nahtstellen" abschnittsweise definierter Funktionen. Bei

$$f(x) = \begin{cases} 2 - x^3 & \text{für } x < 1 \\ \dfrac{1}{x^2} & \text{für } x \geq 1 \end{cases}$$

ist das die Stelle x = 1. Dort gilt

$$f(1) = 1,$$

$$\lim_{x \to 1+0} f(x) = \lim_{x \to 1+0} \frac{1}{x^2} = 1,$$

$$\lim_{x \to 1-0} f(x) = \lim_{x \to 1-0} (2 - x^3) = 1.$$

Die Funktion ist also bei x = 1 stetig.

15.1 Beweisen Sie die Stetigkeit der Funktion

$$f(x) = \begin{cases} \arctan \dfrac{1}{x} & \text{für } x > 0 \\ \dfrac{\pi}{2} & \text{für } x \leq 0. \end{cases}$$

15.2 Gibt es λ-Werte, für die die Funktion

$$f(x) = \begin{cases} x^2\ e^{\lambda x} & \text{für } x \geq 0 \\ -x^2\ e^{\lambda x} & \text{für } x < 0 \end{cases}$$

an der Stelle x = 0 nicht stetig ist?

Stetige Ergänzung

Die Funktion

$$f(x) = \frac{x^2 - 3x + 2}{x - 1}$$

ist an der Stelle x = 1 nicht definiert, also auch nicht stetig. Es ist jedoch der rechtsseitige Grenzwert gleich dem linksseitigen:

$$\lim_{x \to 1 \pm 0} \frac{x^2 - 3x + 2}{x - 1} = \lim_{x \to 1 \pm 0} \frac{2x - 3}{1} = -1.$$

Man kann daher f(x) stetig ergänzen, indem man zusätzlich festsetzt: f(–1) = –1. So entsteht aus f(x) die neue, überall stetige Funktion g(x):

$$g(x) = \begin{cases} f(x) & \text{für } x \neq 1 \\ -1 & \text{für } x = 1. \end{cases}$$

Die Singularität ist damit „behoben".

15.3 Gegeben ist die Schar der Funktionen

$$f(x) = \frac{x^2 + 3x + \lambda}{x - 2}.$$

Für welchen Wert von λ läßt sich die Singularität bei x = 2 beheben? Wie lautet für diesen Wert die stetig ergänzte Funktion?

15.4 Gegeben sei die Funktion

$$f(x) = \frac{e^x}{1 + e^{2x}}.$$

Bilden Sie nun

$$g(x) = \begin{cases} f(x) & \text{für } x < 0 \\ F(x) & \text{für } x > 0, \end{cases}$$

wobei F(x) eine Stammfunktion von f(x) ist. Für welche Stammfunktion läßt sich g(x) stetig erweitern?

15.5 Ist

$$f(x) = \arctan \frac{x}{1-x^2}$$

an der Stelle x = 1 stetig ergänzbar?

15.6 Zur Kurve $f(x) = \frac{1}{x}$ ist die Steigung der Sekante durch den festen Punkt

$P_0\ (x \mid \frac{1}{x})$ und den Punkt $P\ \left(x + h \mid \frac{1}{x+h}\right)$

eine Funktion von h: $\varphi(h) = \dfrac{\frac{1}{x+h} - \frac{1}{x}}{h}$.

Zeigen Sie: φ (h) ist stetig ergänzbar. Was für eine anschauliche Bedeutung hat die stetige Ergänzung von φ (h)?

Differenzierbarkeit

Damit eine Funktion an der Stelle x_0 differenzierbar ist, muß sie dort stetig sein. Außerdem müssen rechtsseitiger und linksseitiger Grenzwert der Ableitung übereinstimmen. Geometrisch gedeutet:
Der Graph der Funktion darf keinen „Knick" haben.
Die Funktion

$$f(x) = \begin{cases} \frac{x^2}{2} + x & \text{für } x \leq 0 \\ \sin x & \text{für } x > 0 \end{cases}$$

ist an der Stelle x = 0 stetig. Denn es ist

$$\lim_{x \to 0+0} \sin x = \lim_{x \to 0-0} \left(\frac{x^2}{2} + x\right) = f(0) = 0.$$

Um die Differenzierbarkeit bei x = 0 zu untersuchen, differenzieren Sie beide Äste der Funktion getrennt:

$$f(x) = \begin{cases} x + 1 & \text{für } x < 0 \\ \cos x & \text{für } x > 0. \end{cases}$$

Beachten Sie: In der ersten Zeile steht $x < 0$ und nicht $x \leq 0$; denn Sie können über die Ableitung an der Stelle x = 0 erst dann etwas aussagen, wenn Sie die Differenzierbarkeit untersucht haben. Dazu bilden Sie die Grenzwerte der Ableitungen:

$$\lim_{x \to 0+0} \cos x = 1, \lim_{x \to 0-0} (x + 1) = 1.$$

Da die Grenzwerte gleich sind, ist die Funktion an der Nahtstelle differenzierbar und ihre Ableitung 1:

$$f'(x) = \left\{\begin{matrix} x + 1 & \text{für } x < 0 \\ \cos x & \text{für } x > 0 \\ 1 & \text{für } x = 0 \end{matrix}\right\} = \begin{cases} x + 1 & \text{für } x \leq 0 \\ \cos x & \text{für } x > 0. \end{cases}$$

15.7 Ist die Funktion

$$f(x) = |x^2 (x-1)|$$

bei x = 0 und x = 1 differenzierbar?

15.8 Ist

$$f(x) = \frac{ax}{a + |x|} \quad , a \neq 0$$

bei x = 0 zweimal differenzierbar?

15.9 Weisen Sie nach, daß

$$f(x) = x \cdot e^{1-|x|}$$

im ganzen Definitionsbereich differenzierbar ist. Geben Sie $f'(x)$ in einem Term an.

15.10 Gegeben ist die Funktion

$$f(x) = \begin{cases} \frac{1}{x-2} & \text{für } 2 < x \leq 3 \\ F(x) & \text{für } x > 3, \end{cases}$$

wobei F(x) eine Stammfunktion von $g(x) = \frac{1}{x-2}$ ist.

Läßt sich F(x) so wählen, daß f(x) überall im Definitionsbereich differenzierbar ist?

15.11 Man bestimme a und b so, daß

$$f(x) = \begin{cases} \frac{ax}{x+1} & \text{für } x \geq 1 \\ x^2 - bx & \text{für } x < 1 \end{cases}$$

überall differenzierbar ist.

15.12 Bestimmen Sie a und b so, daß

$$f(x) = \begin{cases} ae^{-x} + b & \text{für } x \geq 1 \\ \ln x & \text{für } 0 < x < 1 \end{cases}$$

bei x = 1 differenzierbar wird.

Integralfunktionen stückweise definierter Funktionen

Die Funktion

$$f(x) = \begin{cases} x + 1 \text{ für } x \leq 0 \\ x - 1 \text{ für } x > 0 \end{cases}$$

ist bei x = 0 unstetig. Trotzdem ist die Integralfunktion

$$F(x) = \int_{-1}^{x} f(t)\, dt$$

überall stetig. Für $x \leq 0$ gilt nämlich

$$F(x) = \int_{-1}^{x} (t + 1)\, dt = \left[\frac{t^2}{2} + t\right]_{-1}^{x} = \frac{x^2}{2} + x + \frac{1}{2}.$$

Für $x > 0$ ist

$$F(x) = \int_{-1}^{0} f(t)\, dt + \int_{0}^{x} f(t)\, dt = \int_{0}^{x} (t - 1)\, dt + F(0) = \left[\frac{t^2}{2} - t\right]_{0}^{x} + \frac{1}{2} = \frac{x^2}{2} - x + \frac{1}{2}.$$

Es ist also

$$F(x) = \begin{cases} \dfrac{x^2}{2} + x + \dfrac{1}{2} \text{ für } x \leq 0 \\ \dfrac{x^2}{2} - x + \dfrac{1}{2} \text{ für } x > 0. \end{cases}$$

Die stetige Funktion erhalten Sie auch, wenn Sie in der Stammfunktion

$$G(x) = \begin{cases} \dfrac{x^2}{2} + x + C_1 \text{ für } x < 0 \\ \dfrac{x^2}{2} - x + C_2 \text{ für } x > 0 \end{cases}$$

C_1 und C_2 so bestimmen, daß G(x) bei x = 0 stetig ergänzbar wird und $G(-1) = 0$ ist.

15.13 Gegeben ist die Funktion

$$f(x) = \begin{cases} \cos x \text{ für } x < 1 \\ -\sin x \text{ für } x > 1. \end{cases}$$

Bestimmen Sie die Integralfunktion F(x), für die F(2) = 0 ist.

15.14 Bestimmen Sie die Gerade g der Schar

$$\frac{x}{2} + y = a,$$

die die Parabel

$$p\colon y = x^2$$

senkrecht schneidet.
F(s) sei die Fläche, die von p, g, der x-Achse und der Geraden $x = s$ $(0 \leq s \leq 2a)$ begrenzt wird. Geben Sie die Funktion F(s) im Bereiche $0 \leq s \leq 2a$ rechnerisch und zeichnerisch an. Ist F(s) in $0 < s < 2a$ differenzierbar?

---

16. Extrema und Sattelpunkte

Lokale Maxima und Minima

Der Graph einer differenzierbaren Funktion hat bei x_0 ein relatives oder lokales Maximum, wenn er links von x_0 steigt und rechts von x_0 fällt. Im umgekehrten Fall hat er dort ein relatives Minimum. Die Ableitung wechselt also bei x_0 das Vorzeichen, an der Stelle x_0 selbst ist sie Null. Sie suchen die Extrema, indem sie die Ableitung der Funktion Null setzen. Maxima weisen Sie nach folgendem Schema nach:

Bereich	Vorzeichen der Ableitung	Kurve	Folgerung
$x < x_0$	+	steigt	Maximum bei
$x > x_0$	–	fällt	$x = x_0$

Der Nachweis für Minima:

Bereich	Vorzeichen der Ableitung	Kurve	Folgerung
$x < x_0$	–	fällt	Minimum bei
$x > x_0$	+	steigt	$x = x_0$

Die Bedingungen müssen nicht für alle x gelten, sondern nur in der Nähe von x_0.
Ist der Funktionswert eines lokalen Maximums der höchste Wert der Funktion in ihrem ganzen Definitionsbereich, so heißt das Maximum global. Entsprechend heißt der niedrigste Wert einer Funktion des globale Minimum.

Um die Extrema von

$$y = \frac{x^3}{x - 1}$$

zu finden, setzen Sie die Ableitung zunächst Null:

$$y' = \frac{3x^2(x-1) - x^3}{(x-1)^2} = \frac{2x^3 - 3x^2}{(x-1)^2} = \frac{x^2(2x-3)}{(x-1)^2} = 0.$$

Als Extremalstellen kommen $x = 0$ und $x = 1{,}5$ in Betracht. Ob überhaupt ein Extremum vorliegt und wenn ja, welcher Art es ist, müssen Sie noch prüfen. Aus der Produktdarstellung

$\frac{x^2 (2x - 3)}{(x - 1)^2}$ erkennen Sie:

Bereich	Ableitung	Kurve	Folgerung
$x < 0$	–	fällt	Kein Extremum
$0 < x < 1$	–	fällt	bei $x = 0$.
$1 < x < 1{,}5$	–	fällt	Minimum bei
$x > 1{,}5$	+	steigt	$x = 1{,}5$.

Der Funktionswert am Minimum ist 6,75.
Da bei $x = 1$ eine Definitionslücke ist, muß die Funktion für $x < 1{,}5$ nicht monoton abnehmen. So ist $f(0) = 0$ kleiner als 6,75. Das Minimum ist also nicht global.

16.1 Hat die Funktion

$f(x) = x^4 - x^3$

ein Extremum? Wenn ja, ist es global?

16.2 Hat die Kurve

$y = x^3 e^x$

Extrema? Wenn ja, sind diese global?

16.3 Bestimmen Sie für

$f_a(x) = (x - a)\, e^{1 - \frac{x}{a}} \quad a > 0$

die Bereiche monotonen Steigens und monotonen Fallens. Ermitteln Sie Art und Koordinaten möglicher Extrempunkte.

16.4 In welchen Quadranten liegt die Kurve

$y = x\, e^{-\frac{1}{2} x^2}$?

Sind die Extrema global?

16.5 Zeigen Sie, daß die Graphen der Funktionen

$f_a(x) = x + \frac{a}{x}, \; a \neq 0$

nicht zugleich Schnittpunkte mit der x-Achse und Extrema haben können. Für welche Werte von a sind Schnittpunkte mit der x-Achse vorhanden? Für welche Werte von a Extrema? Welcher Art sind die Extrema?

16.6 Bestimmen Sie die Abszissen der Extrema von

$$I(x) = \int_0^x (t^2 - 3t + 2)\,dt,$$

ohne die Integration auszuführen. Unterscheiden Sie Maxima und Minima.

16.7 Hat die Funktion

$$I(x) = \int_0^x t^2 e^{-t}\,dt$$

ein Extremum? Wenn ja, wo?

16.8 Untersuchcn Sie die Funktion

$$f(x) = |x| + 2 \arctan x$$

auf Extrema. Sind diese global?

16.9 Prüfen Sie, ob die Funktion

$$f(x) = \frac{1}{x \ln |x|}$$

Extremwerte besitzt, und berechnen Sie diese gegebenenfalls. Skizzieren Sie die Kurve.

16.10 Weisen Sie nach, daß die maximale Definitionsmenge der Funktion

$$f(x) = \arccos \left(1 - 2e \frac{\ln(1 + |x|)}{1 + |x|} \right)$$

die Menge der reellen Zahlen ist.

Sattelpunkte

Ein Sattelpunkt ist ebenso wie ein Extremum ein Punkt mit horizontaler Tangente. Die Funktion steigt jedoch rechts und links vom Sattelpunkt oder sie fällt auf beiden Seiten.

Die Funktion

$y = x^3$

hat bei $x = 0$ einen Sattelpunkt. Denn

$y' = 3x^2$

ist dort Null und sowohl für $x > 0$ als auch für $x < 0$ positiv.

16.11 Hat die Kurve

$$y = \frac{2x}{\pi} - \frac{1}{\pi} \sin 2x, \; 0 \leq x \leq 2\pi$$

Sattelpunkte?

16.12 Zeigen Sie: Der Graph der Funktion

$y = x^2 \sin x$

hat bei $x = 0$ einen Sattelpunkt.

16.13 Bestimmen Sie den Sattelpunkt des Graphen von

$y = \arctan x - x.$

16.14 Zeigen Sie: Der Graph von

$$f(x) = 4x - \frac{1}{x} - \ln x^4$$

hat genau einen Sattelpunkt.

Randextrema

Ist eine Funktion in einem abgeschlossenen Intervall definiert und wächst sie in der Nähe des linken Randes, so hat sie dort ein Randminimum. Nimmt sie in der Nähe des linken Randes ab, so hat sie dort ein Randmaximum. Wächst die Funktion in der Nähe des rechten Randes, so hat sie dort ein Randmaximum, nimmt sie ab, hat sie ein Randminimum. Randextrema finden Sie i.a. nicht durch Nullsetzen der Ableitung, sondern nur durch Monotonienachweis.

Ein Beispiel:

Die Funktion

$$y = \frac{x-2}{1-x}, \; D_y = \{ x \mid 1 < x \leq 4 \}$$

nimmt in ihrem Definitionsbereich monoton ab; denn es ist

$$y' = -\frac{1}{(1-x)^2} < 0.$$

Folglich liegt bei $x = 4$ ein Randminimum mit der Ordinate $-\frac{2}{3}$. Links ist das Intervall offen. Dort existiert kein Randmaximum.

16.15 Hat die Funktion

$$F(x) = \int_0^x \frac{t^2}{1+t^2}\,dt,\ D_F = \{x \mid 0 \leq x < 1\}$$

Randextrema? Wann ja, welche?

16.16 Berechnen Sie die Randextrema der Funktion

$f(x) = \ln(x^2 + 1),\ D_f = \{x \mid 0 \leq x \leq 2\}$.

16.17 Hat die Funktion $f(x) = \sqrt{4 - x^2},\ D_f = \{x \mid |x| \leq 2\}$ Randextrema? Wenn ja, welche?

---

17. Kurvenkrümmung, Extrema und Wendepunkte

Kurvenkrümmung

Die Krümmung einer Kurve bestimmen Sie mit der zweiten Ableitung. Wo diese positiv ist, ist die Kurve linksgekrümmt oder konkav. Wo die zweite Ableitung negativ ist, ist die Kurve rechtsgekrümmt oder konvex. Die Begriffe „konvex" und „konkav" beziehen sich auf den Blick entgegen der positiven Richtung der y-Achse.
So ist der Graph von

$$y = \sin x$$

für $0 < x < \pi$ konvex, denn dort ist $y'' = -\sin x$ stets negativ. Im Intervall

$$\pi < x < 2\pi$$

ist die Kurve konkav, denn dort ist $y'' > 0$. Bei $0, \pi$ und 2π ist die Kurve weder konvex noch konkav. Hier liegen Wendepunkte.

17.1 In welchen Intervallen ist die Kurve

$$y = \frac{1}{1 + x^2}$$

konkav, wo ist sie konvex?

17.2 Welche Krümmung haben die Äste der Kurve

$$y = \frac{1}{1 - x^2} \ ?$$

17.3 Bestimmen Sie die Krümmung der Graphen von

a) $y = \ln(x - 1)$, b) $y = e^{-2x}$.

17.4 Untersuchen Sie die Krümmung von

$$f_a(x) = \frac{a\,x^3}{x^2 - a}, \ a > 0,$$

für $-\sqrt{a} < x < 0$ und für $0 < x < \sqrt{a}$.

Art der Extrema

Wir nehmen an, daß an den Extremalstellen einer Funktion die zweite Ableitung existiert. Dann ist der Graph in einem Minimum links-, in einem Maximum rechtsgekrümmt. Aus der Umkehrung dieses Satzes ergeben sich die hinreichenden Bedingungen für Maxima und Minima:

$$f'(x_0) = 0 \wedge f''(x_0) < 0 \Rightarrow f(x_0) \text{ maximal}$$
$$f'(x_0) = 0 \wedge f''(x_0) > 0 \Rightarrow f(x_0) \text{ minimal}$$

Um die Maxima und Minima von

$$y = x^3 - 3x^2 + 2$$

zu berechnen, differenzieren Sie zweimal:

$$y' = 3x^2 - 6x,$$

$$y'' = 6x - 6.$$

$$y' = 3x^2 - 6x = 3x(x - 2) = 0$$

liefert die möglichen Extremalstellen

$x = 0$ und $x = 2$.

Wegen $y''(0) = -6$ liegt bei $x = 0$ ein Maximum.

Wegen $y''(2) = 6$ liegt bei $x = 2$ ein Minimum.

Das Einsetzen in die zweite Ableitung erspart Ihnen also die Untersuchung der 1. Ableitung in der Umgebung der Extremalstellen. Beachten Sie jedoch: Die Bedingung $y''(x_0) \neq 0$ ist hinreichend für ein Extremum an der Stelle x_0; notwendig dagegen ist sie nicht. Das bedeutet für die Praxis: Wenn Sie $y''(x_0) \neq 0$ nachgewiesen haben, liegt mit Sicherheit bei x_0 ein Extremum. Aus $y''(x_0) = 0$ können Sie dagegen nicht schließen, daß bei x_0 kein Extremum vorliegt.

17.5 Bestimmen Sie die Art des Extremums der Funktion

$$y = \frac{x^2 - 1}{x^2 + 1}$$

unter Beachtung der Krümmung.

17.6 Beweisen Sie, daß der Graph von

$$f(x) = \frac{\ln |x| + 1}{x^2}$$

genau zwei Maxima hat. Benutzen Sie dabei die Krümmung.

17.7 Beweisen Sie mit Hilfe der zweiten Ableitung: Jede der Funktionen

$$y = k \ln x + (1 - k) \cdot \frac{1}{x}, 0 < k < 1$$

hat als einziges Extremum ein Minimum. Berechnen Sie dessen Koordinaten.

Wendepunkte

In Wendepunkten wechselt eine Kurve ihre Krümmung. Da die Krümmung durch die zweite Ableitung bestimmt ist, liegt also ein Wendepunkt dort, wo diese das Vorzeichen wechselt.

Bereich	2. Ableitung	Kurve	Folgerung
$x < x_0$ $x > x_0$	$-$ $+$	konvex konkav	Bei $x = x_0$ Wendepunkt.

oder

$x < x_0$ $x > x_0$	$+$ $-$	konkav konvex	Bei $x = x_0$ Wendepunkt.

Falls $f''(x_0)$ existiert, ist $f''(x_0) = 0$ nur notwendige Bedingung für einen Wendepunkt. Beim Durchgang durch die Wendestelle muß $f''(x)$ das Vorzeichen wechseln. Gelingt es Ihnen, zu zeigen, daß $f'''(x_0) \neq 0$ ist, können Sie sich den Nachweis des Vorzeichenwechsels von $f''(x)$ sparen.

Um die Wendepunkte von

$$y = \frac{x^2}{1 + x^2}$$

zu bestimmen, müssen Sie also mindestens zweimal differenzieren:

$$y' = \frac{2x}{(1 + x^2)^2}, \quad y'' = \frac{2 - 6x^2}{(1 + x^2)^3} = \frac{6 \cdot (\frac{1}{3} - x^2)}{(1 + x^2)^3}.$$

Aus der notwendigen Bedingung $y'' = 0$ folgt $x = \pm\sqrt{\frac{1}{3}} = \pm 0{,}577$.

Wegen der Symmetrie der Kurve zur y-Achse genügt es, die Stelle 0,577 zu untersuchen:

	$x < \sqrt{\frac{1}{3}}$	$x > \sqrt{\frac{1}{3}}$
$f''(x)$	$+$	$-$

.

Also liegen bei $x = \pm\sqrt{\frac{1}{3}}$, $y = \frac{1}{4}$ Wendepunkte.

17.8 Bestimmen Sie die Extrema und die Abszissen der Wendepunkte von

$$I(x) = \int_1^x (1-t) \cdot e^t \, dt.$$

17.9 Bestimmen Sie die maximale Definitionsmenge, die Extrema und die Wendepunkte von

$$I(x) = \int_0^x \frac{t^2}{1+t} \, dt.$$

17.10 Zeigen Sie, daß der Graph von

$$y = \frac{2}{1+e^x}$$

einen einzigen Wendepunkt hat und zu diesem symmetrisch verläuft.

17.11 Untersuchen Sie den Graphen von

$$G_a(x) = \int_a^x \frac{\ln t}{t^2}, D_{G_a} = \{ x \mid 0 < a \leq x < \infty \}$$

auf Extrema und Wendepunkte.

17.12 Haben die Funktionen

$$f_k(x) = \int_0^x \frac{k^2 e^t}{(k-e^t)^2} \quad dt$$

Wendestellen? Wenn ja, wo? Wenn nein, weshalb nicht?

Wendetangenten

Eine Wendetangente ist eine Gerade durch den Wendepunkt, deren Steigung gleich der Kurvensteigung ist. Sie finden die Wendetangente, indem Sie in die allgemeine Geradengleichung

$$\frac{y - y_0}{x - x_0} = m$$

für x_0 und y_0 die Koordinaten des Wendepunktes und für m die Ableitung der Funktion an der Wendestelle einsetzen:

$$\frac{y - y_W}{x - x_W} = y'(x_W) \, .$$

Die Kurve

$$y = x^2 - \sin 2x, \quad -\frac{\pi}{4} \leq x \leq 0$$

hat die Ableitungen

$y' = 2x - 2 \cos 2x, \quad y'' = 2 + 4 \sin 2x.$

Innerhalb des Definitionsbereiches gibt es nur einen einzigen Wendepunkt:

$$y'' = 0 \Rightarrow \sin 2x = -\frac{1}{2} \Rightarrow x_W = -\frac{\pi}{12} = -0{,}262 \, .$$

Mit $y_W = 0{,}569$ und $y'(x_W) = -2{,}256$ wird die Gleichung der Wendetangente

$$\frac{y - 0{,}569}{x - 0{,}262} = -2{,}256 \text{ oder } y = -2{,}256\,x + 1{,}159.$$

17.13 a) Welche Gleichung hat die Wendetangente von $y = x - x^3$?
b) Zeigen Sie, daß es in beliebiger Nähe des Wendepunktes Kurvenpunkte oberhalb und unterhalb der Wendetangente gibt.

17.14 Zeigen Sie, daß die Wendetangenten aller Kurven

$$y = (x - a) \cdot e^{1 - \frac{x}{a}}, \quad a > 0$$

zueinander parallel sind.

---

18. Kurven mit vorgegebenen Eigenschaften

Vorgegebene Punkte und Richtungen

Die Gleichung

$$y = f(x) = a\,x^3 + b\,x^2 + c\,x + d$$

stellt eine vierparametrige Kurvenschar dar. Um die Konstanten zu bestimmen, können Sie vier Bedingungen vorschreiben und erhalten dann ein System von vier Gleichungen für die Koeffizienten a, b, c und d.
Wir suchen zunächst die Kurven, die W(1/1) als Wendepunkt haben. Die Bedingung setzt sich aus zwei Einzelbedingungen zusammen:

(1) die Kurve soll durch (1/1) gehen: $f(1) = 1$.
(2) An der Stelle 1 soll die 2. Ableitung Null sein: $f''(1) = 0$.

Die erste Bedingung verlangt

(I) $a + b + c + d = 1$.

Um die zweite Bedingung zu erfüllen, differenzieren Sie zweimal:

$$y' = 3a\,x^2 + 2b\,x + c; \quad y'' = 6a\,x + 2b.$$

Für $x = 1$ muß $y'' = 0$ sein:

(II) $6a + 2b = 0$

Mit Hilfe von (I) und (II) lassen sich zwei Konstanten eliminieren, welche, ist im Prinzip gleichgültig:

$$b = -3a,$$

$$a - 3a + c + d = 1 \Rightarrow d = 1 + 2a - c.$$

Jede Kurve der zweiparametrigen Schar

$$y = a\,x^3 - 3a\,x^2 + c\,x + 1 + 2a - c$$

hat in (1/1) einen Wendepunkt. Um eine Kurve eindeutig festzulegen, können Sie noch zwei weitere Bedingungen vorschreiben, etwa daß die Kurve im Nullpunkt ein Extremum hat. Mit

$$y' = 3a\,x^2 - 6a\,x + c$$

führt das auf die Gleichungen:

(III) $f(0) = 0$, also $1 + 2a - c = 0$,

(IV) $f'(0) = 0$, also $c = 0$.

Es ist also

$$a = -\frac{1}{2}.$$

Damit liegt die Kurve eindeutig fest:

$$y = -\frac{1}{2}x^3 + \frac{3}{2}x^2.$$

18.1 Welche Funktion der Schar

$$f(x) = x^2 + b\,x + c$$

hat die gleichen Nullstellen wie

$$g(x) = -x^2 + 3x?$$

18.2 Welche Kurven der Schar

$$f(x) = a\,x^3 + b\,x^2 + c\,x + d$$

haben im Punkt P(2/0) eine horizontale Tangente und schneiden die y-Achse unter 45°?

18.3 a) Geben Sie sämtliche Kurven dritten Grades an, die an der Stelle $x = 3$ einen Wendepunkt mit einer 45°-Wendetangente haben.
b) Welche dieser Kurven schneiden die y-Achse in der Höhe 1?

Berührung und senkrechter Schnitt

Wir suchen sämtliche quadratischen Parabeln, die die Parabel

$$y = x^2 - x$$

im Nullpunkt berühren.

Der Ansatz lautet

$$y = f(x) = a\,x^2 + b\,x + c; \quad f'(x) = 2a\,x + b.$$

Berührung im Nullpunkt bedeutet

(1) Die Kurve geht durch den Nullpunkt: $f(0) = 0$.
(2) Sie hat dort die gleiche Richtung wie die gegebene Parabel, also -1: $f'(0) = -1$.

Das führt zu den Gleichungen

(I) $c = 0$,
(II) $b = -1$.

Also leisten alle Parabeln

$y = a\,x^2 - x$

das Verlangte.

18.4 Der Graph einer Funktion dritten Grades habe bei $x = 1$ eine horizontale Tangente und berühre die Gerade $y = -x$ im Nullpunkt.

a) Geben Sie sämtliche Funktionen an.
b) Gibt es unter diesen Funktionen solche, die bei $x = 1$ ein Maximum haben?

18.5 Wie heißt die Funktion

$$f(x) = \frac{k\,x + 1}{x - m}, \; m \neq 0,$$

deren Graph die Gerade $y = 6x - 2$ im Schnittpunkt mit der y-Achse berührt?

18.6 Die der Funktion

$$f(x) = \frac{a\,x + b}{x}$$

zugeordnete Kurve habe im Punkt (1/1) eine zur Geraden $y = 2\,x - 1$ senkrechte Tangente. Wie lautet die Funktion?

18.7 Welche Kurve der Schar

$y = f(x) = a \ln(x + 1) + c$

schneidet die Gerade $y = x$ im Punkt P(1/1) senkrecht?

18.8 Berechnen Sie für die Funktion

$$f(x) = \frac{1}{3}(a\,|x|^3 - 9\,x^2 + b\,x + c)$$

die Koeffizienten a, b, c so, daß der zugehörige Graph durch den Punkt (–1/2) geht und die Kurve $y = \frac{2}{x^2}$ im Punkt (1/2) berührt.

18.9 Durch

$$f(x) = \frac{a\,x^2 + b\,x + c}{x + d}$$

ist eine Kurvenschar C_{abcd} und durch

$$y = x^3 - 2x^2 + 2$$

eine Kurve C definiert.

a) Welche der Kurven C_{abcd} schneiden C im Punkt (1/1) senkrecht und haben bei $x = 0$ eine vertikale Asymptote?

b) Gibt es unter den in a) gefundenen Kurven solche mit einer horizonatlen Tangente? Wenn ja, welche? Wenn nein, weshalb nicht?

Symmetriebedingungen

Der Graph einer ganzen rationalen Funktion ist symmetrisch zur y-Achse, wenn die Funktion nur gerade Potenzen von x enthält. Hat sie nur ungerade Potenzen, ist der Graph symmetrisch zum Nullpunkt.

Das Bild einer rational gebrochenen Funktion ist symmetrisch zur y-Achse, wenn Zähler und Nenner beide nur gerade oder beide nur ungerade Potenzen enthalten. Es liegt symmetrisch zum Nullpunkt, wenn im Zähler nur gerade und im Nenner nur ungerade Potenzen von x vorkommen oder umgekehrt.

So ist

$$y = \frac{5x^2 - 6}{3x}$$

symmetrisch zum Nullpunkt, während

$$y = \frac{7x^3 - 5x}{2x^3 + x}$$

symmetrisch zur y-Achse ist.

18.10 Bestimmen Sie eine ganze rationale Funktion 4. Grades, deren Graph symmetrisch zur y-Achse liegt, durch den Nullpunkt geht und im Punkt (1/2) ein Extremum hat.

18.11 Der Graph einer Funktion dritten Grades ist symmetrisch zum Nullpunkt, hat dort die Steigung 1 und schließt mit der x-Achse und der Geraden $x = 1$ eine Fläche vom Inhalt 1 ein. Wie heißt die Funktion?

18.12 Die durch

$$f(x) = \frac{a\,x^2 + b\,x + c}{d\,x^3 + e\,x^2 + f\,x + g}$$

beschriebenen Kurven sollen symmetrisch zum Nullpunkt liegen.

a) Wie lautet die Gleichung der Schar?

b) Welche dieser Kurven gehen durch (1/1) und haben an der Stelle 2 eine vertikale Asymptote?

Vorgeschriebene Asymptoten

Jede Kurve der Schar

$$y = \frac{a\,x^2 + b\,x}{x + c}, \quad a \neq 0$$

hat eine schräge Asymptote und eine vertikale. Wir verlangen, daß die schräge Asymptote $y = x + 1$ und die vertikale $x = 1$ sein soll.
Die zweite Bedingung erfordert $c = -1$.

Um die erste Bedingung zu erfüllen, dividieren Sie:

$(a\,x^2 + b\,x) : (x - 1) = a\,x + b + a + \text{Restglied}$

$$\frac{a\,x^2 - a\,x}{(b + a)\,x}$$

Durch Koeffizientenvergleich ergibt sich:

$a = 1, \; b + a = 1 \Rightarrow b = 0.$

Die gesuchte Kurve hat also die Gleichung

$$y = \frac{x^2}{x - 1} \quad .$$

18.13 Durch

$$y = \frac{a\,x^2}{b\,x + c}, \quad a \neq 0, b \neq 0$$

ist eine Kurve definiert. Bestimmen Sie die Konstanten so, daß die vertikale Asymptote die Gleichung $x = 1$ hat und die schräge Asymptote parallel zur Geraden

$x + 2\,y + 1 = 0$

verläuft. Ist die Lösung eindeutig?

18.14 Wählen Sie c und d so, daß die Kurve

$$y = \frac{x^2 + e^{-x}}{c\,x + d}$$

die rechtsseitige Asymptote $y = -x + 1$ hat.

---

19. Ortslinien

Parameterdarstellung von Kurven

Kurven lassen sich nicht nur in der Form $y = f(x)$ darstellen; x und y können auch als Funktionen einer dritten Variablen t gegeben sein, etwa

$x = t^2$,

$y = t^3$.

Die Zuordnung zwischen x und y ergibt sich dann über den Parameter t:

t	-2	$-\sqrt{2}$	-1	0	1	$\sqrt{2}$	2
x	4	2	1	0	1	2	4
y	-8	$-2\sqrt{2}$	-1	0	1	$2\sqrt{2}$	8

Nach dieser Tabelle läßt sich die Kurve zeichnen.

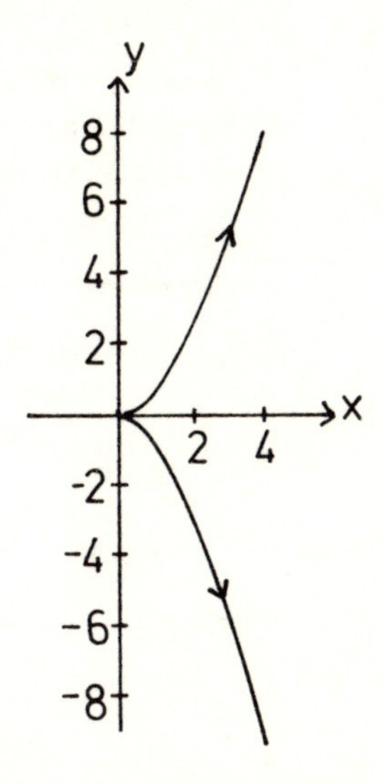

Die Pfeile zeigen in Richtung steigender t-Werte. Die Kurve stellt keine Funktion dar, da es zu allen positiven x-Werten zwei y-Werte gibt. Man kann jedoch zwei Teilfunktionen bilden:

$t = \sqrt{x} \Rightarrow y_1 = \sqrt{x^3}$ für $x \geq 0$ (oberer Zweig),

$t = -\sqrt{x} \Rightarrow y_2 = -\sqrt{x^3}$ für $x > 0$ (unterer Zweig).

19.1 Geben Sie zu den Funktionen

a) $y = x^3$, b) $y = \cos(2 \operatorname{arc} \sin x)$

möglichst einfache Parameterdarstellungen an.

19.2 Durch die Gleichungen

$x = \sqrt{1 - t^2}$,

$y = t^3$ ist eine Kurve gegeben.

a) Für welche t ist die Kurve höchstens definiert?
b) Zeichnen Sie die Kurve und markieren Sie durch Pfeile, in welchem Sinne die Kurve durchlaufen wird, wenn t steigende Werte annimmt.
c) Läßt sich der Kurve eine Funktion zuordnen?

19.3 Der Graph einer Funktion f besteht aus allen Punkten P(x/y) mit

$x = \ln t$,

$y = \ln(1 + \frac{1}{t})$.

Dabei durchläuft der Parameter t den größtmöglichen Bereich B.

a) Geben Sie B an und schließen Sie hieraus unmittelbar auf den Definitionsbereich D_f und den Wertebereich W_f der Funktion f.
b) Zeichnen Sie die Kurve.
c) Stellen Sie die Funktionsgleichung $y = f(x)$ auf.

Ortslinien für Extrema und Wendepunkte

Die Extrema der Schar

$$y = \frac{x}{x^2 + t}, \quad t > 0$$

erhalten Sie aus $y' = \frac{t - x^2}{(x^2 + t)^2} = 0$:

$$x = \sqrt{t}, \qquad\qquad x = -\sqrt{t},$$

und

$$y = \frac{\sqrt{t}}{2t}, \qquad\qquad y = -\frac{\sqrt{t}}{2t}.$$

Dies sind Parameterdarstellungen von Kurven, auf denen die Extrema liegen. Durch Elimination von t erhalten Sie diese in der üblichen Form:

$$y = \frac{x}{2x^2} = \frac{1}{2x} \text{ für } x > 0 \text{ und ebenso}$$

$$y = \frac{x}{2x^2} = \frac{1}{2x} \text{ für } x < 0.$$

Diese beiden Funktionen kann man zusammenfassen zu

$$y = \frac{1}{2x}, \quad x \neq 0.$$

Dies ist die Ortslinie der Extrema. Ist die Parameterdarstellung der Ortslinie nicht verlangt, können Sie auch direkt $t = x^2$ in die Ausgangsgleichung einsetzen:

$$y = \frac{x}{x^2 + x^2} = \frac{1}{2x} .$$

19.4 Gegeben ist die Kurvenschar

$$y = \frac{1}{x^2 - a x + 1} .$$

Welche Gleichung hat die Ortslinie aller Extrema?

19.5 Gegeben ist die Kurvenschar

$$y = \frac{a}{x^2} + \frac{x^2}{a^2} .$$

Beweisen Sie: Die Minima der Scharkurven liegen auf der Kurve

$$y = \frac{2}{\sqrt[3]{x^2}} .$$

19.6 Gegeben ist die Kurvenschar

$$f_\lambda(x) = \frac{x^2 + 4x + \lambda}{x - 1} , \ \lambda \in \mathbb{R}.$$

Zeigen Sie: Alle Punkte der Scharkurven, in denen die Kurventangente jeweils parallel zur x-Achse ist, liegen auf einer Geraden. Bestimmen Sie deren Gleichung.

19.7 Zeigen Sie, daß die Extrempunkte der Graphen von

$$y = (x - a) \cdot e^{2 - \frac{x}{a}}, \ a > 0$$

auf einer Geraden g durch den Ursprung des Koordinatensystems liegen. Welche Punkte von g sind nicht Extrempunkte der Schar?

Ortslinien für Tangentenberührpunkte

Vom Punkt $P(1/-1)$ werden die Tangenten an die Parabeln

$$y = a x^2$$

gelegt. Wir suchen die Ortslinie der Berührpunkte.
Die Steigung von $P(1/-1)$ zum Kurvenpunkt $(x/a x^2)$ muß gleich der dortigen Tangentensteigung sein:

$$\frac{a\,x^2+1}{x-1} = 2\,a\,x \Rightarrow a\,x^2 - 2a\,x - 1 = 0 \Rightarrow a = \frac{1}{x^2-2x}\;.$$

$$y = \frac{x^2}{x^2-2x} = \frac{x}{x-2} \quad (\,x \neq 0 \text{ und } x \neq 2)$$

ist die gesuchte Ortskurve.

19.8 Vom Punkt P(0/k) sind die Tangenten an die Schaubilder aller Funktionen

$f_a(x) = \ln(a\,x^2),\ a > 0,\ x > 0$

gelegt. Bestimmen Sie die Gleichung der Ortskurve, auf der sämtliche Berührpunkte liegen.

19.9 Vom Punkt P(−1/0) werden an die Graphen der Funktionsschar

$$f_a(x) = \frac{ax}{1+x}\;,\ a = 0$$

die Tangenten gezogen. Auf welcher Kurve liegen die Berührpunkte?

---

20. Extremwertaufgaben

Hier geht es, ebenso wie in früheren Kapiteln, um das Aufsuchen von Maxima und Minima. Neu ist jedoch, daß Sie die Funktion, die extremal werden soll, erst aufstellen müssen.

Extremwertaufgaben ohne Nebenbedingungen

Für jedes $t > 0$ umschließt der Graph der Funktion

$$f(x) = t \sin x, \; -\frac{\pi}{2} < x < \frac{3}{2}\pi$$

mit den Normalen in den Schnittpunkten mit der x-Achse eine Fläche. Der Inhalt $A(t)$ dieser Fläche hängt von t ab. Wir suchen das t, für das $A(t)$ ein Minimum wird.

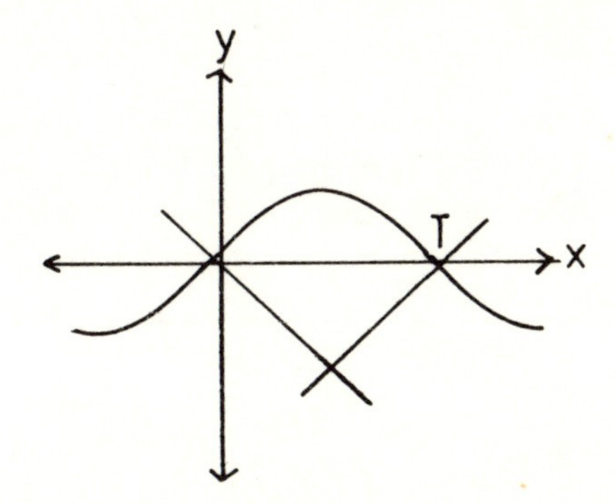

Da die Fläche symmetrisch zu $x = \frac{\pi}{2}$ liegt, genügt die Berechnung der halben Fläche. Hierzu brauchen wir die Gleichung der Kurvennormalen im Nullpunkt:

Aus $f'(x) = t \cos x$, $f'(0) = t$ folgt

$$y = -\frac{1}{t}\,x.$$

Dann wird

$$A(t) = 2 \int_0^{\frac{\pi}{2}} \left[t \sin x - \left(-\frac{1}{t}\,x \right) \right] dx$$

$$= 2 \left[-t \cdot \cos x + \frac{1}{2t}\,x^2 \right]_0^{\frac{\pi}{2}} \; .$$

$$= 2 \cdot \left[-t \cos\frac{\pi}{2} + \frac{1}{2t} \cdot \frac{\pi^2}{4} + t \cos 0 \right] = 2 \cdot \left[\frac{\pi^2}{8t} + t \right],$$

$$A(t) = \frac{\pi^2}{4t} + 2t.$$

Damit ist die Funktion gefunden, die minimal werden soll. Sie suchen Extrema wie üblich durch Nullsetzen der ersten Ableitung:

$$A'(t) = -\frac{\pi^2}{4t^2} + 2 = 0 \Rightarrow t^2 = \frac{\pi^2}{8},$$

$$t = \frac{\pi}{\sqrt{8}} \vee t = -\frac{\pi}{\sqrt{8}}.$$

Der negative t-Wert scheidet aus, da in der Aufgabenstellung $t > 0$ vorausgesetzt war. Wegen

$$A''(t) = \frac{\pi^2}{2t^3} \quad \text{und} \quad A''\left(\frac{\pi}{\sqrt{8}}\right) > 0$$

hat A für $t = \frac{\pi}{\sqrt{8}}$ ein Minimum.

20.1 Durch die x-Achse, den Graphen von $f(x) = -x^2 + 2x$ und die Parallelen zur y-Achse durch die Punkte S(s/0) und T(2s/0), wobei $0 < s < 1$ ist, wird ein Flächenstück eingeschlossen. Berechnen Sie s so, daß der Inhalt dieses Flächenstücks ein Maximum wird.

20.2 Gegeben ist die Funktion

$$f(x) = \begin{cases} x^2 & \text{für } 0 < x < 1 \\ -2x + 3 & \text{für } x \geq 1. \end{cases}$$

Wählen Sie s aus $0 < s < 0{,}5$ so, daß die zwischen $y = f(x)$, $x = s$, $x = s + 1$ und der x-Achse liegende Fläche extremal wird.

20.3 Die Gerade $x = p$, $p > 0$ schneidet den Graphen von

$$y = \frac{k^2}{x}, \quad k > 0$$

in P und die x-Achse in Q. Berechnen Sie p so, daß im Dreieck OPQ das Quadrat über der Hypotenuse extremal wird. 0 ist der Koordinatenursprung.

20.4 Jede Gerade der Parallelenschar $y = t$ mit $0 < t < 1$ schneidet den Graphen von

$f_1(x) = \sqrt{e^x - 1}$

in einem Punkt T_1 und den Graphen von

$f_2(x) = e^x - 1$

in einem Punkt T_2. Für welche Gerade der Schar hat die Länge s der Strecke T_1T_2 ein Maximum?

20.5 Die Funktionen f_a sind gegeben durch

$$f_a(x) = x + \frac{a^2 - 2a}{x}.$$

Die Tangente in einem beliebigen Punkt P des Schaubildes von f_a bildet mit der y-Achse und der Verbindungsgeraden des Punktes P mit dem Ursprung ein Dreieck. Zeigen Sie für allgemeines a, daß der Flächeninhalt A dieses Dreiecks von der Abszisse des Punktes P unabhängig ist. Für welchen Wert von a hat der Flächeninhalt des Dreiecks ein relatives Maximum?

20.6 Wie lautet die Gleichung derjenigen Tangente an das Schaubild der Funktion

$$y = 2 \cdot \sqrt{\frac{a - x}{x}}, \quad a > 0,$$

die die x-Achse am weitesten rechts schneidet?

20.7 Gegeben sind die Funktionen

$f_t(x) = \sqrt{t + \cos x}, \; -1 < t \leq 1.$

Ihre Definitionsmenge sei die größtmögliche Teilmenge von

$\{ x \mid -\pi \leq x \leq \pi \}.$

Die Normale im Punkt P(u/v) des Schaubilds einer Funktion f_t schneidet die x-Achse in $S(x_S/0)$.
Wie lang kann die senkrechte Projektion der Strecke PS auf die x-Achse höchstens sein?
Für welche Werte von t liegen die Maxima im Innern des Definitionsbereichs von $f_t(x)$?

Extremwertaufgaben mit Nebenbedingungen

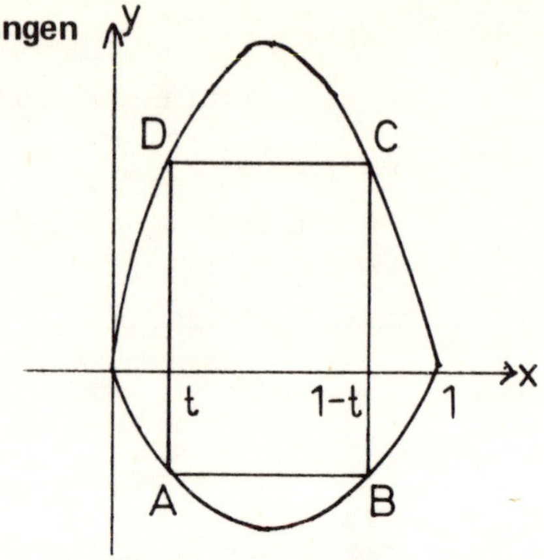

Die Graphen der Funktionen

$y_1 = -a\,x\,(x-1),\ a > 0,$

$y_2 = c\,x\,(x-1),\ c > 0$

bestimmen ein Kurvenbogenzweieck. Ihm lassen sich unendlich viele Rechtecke so einbeschreiben, daß ihre Seiten parallel zu den Koordinatenachsen sind. Wir suchen das Rechteck mit dem größten Flächeninhalt.
Die Inhalte der einbeschriebenen Rechtecke hängen hier bei festem a und c von zwei Parametern, nämlich der Länge und der Breite ab. Um die Aufgabe lösen zu können, müssen Sie beide Rechtecksseiten durch einen einzigen Parameter ausdrücken. Dies geht besonders einfach, wenn Sie die Abszisse der linken Eckpunkte als Parameter verwenden. Nennen Sie ihn t, so sind die Abszissen der beiden rechten Ecken aus Symmetriegründen $1 - t$. Die Grundlinie des Rechtecks hat also die Länge $1 - 2\,t$. Der Parameter ist auf den Bereich $0 < t < \frac{1}{2}$ eingeschränkt.

Die Ordinaten von A und D sind

$c\,t\,(t-1)$ bezw. $-a\,t\,(t-1)$.

Also ist die Höhe des Rechtecks

$-a\,t\,(t-1) - c\,t\,(t-1) = (a+c)\,(t-t^2)$

und der Flächeninhalt

$A(t) = (1-2t)\,(a+c)\,(t-t^2) = (a+c)\,(2t^3 - 3t^2 + t),$

eine Funktion, deren Extremum wir durch Differenzieren finden:

$A'(t) = (a+c)\,(6t^2 - 6t + 1),\ A''(t) = (a+c)\,(12t-6).$

$A'(t) = 0 \Rightarrow 6t^2 - 6t + 1 = 0 \Rightarrow t = \frac{3 \pm \sqrt{3}}{6}.$

$A''\left(\frac{3-\sqrt{3}}{6}\right) = -2\sqrt{3}\,(a+c) < 0 \Rightarrow$ Maximum.

Unabhängig von a und c ergibt sich für $t = \frac{3-\sqrt{3}}{6} = 0{,}211$ das größte Rechteck. Sein Inhalt ist $0{,}096\,(a+c)$.

20.8 Wie groß muß man $t > 0$ wählen, damit das zwischen der Kurve

$$y = e^{1-x^2},$$

der x-Achse und den Geraden $x = t$ und $x = -t$ liegende Rechteck, dessen Seiten parallel zu den Koordinatenachsen liegen, maximal wird?

20.9 In das von der Kurve

$$f(x) = \frac{2}{5}(x^2 - 4)$$

und der x-Achse begrenzte Flächenstück soll ein Dreieck einbeschrieben werden. Seine Spitze liegt im Koordinatenursprung, die beiden anderen Eckpunkte A und B liegen symmetrisch zur y-Achse auf der Kurve. Bestimmen Sie die Koordinaten von A und B so, daß die Fläche des Dreiecks größtmöglich wird.

20.10 Der Graph der Funktion

$$f(x) = \sqrt{1 - x^2}$$

schließt mit der x-Achse einen Halbkreis ein. In diesen soll ein Rechteck einbeschrieben werden, dessen eine Seite auf der x-Achse liegt. Welches dieser Rechtecke hat den größtmöglichen Umfang?

20.11 Die Geraden mit den Gleichungen

$$x = a \quad \text{und} \quad x = 2a \quad (0 < a < 1{,}5)$$

schneiden die x-Achse in den Punkten A_0 und B_0 und die Kurve

$$f(x) = 3x^2 \left(1 - \frac{x}{3}\right)$$

in den Punkten A_1 und B_1. Berechnen Sie a so, daß die Fläche des Trapezes $A_0B_0B_1A_1$ ein Maximum wird.

Teil III: Wahrscheinlichkeitsrechnung und Statistik

21. Grundbegriffe der Wahrscheinlichkeits-rechnung

Ergebnisraum und Ereignisraum

Werfen Sie einen Würfel, so führen Sie ein „Zufallsexperiment" durch, denn es sind verschiedene „Versuchsausgänge" möglich. Der „Ergebnisraum" Ω enthält alle möglichen Versuchsausgänge, kann aber zusätzlich auch unmögliche Versuchsausgänge enthalten. Beim Würfeln ist z.B. $\Omega = \{1, 2, 3, 4, 5, 6\}$. Jede Teilmenge des Ergebnisraumes heißt ein „Ereignis". Das Ereignis „die geworfenen Zahl ist gerade" ist die Teilmenge $\{2, 4, 6\}$ von Ω. Dieses Ereignis ist eingetreten, wenn 2, 4 oder 6 gewürfelt wurde. Auch die leere Menge $\{\ \} = \phi$ ist als Teilmenge von Ω ein Ereignis; es kann jedoch nicht eintreten, es ist das „unmögliche Ereignis". Das Ereignis Ω tritt dagegen bei jedem Wurf ein, es ist das „sichere Ereignis".
Die Menge aller Ereignisse aus dem Ergebnisraum Ω bildet den „Ereignisraum" $P(\Omega)$; er hat beim Würfeln $2^6 = 64$ Elemente.
Zwei Ereignisse heißen „unvereinbar", wenn sie kein gemeinsames Element enthalten. Die Ereignisse $A_1 = \{2, 4, 6\}$, $A_2 = \{1\}$ und $A_3 = \{3, 5\}$ bilden eine „Zerlegung" von Ω, weil sie
1. nicht leer,
2. paarweise unvereinbar sind und
3. zusammen Ω ergeben.

Faßt man die Ereignisse A_1, A_2 und A_3 der Zerlegung als Versuchsergebnisse auf, so „vergröbert" man den Ergebnisraum.

21.1 Bei einem 100 m-Lauf wird eine Stoppuhr verwendet, die auf Zehntelsekunden genau anzeigt.

a) Liegt ein Zufallsexperiment vor?
b) Geben Sie einen möglichen Versuchsausgang an.
c) Geben Sie einen Ergebnisraum an.
d) Formulieren Sie ein Ereignis, das mehrere Ergebnisse enthält, in Worten.

21.2 Geben Sie ein Experiment an, das kein Zufallsexperiment ist.

21.3 Bei einem Tennismatch zwischen den Damen X und Y wird solange gespielt, bis eine Spielerin zwei Sätze gewonnen hat. Ein Unentschieden gibt es nicht.
Ein von der Spielerin X gewonnener Satz werde mit x, ein von der Spielerin Y gewonnener mit y bezeichnet.
Ferner seien folgende Ereignisse gegeben:

R: Eine der Spielerinnen hat keinen Satz gewonnen,
S: Spielerin Y hat das Match gewonnen,
T: Eine der Spielerinnen hat genau einen Satz gewonnen,
U: Spielerin X hat zwei Sätze nacheinander gewonnen,
V: Y hat zwar den zweiten Satz gewonnen, aber das Match verloren.

a) Geben Sie einen Ergebnisraum für den ersten Satz an.
b) Geben Sie einen Ergebnisraum Ω für das Match an. Welche Mächtigkeit hat der Ereignisraum zu diesem Ergebnisraum?
c) Welche der Ereignisse sind α) mit R, β) mit U unvereinbar?
d) Bilden α) S, V und U, β) R und S, γ) R und T eine Zerlegung von Ω?

21.4 Ein Artikel wird bei einem Test nach den Merkmalen A, B und C beurteilt. Es gibt die Urteile „gut" (g) und „schlecht" (s).

a) Geben Sie den Ergebnisraum an.
b) Welche Mächtigkeiten haben der Ergebnisraum und der Ereignisraum?

Auf das Urteil „gut" gibt es einen Punkt, auf das Urteil „schlecht" zwei Punkte. Das Gesamturteil lautet bei Punktsumme 3 „ausgezeichnet" (a), Punktsumme 4 oder 5 „befriedigend" (b) und bei Punktsumme 6 „mangelhaft" (m).

c) Geben Sie das Ereignis b, also „Gesamturteil befriedigend" in Mengenschreibweise an.
d) Stellt die Menge $\{ a, b, m \}$ einen vergröberten Ergebnisraum dar?

Ereignisalgebra

Für das Rechnen mit Ereignissen gelten die Gesetze der Mengenalgebra. Zu jedem Ereignis A aus Ω gibt es das „komplementäre Ereignis $\overline{A}$", das alle Elemente aus Ω enthält, die nicht zu A gehören. Es gilt also

$$A \cap \overline{A} = \phi, \quad A \cup \overline{A} = \Omega.$$

Ist A Teilmenge von B, so ist $A \cap B = A$ und $A \cup B = B$.
Für zwei Ereignisse A und B aus Ω gelten die

Kommutativgesetze	$A \cup B = B \cup A$,	$A \cap B = B \cap A$,
Absorptionsgesetze	$A \cap (A \cup B) = A$,	$A \cup (A \cap B) = A$,
De Morgan-Gesetze	$\overline{A \cap B} = \overline{A} \cup \overline{B}$,	$\overline{A \cup B} = \overline{A} \cap \overline{B}$.

Für drei beliebige Ereignisse A, B und C aus Ω gelten die

Assoziativgesetze	$(A \cap B) \cap C = A \cap (B \cap C)$, $(A \cup B) \cup C = A \cup (B \cup C)$,
Distributivgesetze	$A \cap (B \cup C) = (A \cap B) \cup (A \cap C)$, $A \cup (B \cap C) = (A \cup B) \cap (A \cup C)$.

Die Anzahl der Elemente, die „Mächtigkeit" eines Ereignisses A wird mit $|A|$ bezeichnet.

21.5 A sei ein Ereignis aus Ω. Was ist das komplementäre Ereignis zu $\overline{A}$?

21.6 Zu dem Ergebnisraum $\Omega = \{a, b, c, d, e\}$ sind die Ereignisse $A = \{b, c, e\}$, $B = \{a, e\}$ und $C = \{a, c, d\}$ gegeben.

a) Bestimmen Sie $\overline{A}$ und $\overline{B}$.
b) Berechnen Sie $|A|$, $|B|$, $|A \cup B|$ und $|A \cap B|$.
c) Bestätigen Sie an diesem Beispiel das distributive Gesetz
$A \cap (B \cup C) = (A \cap B) \cup (A \cap C)$.

21.7 a) Welche Bedingung müssen die Ereignisse A und B erfüllen, damit die „Summenregel" $|A \cup B| = |A| + |B|$ gilt?
b) Fügen Sie auf der rechten Seite der Gleichung aus a) ein Glied hinzu, so daß die Gleichung für beliebige A und B gilt. Erläutern Sie diese Korrektur an einem Mengendiagramm.

21.8 A sei die Menge der Monatsnamen mit mindestens sieben Buchstaben,
B sei die Menge der Monatsnamen mit mindestens einem e.
C sei die Menge der Monatsnamen mit mindestens einem r.
(ä in März nicht als ae geschrieben).
a) Welche Beziehung gilt zwischen A und B?
b) Bestimmen Sie $A \cap (B \cup C)$ und $A \cup (B \cap C)$.

21.9 Bestätigen Sie das De Morgan-Gesetz $\overline{A \cap B} = \overline{A} \cup \overline{B}$, indem Sie alle Möglichkeiten der Zugehörigkeit eines Elements x zu den verschiedenen Mengen in einer Tabelle darstellen.

---

22. Relative Häufigkeit und Wahrscheinlichkeit

Häufigkeit und Wahrscheinlichkeit

Ein Würfel wurde 150 mal geworfen. Die Ergebnisse traten mit folgender Häufigkeit auf:

Augenzahl	1	2	3	4	5	6
Anzahl	9	27	25	29	29	31

Aus den „absoluten Häufigkeiten" 9, 27, ..., 31 erhalten Sie die „relativen Häufigkeiten", indem Sie jene durch die Wurfzahl 150 dividieren: $\frac{9}{150} = 0{,}06$, $\frac{27}{150} = 0{,}18$, ..., $\frac{31}{150} = 0{,}2067$.

Die Summe aller relativen Häufigkeiten ist stets 1. Die Erfahrung zeigt, daß sich die relativen Häufigkeiten mit zunehmender Wurfzahl um bestimmte Werte einpendeln, d.h. „stabilisieren". Diese Werte nennt man „empirische Wahrscheinlichkeiten".
Mit der „Laplace-Annahme", jede Augenzahl trete mit gleicher Wahrscheinlichkeit auf, ergibt sich für jedes Ergebnis die „theoretische Wahrscheinlichkeit" $\frac{1}{6}$.
Sind zwei Ereignisse A und B unvereinbar, so gilt für die relativen Häufigkeiten $h_n(A \cup B) = h_n(A) + h_n(B)$.
Hiernach ist die relative Häufigkeit für das Ereignis „1 oder 6" gleich $\frac{9}{150} + \frac{31}{150} = 0{,}06 + 0{,}2067 = 0{,}2667$.
Für die theoretische Wahrscheinlichkeit dieses Ereignisses ergibt sich entsprechend $\frac{1}{6} + \frac{1}{6} = \frac{2}{6} = \frac{1}{3}$.

22.1 Bei einer Umfrage, bei der die Wirtschaftslage mit gut(g), befriedigend (b) oder schlecht (s) zu beurteilen war, entschieden sich für gut 23, befriedigend 285, schlecht 156; ohne Urteil (k) waren 36. Bestimmen Sie die relative Häufigkeit der einzelnen Urteile bezogen auf die Gesamtzahl der Befragten. Zeichnen Sie ein Strichdiagramm.

22.2 Ein Würfel hat drei rote (r) und drei grüne (g) Felder, ein anderer vier weiße (w) und zwei schwarze (s) Felder. Die beiden Würfel wurden 800 mal gleichzeitig geworfen mit folgenden Ergebnissen:

Würfe	$\omega_1 = (r;w)$	$\omega_2 = (r; s)$	$\omega_3 = (g; w)$	$\omega_4 = (g; s)$
1–200	31	28	94	47
201–400	71	35	48	46
401–600	75	38	57	30
601–800	73	29	72	26

a) Berechnen Sie die relativen Häufigkeiten $h_{800}(\omega_i)$ für die 800 Würfe ($i = 1, 2, 3, 4$). Zeichnen Sie ein Strichdiagramm.
b) Untersuchen Sie, ob für das Ergebnis ω_3 bereits eine Stabilisierung der relativen Häufigkeit zu erkennen ist.
c) Für einen Rot-Grün-Blinden gibt es nur die Ergebnisse „weiß" und „schwarz". Berechnen Sie $h_{800}(w)$ und $h_{800}(s)$.
d) Wie kann man einen Ergebnisraum erhalten, in dem die Lapace-Annahme bei idealen Würfeln erfüllt ist?
e) Wie groß sind die Wahrscheinlichkeiten für die vier Ergebnisse ω_i bei Laplace-Würfeln?

22.3 Zehn Artikel A bis K wurden auf Sicherheit (S), Handhabung (T) und Dauerbelastung (U) getestet. Die Bewertungen reichten von 1 bis 5.

	A	B	C	D	E	F	G	H	J	K
S	2	2	4	3	4	1	3	5	4	2
T	3	1	5	2	2	2	1	2	3	4
U	4	3	4	2	3	1	2	2	3	2

Für die Beurteilung wurde die Summe $V = 0{,}5\ S + 0{,}2\ T + 0{,}3\ U$ herangezogen:

A_1: „sehr gut" für $V \leq 1{,}5$,
A_2: „gut" für $1{,}5 < V \leq 2{,}5$,
A_3: „zufriedenstellend" für $2{,}5 < V \leq 3{,}5$,
A_4: „weniger zufriedenstellend" für $3{,}5 < V \leq 4{,}5$,
A_5: „nicht zufriedenstellend" für $V > 4{,}5$.

Stellen Sie in einer Tabelle die absoluten und relativen Häufigkeiten der Ereignisse A_1 bis A_5 zusammen.

22.4 Ein Kartenspiel hat die „Farben" Kreuz, Pik, Herz und Karo und von jeder Farbe die „Zahlen" 7, 8, 9, 10, Bube, Dame, König und As. Jemand zieht zwei Karten. Wie groß ist die Wahrscheinlichkeit, daß beide Karten dieselbe „Farbe" haben?

Wahrscheinlichkeitsverteilung, Kolmogorowsche Axiome

In einer Urne befinden sich 10 von 1 bis 10 numerierte Kugeln; 2 davon sind blau (b), 5 rot (r) und 3 gelb (g). Für den Ergebnisraum $\{1, 2, ..., 10\}$ liegt eine „Gleichverteilung" vor, da alle Zahlen mit der gleichen Wahrscheinlichkeit gezogen werden. Über dem Ergebnisraum $\Omega = \{b, r, g\}$ für die Farben ist die Wahrscheinlichkeit nicht gleichverteilt; denn die Wahrscheinlichkeit für das Ziehen einer blauen Kugel ist $P(b) = \frac{2}{10} = 0{,}2$, einer roten Kugel $P(r) = 0{,}5$ und einer gelben Kugel $P(g) = 0{,}3$.
Die Ereignisse ϕ, $\{b\}$, $\{r\}$, $\{g\}$, $\{b, r\}$, $\{b, g\}$, $\{r, g\}$ und Ω bilden einen Ereignisraum $\mathfrak{A}$ über Ω. Zu jedem dieser Ereignisse läßt sich die Wahrscheinlichkeit P beim Ziehen einer Kugel angeben. So ist z.B. $P(\{b, r\}) = \frac{7}{10} = 0{,}7$.

ϕ ist das unmögliche Ereignis: $P(\phi) = 0$.
Ω ist das sichere Ereignis: $P(\Omega) = 1$.

Für den Ergebnisraum Ω, den Ereignisraum $\mathfrak{A}$ und die Wahrscheinlichkeit P gelten die „Kolmogorowschen Axiome":

$$P(A) \geq 0 \text{ für alle } A \in \mathfrak{A},$$
$$P(\Omega) = 1,$$
$$A, B \in \mathfrak{A} \wedge A \cap B = \phi \Rightarrow P(A \cup B) = P(A) + P(B).$$

Das letzte Axiom ist die schon bekannte Summenregel. Über die Wahrscheinlichkeitsverteilung im einzelnen machen die Axiome keine Aussage.

22.5 In einer Urne befinden sich 15 Kugeln mit den Nummern 1 bis 15. Eine Kugel wird gezogen. Durch die Ereignisse, die gezogene Zahl sei

A: eine Quadratzahl,
B: eine Primzahl,
C: das Produkt zweier verschiedener Primzahlen,
D: das Produkt dreier Primzahlen,

ist ein zum Ergebnisraum $\Omega = \{1, 2, ..., 15\}$ vergröberter Ergebnisraum $\Omega' = \{A, B, C, D\}$ bestimmt.

a) Zeigen Sie, daß Ω' tatsächlich eine Vergröberung zu Ω ist.
b) Bestimmen Sie die Wahrscheinlichkeitsverteilung zu Ω'.
c) Bestimmen Sie für alle Ereignisse X des Ereignisraumes $\mathfrak{A}$ zu Ω' die Wahrscheinlichkeit P(X).

22.6 Zeigen Sie mit den Kolmogorowschen Axiomen

a) $P(\phi) = 0$, b) $P(A \cap B) = P(A) - P(A \cap \overline{B})$, wobei A und B beliebige Elemente eines Ereignisraumes $\mathfrak{A}$ sind.

22.7 Die Ereignisse A, B und C sollen eine Zerlegung des Ergebnisraumes Ω bilden. Es ist $P(A) = a$ und $P(A \cup C) = e$.
Berechnen Sie P(C) und P(B).

22.8 Zu den Ereignissen A und B aus Ω sind folgende Wahrscheinlichkeiten bekannt:

$P(A) = 0{,}41, \quad P(A \cap B) = 0{,}17, \quad P(\bar{A} \cap \bar{B}) = 0{,}45.$

a) Bilden $A \cap B$, $A \cap \bar{B}$, $\bar{A} \cap B$ und $\bar{A} \cap \bar{B}$ eine Zerlegung des Ergebnisraumes Ω?
b) Berechnen Sie P(B), $P(A \cap \bar{B})$ und $P(A \cup \bar{B})$.

---

23. Bedingte Wahrscheinlichkeit und Unabhängigkeit

Baumdiagramm und Pfadregel

In einer Bevölkerungsgruppe sind 85% Rechtshänder (R) und 15% Linkshänder (L). Von den Rechtshändern sind 40% blauäugig (B), 25% grünäugig (G), der Rest von 35% hat andersfarbige Augen (A). Unter den Linkshändern sind es 45%, 15% bzw. 40%.

Dieser Sachverhalt ist in einem „Baumdiagramm" dargestellt. Nach der „Pfadregel" erhalten Sie den Anteil der blauäugigen Rechtshänder bzw. die Wahrscheinlichkeit, einen von diesen zufällig zu treffen, indem Sie die am Pfad ORB stehenden Anteile miteinander multiplizieren:

$P(R \cap B) = 0{,}85 \cdot 0{,}4 = 0{,}34.$

Diese Anteile sind an den Pfadenden angeschrieben.

Der Anteil der blauäugigen in der Bevölkerungsgruppe ist $P(B) = P(R \cap B) + P(L \cap B) = 0{,}34 + 0{,}0675 = 0{,}4075$ oder 40,75%.

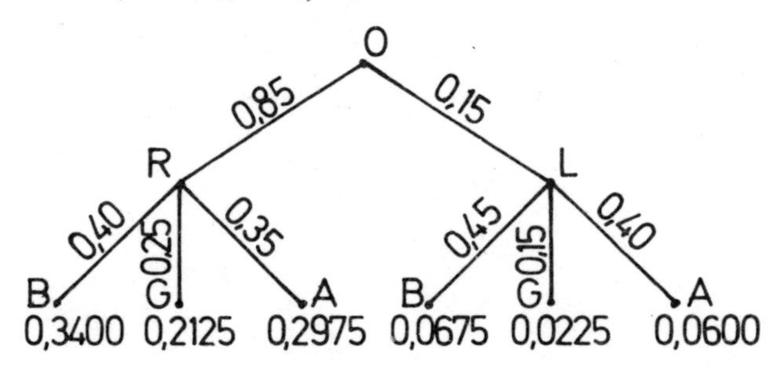

23.1 Eine Urne enthält vier rote, drei grüne Kugeln und eine blaue. Zwei Kugeln werden nacheinander ohne Zurücklegen gezogen.

a) Zeichnen Sie ein Baumdiagramm.

b) Wie groß ist die Wahrscheinlichkeit, daß die zweite Kugel eine grüne Kugel ist?

c) Wie groß ist die Wahrscheinlichkeit, daß beide Kugeln gleichfarbig sind?

23.2 A schlägt B folgendes Glücksspiel vor: Du wirfst mit zwei Würfeln. Ist der erste Wurf ein Pasch, ist das Spiel aus, und du bekommst von mir 5 DPf. Ist der erste Wurf kein Pasch, so wirfst du erneut. Sind hierbei beide Zahlen ungerade, erhältst du 4 DPf von mir. Andernfalls wirfst du ein drittes Mal. Bei zwei aufeinanderfolgenen Zahlen erhältst du 6 DPf; sonst erhalte ich 6 DPf.

a) Zeichnen Sie ein Baumdiagramm.
b) Wie groß ist die Wahrscheinlichkeit, daß B höchstens zweimal würfelt?
c) Ist das Spiel fair?

Bedingte Wahrscheinlichkeit

Zwei Firmen stellen den gleichen Artikel her. Firma A hat einen Marktanteil von 30%; 5% der von A hergestellten Artikel sind fehlerhaft (F), der Rest ist in Ordnung (G). Firma B hat einen Marktanteil von 70%; 3% der Artikel sind fehlerhaft.

Der an dem Pfadstück AF stehende Wert 0,05 ist eine „bedingte Wahrscheinlichkeit". Es ist nämlich die Wahrscheinlichkeit, daß ein Artikel fehlerhaft (F) ist unter der Vorbedingung, daß er von der Firma A stammt. Wir bezeichnen diese bedingte Wahrscheinlichkeit mit $P_A(F)$. Dann gilt

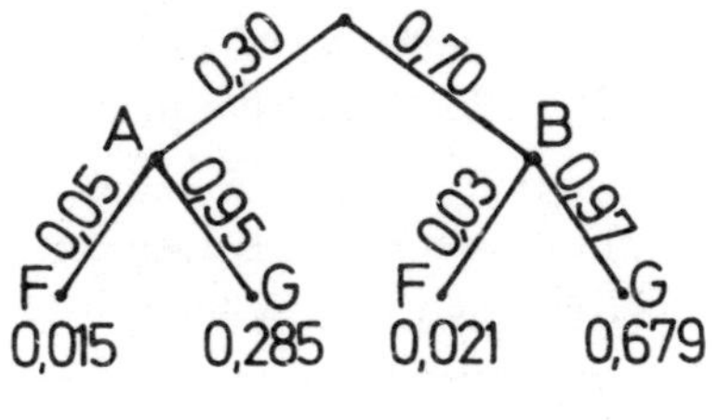

0,30 0,70
A B
0,05 0,95 0,03 0,97
F G F G
0,015 0,285 0,021 0,679

$P(A \cap F) = P(A) \cdot P_A(F).$

Wir vertauschen nun die Vorbedingung und berechnen die Wahrscheinlichkeit $P_F(A)$, daß ein fehlerhafter Artikel von der Firma A stammt. Die Vorbedingung ist also jetzt daß der Artikel fehlerhaft ist. $P_F(A)$ ist das Verhältnis aus dem Anteil an fehlerhaften Artikeln, mit denen Firma A den Markt beliefert, zu dem Gesamtanteil an fehlerhaften Artikeln:

$$P_F(A) = \frac{P(A \cap F)}{P(F)} \; .$$

Aus dem Baumdiagramm lesen Sie ab: $P_F(A) = \dfrac{0{,}015}{0{,}015 + 0{,}021} = 0{,}417.$

Mit $P(A \cap F) = P(A) \cdot P_A(F)$ und $P(F) = P(A) \cdot P_A(F) + P(B) \cdot P_B(F)$ entsteht

$$P_F(A) = \frac{P(A) \cdot P_A(F)}{P(A) \cdot P_A(F) + P(B) \cdot P_B(F)} \; .$$

Ersetzen Sie nun noch B durch $\bar{A}$, so ergibt sich die

„Formel von Bayes"

$$P_F(A) = \frac{P(A) \cdot P_A(F)}{P(A) \cdot P_A(F) + P(\bar{A}) \cdot P_{\bar{A}}(F)} \; .$$

23.3 Ein Elektrogeschäft wird von drei verschiedenen Herstellern A, B und C beliefert. Erfahrungsgemäß sind 4% der Geräte von Hersteller A, 7% von B und 15% von C sogenannte „Montagsgeräte“, d.h. Geräte mit deutlich kürzerer Lebensdauer. Das Elektrogeschäft deckt seinen Bedarf zur Hälfte bei Hersteller A, zu 30% bei B und zu 20% bei C.

a) Wie groß ist die Wahrscheinlichkeit, daß ein beliebig herausgegriffenes Gerät ein Montagsgerät ist?
b) Mit welcher Wahrscheinlichkeit stammt ein Montagsgerät vom Hersteller B?

23.4 Bei einer Lieferung von Taschenrechnern wurden drei typische Fehler A, B und C festgestellt. Fehler A trat bei 10% der Rechner auf. Von diesen Rechnern zeigten 40% den Fehler B und 50% den Fehler C. Alle drei Fehler traten gemeinsam bei 2% aller Rechner auf. Von den Geräten ohne den Fehler A hatten 3% den Fehler B und keines den Fehler C.
Wie groß ist die Wahrscheinlichkeit, daß ein Rechner

a) mit den Fehlern A und B auch den Fehler C hat,
b) mit dem Fehler B auch den Fehler A hat,
c) nur die Fehler A und C hat?

Feldertafeln

Aus dem Baumdiagramm können Sie alle Wahrscheinlichkeiten $P(A_i \cap B_j)$ ablesen. Diese sind in eine „6-Feldertafel“ eingetragen. An die Ränder sind die Zeilensummen $P(A_i)$ und die Spaltensummen $P(B_j)$ geschrieben. Die Tafel erleichtert das Ablesen bedingter Wahrscheinlichkeiten. So ist

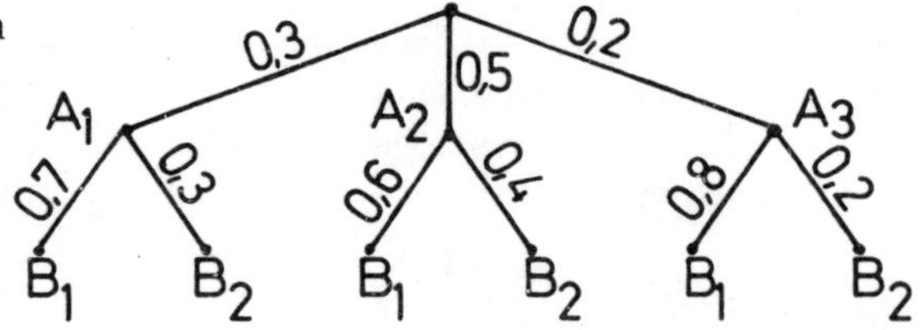

$$P_{B_1}(A_2) = \frac{P(B_1 \cap A_2)}{P(B_1)} = \frac{0,30}{0,67} = 0,448.$$

	B_1	B_2	
A_1	0,21	0,09	0,30
A_2	0,30	0,20	0,50
A_3	0,16	0,04	0,20
	0,67	0,33	1

Beachten Sie: In der Tafel bilden A_1, A_2 und A_3 und ebenso B_1 und B_2 eine Zerlegung des Ergebnisraumes.

23.5 Zeichnen Sie zu der Vierfeldertafel ein Baumdiagramm.

	B	$\overline{B}$
A	0,2	0,3
$\overline{A}$	0,4	0,1

23.6 Die Belegschaft eines Betriebes stammt aus den Orten A und B. 65% kommen aus A, von denen 30% Frauen (F) und 70% Männer (M) sind. 15% der Belegschaft sind Männer aus dem Ort B.

a) Stellen Sie eine Vierfeldertafel auf.
b) Wie groß ist die Wahrscheinlichkeit, daß eine Frau des Betriebes, die jemand zufällig trifft, aus A stammt?

23.7 Die Ereignisse A, B und C bilden eine Zerlegung eines Ergebnisraumes. Für die Wahrscheinlichkeiten der Ereignisse A, B, C und D gilt folgende Tabelle:

	A	B	C	
D	0,16		0,08	0,4
$\overline{D}$		0,28		
	0,20			

a) Ergänzen Sie die Tabelle.
b) Berechnen Sie die Wahrscheinlichkeiten $P_A(D)$, $P_D(C)$ und $P_{A \cup B}(\overline{D})$.

Unabhängigkeit von Ereignissen

Nach jeder Wahl stellt sich die Frage: Wie haben die Jungwähler gewählt? Ist der Prozentsatz der Jungwähler der Partei A gleich dem Prozentsatz der Jungwähler an der gesamten Wählerschaft, so ist kein charakteristisches Verhalten der Jungwähler festzustellen.

Aus $P_A(J) = P(J)$

folgt die Unabhängigkeit der Ereignisse „Jungwähler" und „Wähler von A ist Jungwähler". Für unabhängige Ereignisse gilt also

$$\frac{P(A \cap J)}{P(A)} = P(J) \quad \text{oder} \quad P(A \cap J) = P(A) \cdot P(J).$$

Allgemein definiert man:

> Die Ereignisse $E_1, E_2, ..., E_n$ heißen genau dann unabhängig, wenn die Produktregel
>
> $$P(E_{i_1} \cap E_{i_2} \cap ... \cap E_{i_k}) = P(E_{i_1}) \cdot P(E_{i_2}) \cdot ... \cdot P(E_{i_k})$$
>
> für jede mögliche Kombination aus der Menge der n Ereignisse gilt.

Die Unabhängigkeit von Ereignissen hat nichts mit der Unvereinbarkeit zu tun; denn für zwei unvereinbare Ereignisse A und B, deren Wahrscheinlichkeiten nicht Null sind, ist $P(A) \cdot P(B) \neq 0$, aber $P(A \cap B) = 0$.

23.8 Ein Laplace-Tetraeder trägt auf den Begrenzungsflächen die Zahlen 1 bis 4. Die unten liegende Zahl gilt als geworfen. Es wird zweimal nacheinander geworfen.

Ereignis A: Die Zahl des ersten Wurfs ist kleiner als 3, und der zweite Wurf liefert eine ungerade Zahl.

Ereignis B: Die Summe aus beiden Zahlen ist ungerade.

Sind die Ereignisse A und B abhängig?

23.9 Ergänzen Sie die Vierfeldertafel so, daß die Ereignisse A und B unabhängig sind:

	B	$\overline{B}$	
A			0,4
$\overline{A}$		0,48	

23.10 Begründen Sie: Sind die Ereignisse A, B und C unabhängig, so gilt

$$P_A(C) = P_B(C) = P_{A \cap B}(C) = P(C).$$

23.11 In einer Urne befinden sich 8 Kugeln mit den Nummern von 1 bis 8. Eine Kugel wird gezogen.

Ereignis A: Die gezogene Zahl ist ungerade.
Ereignis B: Die gezogene Zahl ist eine Quadratzahl.
Ereignis C: Die gezogene Zahl ist größer als 2 und kleiner als 7.

a) Untersuchen Sie, ob A, B und C paarweise unabhängig sind.
b) Sind A, B und C unabhängig?
c) Zeichnen Sie ein Baumdiagramm mit der Reihenfolge A, B, C. Wie kann man an dem Baumdiagramm erkennen, daß die Ereignisse nicht unabhängig sind?

23.12 Bei einer Lotterie gewinnt jedes zehnte Los. Wie viele Lose muß man mindestens ziehen, um mit 80% Wahrscheinlichkeit mindestens ein Gewinnlos zu erhalten?

---

24. Kombinatorik

Binominalkoeffizienten

Bei der Summendarstellung des Binoms $(a + b)^n$ tritt als Koeffizient von $a^k b^{n-k}$ der „Binomialkoeffizient"

$$\binom{n}{k} = \frac{n \cdot (n-1) \cdot \ldots \cdot (n-k+1)}{1 \cdot 2 \cdot \ldots \cdot k} \quad (k = 0,1, \ldots, n) \text{ auf; } \binom{n}{0} \text{ ist gleich 1.}$$

Der Binomische Satz lautet dann

$$(a + b)^n = \sum_{k=0}^{n} \binom{n}{k} a^k b^{n-k} .$$

Die auch für die Wahrscheinlichkeitsrechnung wichtigen Binomialkoeffizienten bestimmen Sie nach Tabellen oder mit dem Taschenrechner. Hierfür ist oft die Darstellung

$$\binom{n}{k} = \frac{n!}{k! \cdot (n - k)!}$$

bequem.

Beachten Sie jedoch: Die üblichen Taschenrechner können n! nur bis n = 69 berechnen.

24.1 Berechnen Sie $\binom{153}{4}$ und $\binom{38}{13}$.

24.2 Beweisen Sie a) $\binom{n}{k} = \binom{n}{n-k}$, b) $\sum_{k=0}^{n} \binom{n}{k} = 2^n$.

Permutationen ohne Wiederholung

Sieben Abiturienten bewerben sich gleichzeitig um einen Studienplatz im Nachrückverfahren. Durch Lose wird die Reihenfolge festgelegt. Es gibt 7! = 5040 mögliche Reihenfolgen.

Allgemein: Jede Anordnung von n verschiedenen Elementen in einer Folge heißt eine „Permutation ohne Wiederholung". Insgesamt gibt es bei n verschiedenen Elementen

$$P_{oW}(n) = n!$$

verschiedene Anordnungen.

24.3 In einer Urne befinden sich sechs von 1 bis 6 numerierte Kugeln. Wie groß ist die Wahrscheinlichkeit, sie der Nummernfolge nach zu ziehen?

24.4 In einer Klasse mit 26 Schülern sind 26 Stühle. Auf wie viele Arten können die Schüler die Plätze einnehmen?

Variationen mit Wiederholung

12 Personen nehmen an vier Wettkämpfen teil. In jedem Wettkampf ist für den Sieger ein bestimmter Preis ausgesetzt. Die vier Preise sind verschieden. Auf wie viele Arten können die Preise sich auf die 12 Personen verteilen?
Die Antwort heißt: Für jeden der Preise gibt es 12 mögliche Preisträger. Also können sich die Preise auf $12^4 = 20736$ Arten auf die Teilnehmer verteilen. Dabei ist vorausgesetzt, daß ein Teilnehmer mehrere Preise gewinnen kann.
Allgemein gilt: Jede Anordnung von k Elementen aus n verschiedenen Elementen, bei der die gleichen Elemente auch mehrfach auftreten können, heißt eine „Variation mit Wiederholung" oder ein „k-Tupel aus einer n-Menge".
Für die Anzahl der Anordnungen gilt die Formel

$$V_{mW}(n; k) = n^k.$$

24.5 In einer Urne befinden sich 7 Kugeln mit den Zahlen 1 bis 7. Es werden 4 Kugeln mit Zurücklegen und unter Beachtung der Reihenfolge gezogen. Wie viele Ergebnisse sind möglich?

24.6 Für die Kennzeichnung von Gegenständen werden „Wörter" mit je vier Buchstaben des Alphabets (26 Buchstaben) verwendet.
Für wie viele Gegenstände reicht das?

24.7 In einer Klasse mit 26 Schülern wird ein Soziogramm erstellt: Jeder Schüler gibt an, wen er als besten Freund wählen würde. Wie viele verschiedene Soziogramme gibt es?

Kombinationen ohne Wiederholung

Zwölf Personen bewerben sich um vier gleiche Arbeitsplätze. Über die Annahme ent-

scheidet das Los. Wie viele Besetzungsmöglichkeiten gibt es?
Für die Besetzung des ersten Arbeitsplatzes kommen alle 12 Personen in Frage; für den zweiten verbleiben dann 11, für den dritten 10 und für den vierten 9. Da die Arbeitsplätze gleich sind, es also auf die Reihenfolge nicht ankommt, ist noch durch die Anzahl der Permutationen 4! zu dividieren. Es gibt somit

$$\frac{12 \cdot 11 \cdot 10 \cdot 9}{4!} = \binom{12}{4} = 495 \text{ Möglichkeiten.}$$

Allgemein: Jede Auswahl von k Elementen aus n verschiedenen Elementen heißt eine „Kombination ohne Wiederholung" oder eine „k-Teilmenge aus einer n-Menge". Für die Anzahl dieser Kombinationen gilt

$$K_{oW}(n; k) = \binom{n}{k}.$$

24.8 Auf wie viele Arten lassen sich sieben gleiche Kugeln auf zwölf Urnen verteilen, wenn in jede Urne höchstens eine Kugel kommt?

24.9 Aus einer Gruppe von 800 Personen werden 6 willkürlich zur Befragung ausgewählt. Wie viele Möglichkeiten gibt es?

24.10 Beim Skatspiel wird mit 32 Karten gespielt, unter denen vier Buben sind. Jeder der drei Spieler erhält zehn Karten, zwei Karten kommen in den „Skat". Wie groß ist die Wahrscheinlichkeit, daß im Skat zwei Buben liegen?

Permutationen mit Wiederholung

Jeder der zehn Spartenleiter eines Sportvereins erhält als Dank für seine Arbeit ein Geschenk. Zur Verteilung gelangen fünf Bälle, drei Tischtennisschläger und zwei Stoppuhren. Wie viele Verteilungsmöglichkeiten gibt es?
Wären alle zehn Gegenstände verschieden, so gäbe es 10! Möglichkeiten. Da jedoch 5, 3 bzw. 2 Gegenstände gleich sind, muß man durch die Anzahlen ihrer Permutationen teilen. Es gibt also

$$\frac{10!}{5!\,3!\,2!} = 2520 \text{ Möglichkeiten.}$$

Allgemein gilt für die Anzahl der Permutationen mit Wiederholung

$$P_{mW}(n; n_i) = \frac{n!}{n_1!\; n_2!\; \dots\; n_k!},$$

wobei $n_1, n_2, \dots, n_k$ die Anzahlen der gleichen Elemente sind.

24.11 In einer Urne sind fünf weiße, drei blaue, vier grüne und eine rote Kugel. Die 13 Kugeln werden unter Beachtung der Reihenfolge gezogen.

a) Bestimmen Sie die Anzahl der möglichen Ergebnisse.
b) Wie groß ist die Wahrscheinlichkeit, daß die ersten vier Kugeln verschiedenfarbig sind?

24.12 Aus 18 verschiedenen Preisen dürfen sich A fünf, B drei, C zwei und D zwei auswählen. Auf wie viele Arten kann das geschehen?

Variationen ohne Wiederholung

Bei einer Tombola ziehen 14 Personen je ein Los. Es sind fünf verschiedenen Gewinnlose und neun Nieten vorhanden. Gesucht ist die Anzahl der möglichen Gewinnverteilungen.
Hier liegt eine Verknüpfung von Kombinationen ohne Wiederholung (aus 14 Personen werden 5 Gewinner „ausgewählt") mit Permutationen ohne Wiederholung (5 verschiedene Gewinne werden auf 5 Personen verteilt) vor. Die Anzahl der möglichen Gewinnverteilungen ist also

$$\binom{14}{5} 5! = \frac{14!}{9!} = 240240.$$

Allgemein: Jede Anordnung von k Elementen aus n verschiedenen Elementen ohne Wiederholung heißt eine „Variation ohne Wiederholung" oder eine „k-Permuation aus einer n-Menge". Die Anzahl der möglichen Anordnungen ist

$$V_{oW}(n; k) = k! \binom{n}{k} = \frac{n!}{(n-k)!}.$$

24.13 Auf einer Tanzparty befinden sich zwölf Herren und neun Damen. Bei einem Tanz werden alle Damen aufgefordert. Wie viele Möglichkeiten gibt es dafür?

24.14 Aus einer Urne mit acht von 1 bis 8 numerierten Kugeln werden fünf unter Beachtung der Reihenfolge und ohne Zurücklegen gezogen. Wie groß ist die Wahrscheinlichkeit, daß die Nummern 1, 2 und 3 unmittelbar nacheinander und in dieser Reihenfolge gezogen werden?

Kombinationen mit Wiederholung

Fritz hat sieben 5-Dpf-Stücke und will sich davon Bonbons kaufen. Der Kaufmann hat in vier Kartons vier verschiedene Sorten zu je 5 Dpf pro Bonbon. Auf wie viele

Arten kann Fritz sich sieben Bonbons auswählen? Auf die Reihenfolge des Wählens soll nicht geachtet werden.

1 2 3 4

Zur Lösung der Aufgabe stellen Sie sich vor, daß Fritz jeweils so viele Geldstücke rechts neben einem Karton aufreiht, wie er Bonbons aus diesem Karton haben möchte. Die vier Kartons und die sieben Geldstücke nehmen dann 4 + 7 = 11 Stellen nebeneinander ein. Die erste Stelle wird bei jeder Wahlmöglichkeit vom ersten Karton eingenommen. Auf die übrigen 11–1 Stellen können sich die restlichen drei Kartons und die sieben Geldstücke beliebig verteilen. Also hat Fritz

$$\binom{4+7-1}{7} = \binom{10}{7} = 120 \text{ Auswahlmöglichkeiten.}$$

Allgemein: Jede Auswahl von k Elementen aus n verschiedenen Elementen, wobei diese Elemente auch mehrfach gewählt werden dürfen, heißt eine „Kombination mit Wiederholung". Die Anzahl der Auswahlmöglichkeiten ist

$$K_{mW}(n;k) = \binom{n+k-1}{k}.$$

24.15 Zwölf Personen nehmen an vier Wettkämpfen teil. Der Gewinner erhält jeweils eine Weinflasche. Die Weinflaschen sind gleich.

a) Wie viele Verteilungsmöglichkeiten gibt es?
b) Wodurch unterscheidet sich diese Aufgabe von der Einführungsaufgabe zu den Variationen mit Wiederholung (Seite 136)?
c) Wodurch unterscheidet sich diese Aufgabe von der Einführungsaufgabe zu den Kombinationen ohne Wiederholung (Seite 136)?
d) Worin liegt bei folgender Überlegung der Fehler? Für die Verteilung von vier verschiedenen Weinflaschen auf die zwölf Personen gibt es 12^4 Möglichkeiten. Da die Weinflaschen gleich sind, gibt es $\frac{12^4}{4!} = 864$ Möglichkeiten.

24.16 Ein Passant wirft von einer Brücke 25 gleiche Brotstücke in Abständen herunter. Insgesamt 17 Möven versuchen die Stücke zu schnappen. Wie viele Verteilungen sind möglich, wenn a) alle, b) nicht alle Stücke von den Möven gefangen werden?

Die Produktregel

Ein Versuch bestehe aus einer Folge von r Teilversuchen mit den Ergebnisräumen Ω_1, Ω_2, ..., Ω_r. Ist die Anzahl der möglichen Ergebnisse für jeden Teilversuch unabhängig von den Ausgängen der vorhergehenden Teilversuche (Stufen), so gilt für den Ergebnisraum Ω des Gesamtversuchs

$$|\Omega| = |\Omega_1| \cdot |\Omega_2| \cdot \ldots \cdot |\Omega_r|.$$

Beispiel 1: Von 15 verschiedenen Kugeln werden erst drei in eine erste Urne, dann fünf in eine zweite Urne gelegt. Für die Wahl der ersten drei Kugeln gibt es $|\Omega_1| = \binom{15}{3}$ mögliche Ergebnisse. Der Ausgang dieses ersten Versuchs beeinflußt zwar die einzelnen möglichen Ergebnisse beim Ziehen der nächsten fünf Kugeln, jedoch nicht deren Anzahl. Diese ist $|\Omega_2| = \binom{12}{5}$. Damit gilt die Produktregel:

$$|\Omega| = |\Omega_1| \cdot |\Omega_2| = \binom{15}{3} \cdot \binom{12}{5} = \frac{15!}{3! \cdot 12!} \cdot \frac{12!}{5! \cdot 7!} = \frac{15!}{3!\,5!\,7!} = 360360.$$

Beispiel 2: Aus einer Urne mit fünf roten und zwei grünen Kugeln werden nacheinander drei ohne Zurücklegen gezogen.
Hier liegt ein dreistufiger Versuch vor. Die Produktregel gilt jedoch nicht, denn die Anzahl der möglichen Ergebnisse beim Ziehen der dritten Kugel hängt von den Ausgängen der beiden vorhergehenden Ziehungen ab. Wurde zweimal „grün" gezogen, so ist $\Omega_3 = \{\text{rot}\}$, in allen anderen Fällen ist $\Omega_3 = \{\text{rot, grün}\}$.

24.17 Beweisen Sie mit der Produktregel am Beispiel „Aus einer Urne mit n verschiedenen Kugeln werden k Kugeln nacheinander ohne Zurücklegen gezogen" die Formel

$$V_{oW}(n;k) = \frac{n!}{(n-k)!}.$$

24.18 Fünf rote und vier schwarze Kugeln sind auf vier Urnen beliebig zu verteilen.

a) Wie viele verschiedene Möglichkeiten gibt es?

b) Wie viele verschiedene Möglichkeiten würde es geben, wenn alle neun Kugeln verschieden wären?

Vermischte Aufgaben

In der Kombinatorik bereiten das Erkennen des Aufgabentyps und die Zerlegung in durchschaubare Teilaufgaben oft Schwierigkeiten. Wir zeigen die Zerlegung an einem Beispiel: Bei einem Tanzspiel, an dem sieben Ehepaare teilnehmen, werden die Tanzpartner durch Los einander zugeordnet. Wie groß ist die Wahrscheinlichkeit, daß genau drei der Herren mit ihren Ehefrauen tanzen?
Wir denken uns die Herren durchnumeriert, ebenso die zugehörigen Damen:
$\begin{pmatrix} 1 & 2 & 3 & 4 & 5 & 6 & 7 \\ 1 & 2 & 3 & 4 & 5 & 6 & 7 \end{pmatrix}$. Die Reihenfolge der Herren bleibt fest, die Damen werden auf alle möglichen Weisen permutiert. Hierfür gibt es 7! Möglichkeiten. Die gün-

stigen Ergebnisse sind die Permutationen mit genau drei „Fixelementen“, z.B.

$\begin{pmatrix} 1 & 2 & 3 & 4 & 5 & 6 & 7 \\ 5 & \underline{2} & \underline{3} & 7 & 1 & \underline{6} & 4 \end{pmatrix}$. Die Anzahl der Möglichkeiten für drei Fixelemente ist

die Anzahl der Kombinationen 3 aus 7 ohne Wiederholung, also $\binom{7}{3} = 35$.

Nun ist noch festzustellen, wie viele Permutationen ohne Fixelemente bei den restlichen vier Elementen möglich sind. Hier werden Sie vermutlich keine Formel finden. Da die Anzahl der Elemente jedoch gering ist, kommen Sie mit einer Tabelle schnell zum Ziel:

$$\begin{array}{cccc} 1 & 2 & 3 & 4 \\ \hline 2 & 1 & 4 & 3 \\ 2 & 3 & 4 & 1 \\ 2 & 4 & 1 & 3 \\ 3 & . & . & . \\ 4 & . & . & . \end{array}$$

Sie zeigt $3 \cdot 3 = 9$ solcher Permutationen. Somit ist die Wahrscheinlichkeit, daß genau drei Ehepaare miteinander tanzen,

$$p = \frac{35 \cdot 9}{7!} = 0{,}0625.$$

24.19 Wie groß ist die Wahrscheinlichkeit, beim Zahlenlotto 6 aus 49 (ohne Beachtung der Zusatzzahl) mindestens drei richtige Zahlen zu tippen?

24.20 Zeigen Sie, ohne die einzelnen Summanden auszurechnen:

$$\binom{15}{7}\binom{4}{0} + \binom{15}{6}\binom{4}{1} + \binom{15}{5}\binom{4}{2} + \binom{15}{4}\binom{4}{3} + \binom{15}{3}\binom{4}{4} = \binom{19}{7}.$$

24.21 Wie viele natürliche Zahlen unter 10^5 haben a) die Quersumme 8, b) die Quersumme 13?

24.22 Bei einem Fußballturnier treten sechs Mannschaften zu je 11 Spielern an. Es sind je elf rote, grüne, blaue, gelbe, weiße und schwarze Trikots mit den Nummern 1 bis 11 vorhanden.

a) Jeder Spieler erhält ein Trikot, Spieler derselben Mannschaft die gleiche Farbe. Auf wie viele Arten können die Trikots an die einzelnen Spieler verteilt werden?

b) Beim Verteilen der Trikots geht alles durcheinander, jeder der 66 Spieler greift sich wahllos ein Trikot heraus. Wie groß ist die Wahrscheinlichkeit, daß alle Spieler einer jeden Mannschaft die gleiche Farbe haben?

24.23 Beim Skatspiel werden an drei Spieler je 10 Karten verteilt, zwei kommen in den Skat. Wie groß ist die Wahrscheinlichkeit, daß zwei der Spieler je zwei der vier Buben erhalten?

24.24 Wie viele verschiedene fünfbuchstabige Wörter lassen sich aus den 26 Buchstaben des Alphabets bilden, wenn die Vokale a, e, i, o, u und y mit Konsonanten abwechselnd stehen sollen? In wieviel Prozent der Wörter sind alle fünf Buchstaben verschieden?

24.25 Wie groß ist die Wahrscheinlichkeit, daß unter 5 Personen keine zwei am gleichen Wochentag geboren wurden?

24.26 Das Werfen eines Reißnagels führte zu dem Ergebnis: In 37% aller Fälle zeigt die Spitze nach oben.
Mit welcher Wahrscheinlichkeit zeigt in einer Serie von 15 Würfen die Spitze genau dreimal nach oben, jedoch nicht dreimal unmittelbar hintereinander?

24.27 Ein Gärtner verkauft Krokuszwiebeln in zwei Kollektionen. Kollektion A enthält Zwiebeln für 20 violette, 20 weiße und 10 gelbe, Kollektion B Zwiebeln für 10 violette, 10 weiße und 30 gelbe Krokusse. Als von den Kollektionen A und B nur noch 15 bzw. 10 Packungen übrig sind, gibt der Gärtner sie in einen Behälter zusammen und verkauft sie zu einem Sonderpreis. Der nächste Käufer greift willkürlich eine Packung heraus und aus dieser 14 Zwiebeln. Die restlichen 36 Zwiebeln verschenkt er. Bei der Blüte zählt der Käufer 3 violette, 5 weiße und 6 gelbe Krokusse. Mit welcher Wahrscheinlichkeit hat er eine Packung der Kollektion A herausgegriffen?

---

25. Zufallsgrößen

Zufallsgröße und Wahrscheinlichkeitsverteilung

Eine Funktion X, die jedem Ergebnis eines Ergebnisraumes eine reelle Zahl x zuordnet, heißt eine „Zufallsgröße" auf dem Ergebnisraum.
Jemand zieht aus einer Lostrommel mit 20 Nieten und 4 Gewinnen fünf Lose. Jedem Ergebnis wird die Anzahl x der Gewinne unter den gezogenen Losen zugeordnet. So wird z.B. dem Ergebnis (Niete, Gewinn, Niete, Niete, Niete) die Zahl 1 zugeordnet.
Die Zufallsgröße X kann also die Werte 0, 1, 2, 3 und 4 annehmen.
Jedem Wert x der Zufallsgröße X ist eine Wahrscheinlichkeit P(X = x) zugeordnet.

In dem Beispiel ist $P(X = 0) = \frac{\binom{20}{5} \cdot \binom{4}{0}}{\binom{24}{5}} = 0{,}36477$,

$$P(X = 1) = \frac{\binom{20}{4} \cdot \binom{4}{1}}{\binom{24}{5}} = 0{,}45596, \text{ usw.}.$$

Insgesamt ergibt sich die folgende Wahrscheinlichkeitsverteilung:

x	0	1	2	3	4
P(X = x)	0,36477	0,45596	0,16093	0,01788	0,00047

Die Summe aller dieser Wahrscheinlichkeiten muß gleich 1 sein. Die Abweichung kommt von den Rundungen.

25.1 Beim Zahlenlotto werden die Kugeln mit den Aufschriften 1 bis 49 mit gleicher Wahrscheinlichkeit gezogen. Die Zufallsgröße X sei die Anzahl der Primfaktoren, die in der gezogenen Zahl enthalten sind. Für die Zahl 1 und jede Primzahl hat X den Wert 1. Geben Sie eine Wahrscheinlichkeitsverteilung der Zufallsgröße X an.

Histogramme

Zur Konstruktion eines „Histogramms" einer Wahrscheinlichkeitsverteilung teilen Sie die x-Achse in Intervalle $a_i < x \leq a_{i+1}$ ein und zeichnen über jedem Intervall ein

Rechteck, dessen Inhalt gleich der Wahrscheinlichkeit $P(a_i < X \leq a_{i+1})$ ist. Die Gesamtfläche über der x-Achse hat stets den Inhalt 1.
Haben alle Intervalle die Breite 1, so ist $P(a_i < X \leq a_{i+1})$ zugleich die Rechteckshöhe.

Beispiel:

x	−2	0	1	2	5
P(X = x)	0,1	0,2	0,3	0,3	0,1

Wählt man die Intervalle so, daß die Werte der Zufallsvariablen jeweils in der Intervallmitte liegen, so ergibt sich folgendes Histogramm:

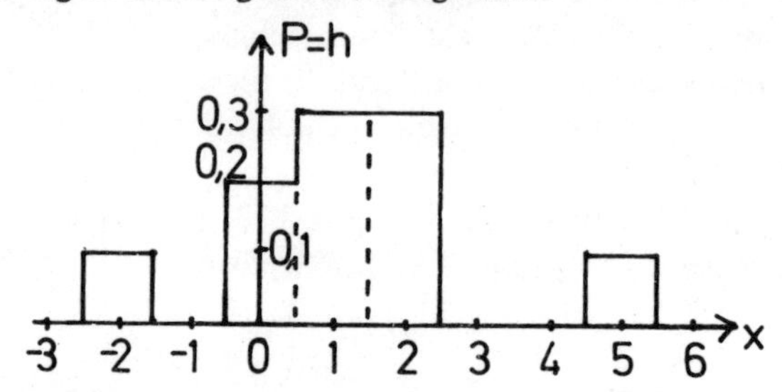

Sind die Intervallbreiten von 1 verschieden, so erhalten Sie die Rechteckshöhen, indem Sie die Wahrscheinlichkeiten durch die Rechtecksbreiten dividieren.
Zu obiger Wahrscheinlichkeitsverteilung ein Beispiel:

Intervall I	$x \leq -3$	$-3 < x \leq -1$	$-1 < x \leq 1$	$1 < x \leq 4$	$4 < x \leq 6$	$x > 6$
$P(a_i < X \leq a_{i+1})$	0	0,1	0,5	0,3	0,1	0
Rechteckshöhe h	0	0,05	0,25	0,1	0,05	0

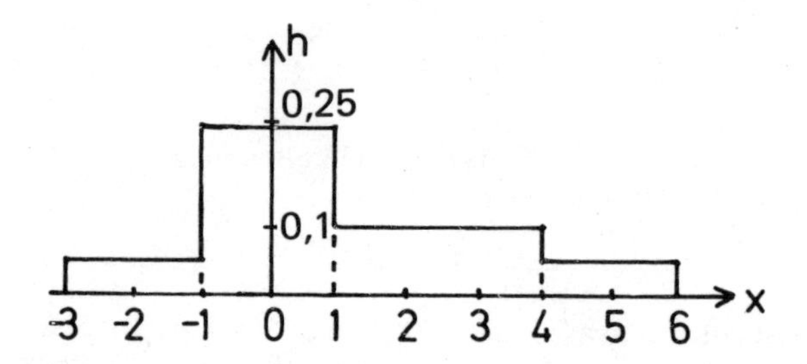

25.2 Für die Beurteilung einer Mathematikaufgabe wurden maximal 14 Punkte vergeben. Das Ergebnis war bei 20 Schülern

Punkte	0	1	2	3	4	5	6	7	8	9	10	11	12	13	14
Anzahl der Schüler	1	0	1	0	0	4	2	3	1	2	3	2	0	1	0

Zeichnen Sie Histogramme der relativen Häufigkeit

a) für jede einzelne Punktzahl,
b) für jeweils drei Punktzahlen zusammen, also für die Ergebnisse $\{0, 1, 2\}$, $\{3, 4, 5\}$, ..., $\{12, 13, 14\}$,
c) für jeweils fünf Punktzahlen zusammen, also für die Ergebnisse $\{0, 1, 2, 3, 4\}$, $\{5, 6, 7, 8, 9\}$ und $\{10, 11, 12, 13, 14\}$.

Beurteilen Sie die Aussagekraft der Histogramme.

Kumulative Verteilung

Ein Anfänger macht beim Blindschreiben auf der Schreibmaschine durchschnittlich 40% Tippfehler. Wie groß ist die Wahrscheinlichkeit, daß er in einem Wort mit fünf Buchstaben höchstens k Fehler (k = 0, 1, ..., 5) macht?
Die Zufallsvariable X ist die Anzahl der Fehler. Gesucht ist die „kumulative Verteilung" $P(X \leq k)$.
Die Wahrscheinlichkeitsverteilung ist die Binomialverteilung

$$P(X = k) = \binom{5}{k} 0{,}4^k \cdot 0{,}6^{5-k}.$$

Damit ergibt sich folgende Tabelle:

k	0	1	2	3	4	5
$P(X = k)$	0,07776	0,25920	0,34560	0,23040	0,07680	0,01024
$P(X \leq k)$	0,07776	0,33696	0,68256	0,91296	0,98976	1,00000

Zu der kumulativen Verteilung $P(X \leq k)$ heißt die Funktion $F(x) = P(X \leq x)$ die „Verteilungsfunktion". Ihr Graph ist eine Treppenfunktion, die an den Sprungstellen rechtsseitig stetig ist.

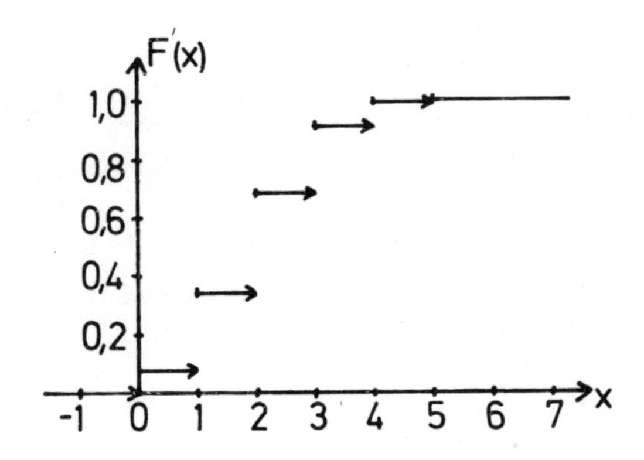

25.3 Ein reguläres Zwölfflach (Dodekaeder) trägt auf den zwölf Begrenzungsflächen je einmal die 1 und die 5, dreimal die 2 und die 4 und viermal die 3. Die Zufallsgröße X sei die geworfene Zahl.

a) Berechnen Sie die Wahrscheinlichkeitsverteilung.
b) Zeichnen Sie ein Histogramm und den Graphen der Verteilungsfunktion.

25.4 In einer Lotterietrommel befinden sich 25% Gewinnlose. Jemand will so lange ziehen, bis er einen Gewinn hat, jedoch höchstens sechsmal. Geben Sie die Wahrscheinlichkeitsverteilung für die Anzahl der Lose an, die er ziehen wird. Stellen Sie die Verteilungsfunktion graphisch dar. Nehmen Sie bei der Lösung der Aufgabe an, daß sich die Gewinnwahrscheinlichkeit durch Ziehen einiger Lose nicht ändert.

Zwei Zufallsgrößen

Die Unabhängigkeit von Zufallsgrößen wird wie die von Ereignissen definiert.

> Zwei Zufallsgrößen X und Y heißen unabhängig, wenn für alle Werte x und y der Zufallsgrößen die Gleichung
> $P(X = x \wedge Y = y) = P(X = x) \cdot P(Y = y)$ gilt.

Beispiel: Bei einem Glücksrad erscheinen die Zahlen 1 bis 18 mit gleicher Wahrscheinlichkeit. Zwei Arten von Spielen werden angeboten:

1. Spiel: Gewinn von 5 DM bei den Zahlen 1 bis 6,
Gewinn von 2 DM bei den Zahlen 7 bis 18.

2. Spiel: Gewinn von 6 DM bei den Endziffern 0 und 1,
Gewinn von 3 DM bei den Endziffern 2, 3 und 7,
Gewinn von 2 DM bei den Endziffern 4, 5, 6, 8 und 9.

Bezeichnen die Zufallsgrößen X und Y die Gewinne, so ergeben sich die Wahrscheinlichkeitsverteilungen

1. Spiel:

x	2	5
P(X = x)	$\frac{2}{3}$	$\frac{1}{3}$

2. Spiel:

y	2	3	6
P(Y = y)	$\frac{1}{2}$	$\frac{1}{3}$	$\frac{1}{6}$

Setzt jemand für beide Spiele gleichzeitig auf dieselbe Zahl, so gewinnt er

2 DM und 2 DM bei den Zahlen 8, 9, 14, 15, 16 und 18,
2 DM und 3 DM bei den Zahlen 7, 12, 13 und 17,

usw. Es ist also $P(X = 2 \wedge Y = 2) = \frac{6}{18} = \frac{1}{3}$,

$P(X = 2 \wedge Y = 3) = \frac{4}{18} = \frac{2}{9}$ usw.

In der folgenden 6-Feldertafel sind diese gemeinsamen Wahrscheinlichkeiten zusammengestellt:

x \ y	2	3	6	P(X = x)
2	$\frac{1}{3}$	$\frac{2}{9}$	$\frac{1}{9}$	$\frac{2}{3}$
5	$\frac{1}{6}$	$\frac{1}{9}$	$\frac{1}{18}$	$\frac{1}{3}$
P(Y = y)	$\frac{1}{2}$	$\frac{1}{3}$	$\frac{1}{6}$	

An den Rändern sind zusätzlich die Wahrscheinlichkeiten $P(X = x)$ und $P(Y = y)$ eingetragen. Wie Sie überprüfen können, gilt hier für alle x und y $P(X = x) \cdot P(Y = y) = P(X = x \wedge Y = y)$, d.h. die Zufallsgrößen X und Y sind unabhängig.

25.5 In der Glücksradaufgabe werden jetzt die Gewinne beim ersten Spiel verändert:

Gewinn von 2 DM für die Zahlen von 1 bis 12,
Gewinn von 5 DM für die Zahlen von 13 bis 18.

Die Gewinne beim zweiten Spiel bleiben gleich.

a) Stellen Sie eine 6-Feldertafel für die Wahrscheinlichkeit $P(X = x \wedge Y = y)$ auf, wobei X der Gewinn beim ersten Spiel und Y der Gewinn beim zweiten Spiel ist.
b) Untersuchen Sie, ob die Zufallsgrößen X und Y unabhängig sind.

25.6 In einer Urne befinden sich eine schwarze, zwei rote und drei weiße Kugeln. Es werden drei Kugeln ohne Zurücklegen gezogen. X ist die Anzahl der gezogenen schwarzen Kugeln, Y die der gezogenen roten Kugeln. Geben Sie in einer Tabelle die Wahrscheinlichkeiten $P(X = x \wedge Y = y)$ an. Sind X und Y unabhängig?

---

26. Erwartungswert, Varianz und Standardabweichung

Erwartungswert und Streuung einer Zufallsgröße

Den Mittelwert oder „Erwartungswert" $\mu = E(X)$ einer Zufallsgröße X erhalten Sie, indem Sie jeden Wert der Zufallsgröße X mit seiner relativen Häufigkeit oder Wahrscheinlichkeit multiplizieren (gewichten) und alle diese Produkte addieren:

$$\mu = E(X) = \sum_i x_i \, P(X = x_i).$$

Beispiel: 50 Versuche ergaben folgende Meßergebnisse:

Meßwert x	125	128	129	130	131	132	133	135
Häufigkeit	1	5	14	13	10	4	2	1
rel. Häufigkeit P(X = x)	0,02	0,10	0,28	0,26	0,20	0,08	0,04	0,02

$\mu = 125 \cdot 0{,}02 + 128 \cdot 0{,}10 + \ldots + 135 \cdot 0{,}02 = 130.$

$X-\mu$ gibt die Abweichung der Zufallsgröße X vom Erwartungswert μ an. Das Quadrat wird als neue Zufallsgröße Y eingeführt. Der Erwartungswert von $Y = (X-\mu)^2$ heißt die „Varianz" der Zufallsgröße X:

$$\text{Var } X = \Sigma\, (x_i - \mu)^2 \cdot P(X = x_i)\,.$$

Im Beispiel ergibt sich

$$\text{Var } X = (-5)^2 \cdot 0{,}02 + (-2)^2 \cdot 0{,}10 + (-1)^2 \cdot 0{,}28 + 0^2 \cdot 0{,}26 + 1^2 \cdot 0{,}20 + 2^2 \cdot 0{,}08 + 3^2 \cdot 0{,}04 + 5^2 \cdot 0{,}02 = 2{,}56.$$

Die „Streuung" oder „Standardabweichung" σ ist die Wurzel aus der Varianz:

$\sigma = \sqrt{\text{Var } X} = \sqrt{2{,}56} = 1{,}6.$

σ ist ein Maß dafür, wie stark die Meßergebnisse um den Mittelwert streuen.

26.1 Aus einer Urne mit fünf von 1 bis 5 numerierten Kugeln werden gleichzeitig zwei gezogen. Die Zufallsgröße X ist die größere der beiden gezogenen Zahlen. Berechnen Sie Erwartungswert und Varianz der Zufallsgröße X.

26.2 a) Begründen Sie die Formel $\boxed{\text{Var } X = E(X^2) - \mu^2 .}$

b) Benutzen Sie die Formel, um Aufgabe 26.1 für den Fall von sechs Kugeln mit den Nummern 1 bis 6 zu lösen.

c) In welchen Fällen bringt die Formel Vorteile?

26.3 Zwei Freunde A und B spielen mit einem Würfel, der zweimal die 4 und viermal die 1 trägt. A hält die Kasse, B würfelt jeweils so oft, bis er mindestens die Summe vier hat (also höchstens viermal). Bei 1, 2 oder 3 Würfen erhält B von A 1 DM, 2 DM bzw. 3 DM; bei 4 Würfen muß B an A 4 DM zahlen.

a) Wer ist bei diesem Spiel auf Dauer im Vorteil, und wie groß ist der Erwartungswert bei 100 Spielen?

b) Wie groß ist die Wahrscheinlichkeit, daß B bei 100 Spielen einen Gewinn erhält, der um höchstens 0,2 DM vom Erwartungswert abweicht?

26.4 Ein Gerät weist zwei typische Fehler A und B auf. In 50% der Reklamationen tritt Fehler A allein, in 35% Fehler B allein und in 15% treten beide Fehler gemeinsam auf. Die Reparatur von Fehler A kostet 30 DM, von Fehler B 70 DM.

a) Wie hoch sind die durchschnittlichen Reparaturkosten pro Reklamation?

b) Wie groß ist die Streuung dieser Kosten?

c) Wie groß sind Erwartungswert und Streuung der Reparaturkosten bezogen auf die Gesamtzahl der verkauften Geräte, wenn auf je 25 verkaufte Geräte eine Reklamation fällt?

Mittelwert und Streuung von Summen und Produkten

Für beliebige Zufallsgrößen gelten die Formeln

$$\boxed{E(a\,X) = a \cdot E(X); \quad E(\Sigma\, X_i) = \Sigma\, E(X_i); \quad \text{Var}(aX) = a^2 \cdot \text{Var } X.}$$

Sind die Zufallsgrößen unabhängig, so gilt außerdem

$$\boxed{E(\Pi\, X_i) = \Pi\, E(X_i); \quad \text{Var}(\Sigma\, X_i) = \Sigma\, \text{Var } X_i .}$$

Kann die Zufallsvariable X nur einen Wert c annehmen, so gilt $E(X) = c$ und $\text{Var } X = 0$.

26.5 Sieben Würfel werden gleichzeitig geworfen. Wie groß sind Erwartungswert und Streuung der Augensumme?

26.6 Die Wahrscheinlichkeitsverteilung $P(X = x \wedge Y = y)$ der Zufallsgrößen X und Y ist durch folgende Tabelle gegeben:

x \ y	2	3	6
2	$\frac{1}{3}$	$\frac{2}{9}$	$\frac{1}{9}$
5	$\frac{1}{6}$	$\frac{1}{9}$	$\frac{1}{18}$

a) Berechnen Sie E(X), E(Y), Var X, Var Y, E(X + Y) und Var (X + Y).
b) Berechnen Sie $E(X \cdot Y)$ und $Var(X \cdot Y)$.

26.7 Zwei Punkte A und B befinden sich zur Zeit t = 0 auf der Zahlengeraden in 0 bzw. k ($k \in N$). A springt jede volle Sekunde mit der Wahrscheinlichkeit 0,65 eine Einheit nach rechts und mit der Wahrscheinlichkeit 0,35 eine Einheit nach links. B springt zu den gleichen Zeitpunkten mit der Wahrscheinlichkeit 0,4 nach links und bleibt mit der Wahrscheinlichkeit 0,6 an seinem Ort. Berechnen Sie den Erwartungswert des Abstandes der beiden Punkte nach k Sekunden.

26.8 Begründen Sie für n gleich verteilte und unabhängige Zufallsgrößen X_i die Gültigkeit der Formeln

$$E(\overline{X}) = E(X_i) \quad \text{und} \quad \sigma(\overline{X}) = \frac{\sigma(X_i)}{\sqrt{n}},$$

wobei $\overline{X}$ der Mittelwert $\frac{1}{n}(X_1 + X_2 + \ldots + X_n)$ ist.

26.9 Geben Sie ein möglichst einfaches Beispiel an, in dem $Var\,X \cdot Var\,Y \neq Var(X \cdot Y)$ ist.

Standardisierung von Wahrscheinlichkeitsverteilungen

Eine „standardisierte Wahrscheinlichkeitsverteilung" hat den Erwartungswert 0 und die Varianz 1. Die Standardisierung erreicht man durch die Transformation $U = \frac{X - \mu}{\sigma}$ der Zufallsgröße X. Die Standardisierung hat den Zweck, verschiedene Wahrscheinlichkeitsverteilungen miteinander vergleichbar zu machen.
Durch die Standardisierung wird die Intervallbreite bei Histogrammen mit $\frac{1}{\sigma}$ multi-

pliziert; die Rechteckshöhe muß deshalb mit σ multipliziert werden.
Beispiel: Zu der Wahrscheinlichkeitsverteilung

x	125	128	129	130	131	132	133	135
P(X = x)	0,02	0,10	0,28	0,26	0,20	0,08	0,04	0,02

ist $\mu = 130$ und $\sigma = 1,6$.

Mit $U = \dfrac{X - 130}{1,6}$ ergibt sich

u	−3, 125	−1, 250	−0, 625	0	0,625	1,250	1,875	3,125
P(U = u)	0,02	0,10	0,28	0,26	0,20	0,08	0,04	0,02

Geht man von der Intervallbreite 1 im Histogramm der Wahrscheinlichkeitsverteilung P(X = x) aus, so ergeben sich für die Verteilung P(U = u) die Intervallbreite $\frac{1}{1,6}$ und die Rechteckshöhen $1,6 \cdot P(U = u)$.
Neben dem Histogramm ist die Verteilungsfunktion F(u) dargestellt.

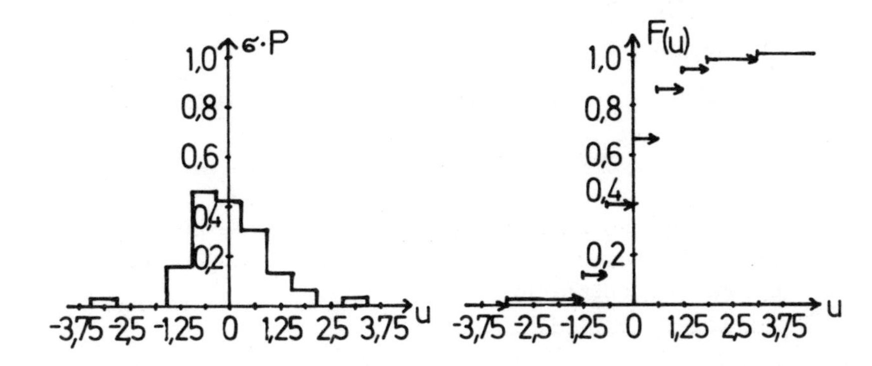

26.10 Aus einer Urne mit sechs roten und neun schwarzen Kugeln werden gleichzeitig sechs Kugeln gezogen. X sei die Anzahl der roten gezogenen Kugeln.

a) Zeichnen Sie ein Histogramm der Wahrscheinlichkeitsverteilung.

b) Standardisieren Sie die Wahrscheinlichkeitsverteilung und zeichnen Sie ein Histogramm dieser Verteilung.

26.11 Unter 1000 Losen sind 40 Gewinne zu 5 DM, vier Gewinne zu 50 DM und ein Gewinn zu 200 DM. Standardisieren Sie die Gewinnwahrscheinlichkeit eines zufällig ausgewählten Loses.

Die Tschebyschowsche Ungleichung

Kennt man zu einer Wahrscheinlichkeitsverteilung Erwartungswert μ und Streuung σ, so läßt sich mit der Tschebyschowschen Ungleichung

$$P(|X - \mu| \geq a) \leq \frac{\sigma^2}{a^2}$$

abschätzen, mit welcher Wahrscheinlichkeit die Zufallsvariable einen Wert annimmt, der vom Mittelwert μ um mindestens a abweicht.
Die Ungleichung gilt für beliebige Wahrscheinlichkeitsverteilungen. Sie ist deshalb sehr grob und führt nur für $a > \sigma$ zu nicht trivialen Aussagen.
Zu der Wahrscheinlichkeitsverteilung

x	125	128	129	130	131	132	133	135
P(X = x)	0,02	0,10	0,28	0,26	0,20	0,08	0,04	0,02

ist der Erwartungswert $\mu = 130$ und die Streuung $\sigma = 1{,}6$. Die Wahrscheinlichkeit, mit der der Wert der Zufallsvariablen um mindestens 5 von 130 abweicht, ist nach der Tabelle

$$P(|X - 130| \geq 5) = 0{,}02 + 0{,}02 = 0{,}04.$$

Die Tschebyschowsche Ungleichung liefert die Abschätzung

$$P(|X - 130| \geq 5) \leq \frac{1{,}6^2}{5^2} = 0{,}1024.$$

Zur Abschätzung der Wahrscheinlichkeit, mit der die Zufallsvariable X Werte innerhalb des Intervalls $\mu - a < x < \mu + a$ annimmt, verwenden Sie die Tschebyschowsche Ungleichung in der Form

$$P(|X - \mu| < a) \geq 1 - \frac{\sigma^2}{a^2}\ .$$

26.12 Schätzen Sie für die Wahrscheinlichkeitsverteilung

$$P(k) = \frac{\binom{6}{k} \cdot \binom{9}{6-k}}{\binom{15}{6}} \qquad \text{(siehe 26.10)}$$

nach Tschebyschow $P(|X - \mu| > 1{,}4)$ nach oben ab.
Wie groß ist der genaue Wert?

26.13 Zu einer Wahrscheinlichkeitsverteilung mit $\mu = 17{,}8$ und $\sigma^2 = 1{,}3$ ist mit der Tschebyschowschen Ungleichung ein Intervall zu bestimmen, in dem die Zufallsvariable X mit einer Wahrscheinlichkeit von mindestens 90% liegt.

26.14 Drei Freunde wollen ihr „Kapital" durch ein Glücksspiel mit einem Würfel „umverteilen". Jeder zahlt dazu zunächst einmal 14 DM in die Kasse. Jeder würfelt jeweils zweimal. Wer die Summe 2 oder 12 würfelt, erhält 9 DM, wer die Summe 3 oder 11 würfelt, 3 DM aus der Kasse. In allen anderen Fällen müssen r DM in die Kasse gezahlt werden.

a) Wie groß muß r sein?
b) Wie groß ist die Wahrscheinlichkeit, daß die Kasse bereits vor der dritten Runde „Pleite" macht?
c) Schätzen Sie mit Tschebyschow ab, nach wie vielen Runden ein Spieler mit mindestens 90% Wahrscheinlichkeit durchschnittlich pro Runde höchstens 0,5 DM gewonnen oder verloren hat.

26.15 Eine Firma will beim Verkauf ihrer Geräte Wartungsverträge anbieten. Sie rechnet mit durchschnittlich 7,20 DM Reparaturkosten pro verkauftem Gerät pro Jahr bei einer Streuung von 15 DM. Wie viele Wartungsverträge muß die Firma mindestens abschließen, damit das arithmetische Mittel der anfallenden Kosten mit mindestens 90% Wahrscheinlichkeit weniger als 3 DM vom Erwartungswert 7,20 DM abweicht?

26.16 Formulieren Sie die Tschebyschowsche Ungleichung für standardisierte Zufallsgrößen.

---

27. Die Binomialverteilung

Bernoulli-Kette und Binomialverteilung

Ein Experiment mit zwei möglichen Ergebnissen, z.B. „Treffer“ und „Nichttreffer“ ist ein Bernoulli-Experiment. Eine Folge von n gleichen, voneinander unabhängigen Bernoulli-Experimenten bildet eine „Bernoulli-Kette“ der Länge n.
Beispiel: Jeder Kegler einer zehnköpfigen Keglergruppe kommt zu den Kegelabenden mit der Wahrscheinlichkeit 80% und unbeeinflußt durch die anderen. Wie groß ist die Wahrscheinlichkeit, daß an einem Abend k Kegler anwesend sind?
Für jeden Kegler gibt es zwei mögliche Ergebnisse“:
w = „anwesend“ und $\overline{w}$ = „nicht anwesend“. w tritt mit der Wahrscheinlichkeit $p = 0{,}8$ ein, $\overline{w}$ mit der Wahrscheinlichkeit $q = 1 - p = 0{,}2$. Die Kette hat die Länge 10.
Die Zufallsgröße X einer Bernoulli-Kette gibt an, wie oft eines der beiden Ergebnisse, z.B. w auftritt. Die Wahrscheinlichkeitsverteilung über dieser Zufallsgröße ist die „Binomialverteilung“

$$\boxed{B(n; p; k) = \binom{n}{k} p^k q^{n-k}} ,$$

wobei k ein Wert der Zufallsgröße, n die Länge der Bernoulli-Kette, p die Wahrscheinlichkeit für das Ergebnis w und $q = 1 - p$ die Wahrscheinlichkeit dafür ist, daß w nicht eintritt.
Für das Beispiel lautet die Binomialverteilung

$$B(10; 0{,}8; k) = \binom{10}{k} 0{,}8^k \cdot 0{,}2^{n-k} .$$

Die B(n; p; k) finden Sie tabelliert; dabei gilt die Beziehung

$$\boxed{B(n; p; k) = B(n; q; n-k)} .$$

k	0	1	2	3	4	5
B(10; 0,8; k)	0,0000	0,0000	0,0001	0,0008	0,0055	0,0264

k	6	7	8	9	10
B(10; 0,8; k)	0,0881	0,2013	0,3020	0,2684	0,1074

Die Wahrscheinlichkeit, daß höchstens einer anwesend ist, ist praktisch Null.

27.1 Aus einer Urne mit 15 weißen und 5 schwarzen Kugeln werden drei Kugeln nacheinander mit Zurücklegen gezogen. Bestimmen Sie die Wahrscheinlichkeitsverteilung für die Anzahl X der gezogenen weißen Kugeln.

27.2 Beim Roulette ist die Gewinnwahrscheinlichkeit für ein Carré $\frac{4}{37}$. Wie groß ist die Wahrscheinlichkeit, bei 15 Spielen dreimal zu gewinnen, wenn man bei jedem Spiel ein Carré setzt?

27.3 Durch zwei Maschinen A und B werden gleiche Werkstücke hergestellt und zu je 20 Stück verpackt. Die ältere Maschine A produziert pro Stunde 180 Packungen mit einer Ausschußquote von 20%, die neue Maschine B schafft 300 Packungen pro Stunde mit nur 10% Ausschuß. Wie groß ist die Wahrscheinlichkeit, daß eine willkürliche herausgegriffene Packung, die vier Ausschußstücke enthält, von der Maschine A hergestellt wurde?

27.4 Ein reguläres Tetraeder hat eine schwarze Fläche, die anderen sind weiß. Als geworfen gilt die verdeckte Fläche. Die Wahrscheinlichkeit für k-mal schwarz unter 50 Würfen sei 0,026. Wie groß ist k?

Die hypergeometrische Verteilung

Von den Kugeln in einer Urne seien 40% rot, der Rest sei grün. Es werden n Kugeln nacheinander ohne Zurücklegen gezogen. k ist die Anzahl der roten unter den gezogenen Kugeln. Hier liegt keine Bernoulli-Kette vor, da sich der Prozentsatz der roten Kugeln mit jedem Ziehen einer Kugel ändert.
Sind insgesamt N Kugeln in der Urne, so sind darunter K = 0,4 N rote und N–K grüne Kugeln. Die Wahrscheinlichkeit, daß unter den n gezogenen Kugeln k rote sind, ist

$$P(X = k) = \frac{\binom{K}{k} \cdot \binom{N-K}{n-k}}{\binom{N}{n}} .$$

Dies ist eine „hypergeometrische Verteilung". Für N = 15 und n = 4 ist K = 6, N – K = 9 und

$$P(X = k) = \frac{\binom{6}{k} \cdot \binom{9}{4-k}}{\binom{15}{4}} .$$

Im einzelnen ergibt sich

k	0	1	2	3	4
P(X = k)	0,0923	0,3692	0,3956	0,1319	0,0110

Ist die Anzahl der Kugeln in der Urne sehr groß, etwa 1000, so ändert sich die Zusammensetzung beim Ziehen einer Kugel nur unwesentlich. Ist z.B. die erste gezogene Kugel rot, so ändert sich die Wahrscheinlichkeit für das Ziehen einer roten Kugel

von $\frac{400}{1000} = 0{,}4000$ auf $\frac{399}{999} = 0{,}3994$.

Ist also die Gesamtzahl N, aus der eine Stichprobe gezogen wird, groß gegenüber der Länge der Stichprobe, so wird die hypergeometrische Verteilung durch die Binomialverteilung ausreichend gut angenähert.

27.5 Unter 20 künstliche Perlen sind versehentlich fünf echte geraten.

a) Wie groß ist die Wahrscheinlichkeit, keine, eine oder zwei echte Perlen zu erhalten, wenn man willkürlich zwei herausgreift? Wie groß ist der Erwartungswert?
b) Um wie viele Prozent würde sich der Erwartungswert ändern, wenn man statt mit der hypergeometrischen mit der Binomialverteilung rechnete?

27.6 In einer Urne befinden sich 30% rote und 70% weiße Kugeln. Es werden drei Kugeln ohne Zurücklegen gezogen. Wie groß ist die Wahrscheinlichkeit, zwei rote Kugeln zu erhalten, wenn

a) 10 Kugeln , b) 100 Kugeln, c) 1000 Kugeln in der Urne sind?
d) Wie groß ist die Wahrscheinlichkeit beim Ziehen mit Zurücklegen?

Die kumulative Binomialverteilung

Mit einem Zählrohr wurden während einer Minute 50 Teilchen aus natürlicher Radioaktivität registriert. Wie groß ist die Wahrscheinlichkeit, daß von den 50 Teilchen mehr als zehn bereits innerhalb der ersten sechs Sekunden einfielen?
Hier liegt eine Bernoulli-Kette der Länge 50 vor. Für jedes der 50 Teilchen muß man die Möglichkeit in Betracht ziehen, daß es bereits in den ersten sechs Sekunden eingefallen ist und zwar mit der Wahrscheinlichkeit $p = \frac{6}{60} = 0{,}1$. Gesucht ist die Wahrscheinlichkeit $\sum_{i=11}^{50} B(50; 0{,}1; i) = 1 - \sum_{i=0}^{10} B(50; 0{,}1; i)$. Zur Berechnung benutzen Sie die Tabellen der „kumulativen Binomialverteilung“ $\sum_{i=0}^{k} B(n; p; i)$.

Sie erhalten $\sum_{i=11}^{50} B(50; 0{,}1; i) = 1 - 0{,}99064 = 0{,}0094$.

27.7 Berechnen Sie für eine Bernoullikette der Länge 100 und der Trefferwahrscheinlichkeit $p = 0{,}35$ die Wahrscheinlichkeit für a) höchstens, b) mindestens 24 Treffer.

27.8 Begründen Sie die Formel $\sum_{i=0}^{k} B(n; p; i) = 1 - \sum_{i=0}^{n-k-1} B(n; 1-p; i)$.

27.9 Eine Firma garantiert einem Händler, daß 90% der gelieferten Geräte das Garantiejahr ohne Beanstandung überstehen werden. Der Händler verkauft 200 Geräte.

a) Mit welcher Wahrscheinlichkeit muß der Händler mehr als 20 Garantiefälle bearbeiten?

b) Wie viele Reklamationen wird er mit einer Wahrscheinlichkeit von bis zu 95% höchstens erhalten?

Erwartungswert und Varianz einer Binomialverteilung

Da bei einer Bernoullikette die Ereignisse „Treffer" unabhängig sind, ist der Erwartungswert einer binomialverteilten Zufallsgröße X gleich dem n-fachen des Erwartungswertes p eines Versuchs, wenn n die Länge der Kette ist:

$$\boxed{\mu = E(X) = n\,p\,.}$$

Die Varianz eines Versuchs ist

$$(1-p)^2 p + p^2 q = q^2 p + p^2 q = p\,q\,(q+p) = p\,q.$$

Also ist die Varianz der Binomialverteilung bei n Versuchen

$$\boxed{\text{Var}\,X = n\,p\,q = \mu\,q\,.}$$

27.10 Wie oft muß man ein reguläres Tetraeder mit den Zahlen 1, 2, 3 und 4 werfen, damit der Erwartungswert für die Anzahl X der Einsen gleich 50 ist? Wie groß ist die Streuung? Wie groß ist dann die Wahrscheinlichkeit, mehr als 50mal die Eins zu erhalten?

27.11 Für welche Wahrscheinlichkeit ist die Varianz einer Binomialverteilung bei gleicher Stichprobenlänge am größten?

27.12 a) Standardisieren Sie die Binomialverteilung $B(8; 0{,}4; k)$. Zeichnen Sie je eine Histogramm für die ursprüngliche und die standardisierte Binomialverteilung und markieren Sie die Standardabweichung. Zeichnen Sie zu beiden Histogrammen die Verteilungsfunktion.

b) Wie groß ist die Wahrscheinlichkeit $P(\mu - \sigma \leq k \leq \mu + \sigma)$?

27.13 Die Trefferwahrscheinlichkeiten zweier Glücksräder sind $p_1 = 0{,}2$ und $p_2 = 0{,}25$. Ein Spieler erzielt mit dem ersten Rad bei neun Versuchen einen Treffer, ein zweiter bei zwölf Versuchen mit dem zweiten Rad zwei Treffer. Welcher Spieler hatte mehr Pech?

Tschebyschowsche Ungleichung und Gesetz der großen Zahlen

Eine Maschine produziert Teile mit einer Ausschußquote von $p = 0{,}05$. Zieht man eine Stichprobe der Länge n, so werden darin k fehlerhafte Teile vorkommen; $h_n = \frac{k}{n}$ ist ihre relative Häufigkeit in der Stichprobe. Wie lang muß die Stichprobe mindestens sein, damit die Wahrscheinlichkeit, daß h_n von p um weniger als 0,02 abweicht, mindestens 0,8 ist?

Die Länge der Stichprobe läßt sich mit der Tschebyschowschen Ungleichung abschätzen. Diese lautet für eine binomialverteilte Zufallsgröße X

$$P(|X - n\,p| < a) \geq 1 - \frac{n\,p\,q}{a^2}\ .$$

Dividiert man die Ungleichung in der Klammer durch n und setzt $\frac{X}{n} = h_n$ und $\frac{a}{n} = \epsilon$, so ergibt sich

$$P(|h_n - p| < \epsilon) \geq 1 - \frac{p\,q}{n\,\epsilon^2}\ .$$

Für die Aufgabe soll die rechte Seite mindestens gleich 0,8 werden. Mit $\epsilon = 0{,}02$, $p = 0{,}05$ und $q = 0{,}95$ ergibt sich

$$1 - \frac{0{,}05 \cdot 0{,}95}{n \cdot 0{,}02^2} \geq 0{,}8,\ n = 594.$$

Die Abschätzung ergibt 594 als minimale Stichprobenlänge.

27.14 Geben Sie für eine binomialverteilte Zufallsgröße nach Tschebyschow eine Ungleichung zur Abschätzung der Wahrscheinlichkeit an, daß

a) die Zufallsgröße X vom Erwartungswert $\mu = np$ mindestens um a abweicht,
b) die relative Häufigkeit h_n von der Wahrscheinlichkeit p um mindestens ϵ abweicht.

27.15 Ein Laplace-Würfel wird 3000 mal geworfen. Schätzen Sie mit der Tschebyschowschen Ungleichung eine obere Schranke für die Wahrscheinlichkeit ab, daß die relative Häufigkeit für eine 6 von der Wahrscheinlichkeit um mehr als 0,02 abweicht.

27.16 Unter je 100 Briefmarken einer großen Auflage befand sich ein Fehldruck, der erst entdeckt wurde, als alle Marken versandt waren. Bestimmen Sie nach Tschebyschow eine untere Schranke für die Wahrscheinlichkeit, daß unter 500 willkürlich gesammelten Briefmarken dieser Sorte höchstens 10 Fehldrucke sind.

27.17 Bestimmen Sie nach Tschebyschow zu der Bernoullikette B(2000; 0,3; k) einen zum Erwartungswert symmetrischen Bereich, in dem k mit mindestens 95% Wahrscheinlichkeit liegt.

27.18 a) Was besagt das Gesetz der großen Zahlen?
b) Beweisen Sie das Gesetz der großen Zahlen.

Poisson-Näherung

Der Gebrauch der Binomialtabellen setzt voraus, daß die Länge der Bernoulli-Kette bekannt ist. Das ist jedoch nicht immer der Fall. So kennt man z.B. bei einem radioaktiven Präparat nicht die Anzahl der Atome. Hier hilft die Poisson-Näherung

$$B(n;p;k) \approx \frac{\mu^k}{k!} e^{-\mu} = P_\mu(k) .$$

Sie ist anwendbar, wenn der Erwartungswert μ klein gegen die Länge n der Bernoulli-Kette ist.
Die $P_\mu(k)$ können Sie direkt berechnen oder ebenso wie die Werte der kumulativen Verteilung $\sum_{i=0}^{k} P_\mu(i)$, Tabellen entnehmen.
Beispiel: Bei einer radioaktiven Substanz großer Halbwertszeit wurden durchschnittlich 300 Zerfälle pro Minute registriert. Wie groß ist die Wahrscheinlichkeit, daß innerhalb einer Sekunde mehr als acht Zerfälle registriert werden?
Da die Halbwertszeit groß ist, muß die Anzahl der Atome sehr groß sein. Die Wahrscheinlichkeit p, innerhalb einer bestimmten Sekunde zu zerfallen, ist für alle Atome gleich. Bekannt ist der Erwartungswert μ für die Anzahl der Zerfälle pro Sekunde:

$$\mu = \frac{300}{60} = 5.$$

Es liegt eine Binomialverteilung vor, in der die für die Anwendung der Poisson-Näherung erforderliche Bedingung $\mu \ll n$ erfüllt ist. Gesucht ist

$$\sum_{i=9}^{n} B(n;p;i) = 1 - \sum_{i=0}^{8} B(n;p;i) \approx 1 - \sum_{i=0}^{8} P_5(i).$$

Nach der kumulativen Tabelle ergibt sich

$1 - 0{,}9319 = 0{,}0681.$

27.19 Bei einer Tombola ist die Wahrscheinlichkeit für ein Gewinnlos 0,3. Wie oft muß man eine Serie von 3 Losen ziehen, um mit mindestens 50% Wahrscheinlichkeit mindestens eine Serie mit drei Gewinnen zu erhalten?

a) Lösen Sie die Aufgabe genau.
b) Verwenden Sie die Poisson-Näherung der Binomialverteilung.

27.20 An einem Ort regnet es im Juli durchschnittlich an 6 Tagen. Berechnen Sie mit Hilfe der Poisson-Verteilung die Wahrscheinlichkeit, daß es im nächsten Juli an dem Ort

a) an 8 Tagen,
b) an mehr als 6 Tagen regnen wird.

27.21 a) Durch welchen Grenzübergang erhält man aus der Binomialverteilung die Poisson-Näherung?
b) Begründen Sie: Die Varianz der Poissonverteilung ist gleich dem Erwartungswert.

27.22 a) Schätzen Sie die Wahrscheinlichkeit ab, daß unter 1000 zufällig ausgewählten Menschen mehr als fünf an einem bestimmten Tag Geburtstag haben. Verwenden Sie die Poisson-Näherung.
b) Wie groß ist der Erwartungswert für die Anzahl der Tage, an denen mehr als fünf von 1000 Menschen gleichzeitig Geburtstag haben?

27.23 Wie groß ist die Wahrscheinlichkeit, daß beim Zahlenlotte „6 aus 49" unter $4 \cdot 10^6$ abgegebenen Tippfolgen mehr als zweimal Gewinnklasse I mit 6 „Richtigen" vorliegt? Benutzen Sie die Poisson-Näherung.

27.24 Ein Auskunftsbüro erhält während seiner achtstündigen Öffnungszeit durchschnittlich 1200 Anrufe von rund einer Minute Dauer. Wie viele Apparate müssen mindestens installiert werden, damit die Wahrscheinlichkeit, daß für einen Anrufer kein Apparat frei ist, unter 15% liegt?

Lokale Näherungsformel

Ist die Varianz Var $X = \sigma^2 = n\,p\,q$ einer Binomialverteilung größer als 9, so führt die „lokale Näherungsformel"

$$B(n, p; k) \approx \frac{1}{\sigma}\, \varphi\left(\frac{k-\mu}{\sigma}\right)$$

zu brauchbaren Näherungswerten. Die Funktion φ ist durch

$$\varphi(u) = \frac{1}{\sqrt{2\pi}}\, e^{-\frac{1}{2}u^2}$$

definiert und heißt „Normalverteilung“. Der Graph dieser Funktion ist die Gaußsche (Glocken-)Kurve. Für die Benutzung von Tabellen ist $\varphi(-u) = \varphi(u)$ zu beachten.

Beispiel: Für die Verteilung $B(200; 0{,}3; k)$ ist $\mu = 60$ und $\sigma^2 = 42$. Für $k = 50$ lesen Sie aus der Tabelle der Binomialverteilung den genauen Wert
$B(200; 0{,}3; 50) = 0{,}01895$ ab.
Nach der Näherungsformel ergibt sich

$$B(200; 0{,}3; 50) \approx \frac{1}{\sqrt{42}}\, \varphi\left(\frac{50-60}{\sqrt{42}}\right) = \frac{1}{\sqrt{42}}\, \varphi(-1{,}543) = \frac{1}{\sqrt{42}}\, \varphi(1{,}543)$$

$$= \frac{0{,}12132}{\sqrt{42}} = 0{,}01872.$$

Die Abweichung vom genauen Wert beträgt 1,2%.

27.25 a) Zeichnen Sie das Histogramm der Binomialverteilung $B(8; 0{,}4; k)$ in standardisierter Form.

b) Zeichnen Sie in das gleiche Koordinatensystem die durch

$$\varphi(u) = \frac{1}{\sqrt{2\pi}}\, e^{-\frac{1}{2}u^2}$$

definierte Gaußsche Kurve ein.

c) Geben Sie die wichtigsten Eigenschaften der Gaußschen Kurve an.

d) Durch welchen Grenzübergang entsteht $\varphi(u)$ aus der Binomialverteilung?

27.26 Berechnen Sie $B(500; 0{,}7; 320)$ mit der lokalen Näherungsformel.

27.27 Bei einem falschen Würfel erscheint die 6 mit der Wahrscheinlichkeit 0,2.

a) Mit welcher Wahrscheinlichkeit erhält man bei 300 Würfen den Erwartungswert eines Laplace-Würfels?

b) Erhält man mit der gleichen Wahrscheinlichkeit bei 300 Würfen mit einem Laplace-Würfel den Erwartungswert des falschen Würfels?

Integrale Näherungsformel

Eine kumulative Verteilung, die durch die Funktion

$$\Phi(u) = \int_{-\infty}^{u} \varphi(t)dt \qquad \text{mit } \varphi(t) = \frac{1}{\sqrt{2\pi}} e^{-\frac{1}{2}t^2}$$

beschrieben werden kann, heißt „kumulative (Standard)Normalverteilung".
Ist die Varianz Var $X = \sigma^2 = n\,p\,q$ einer Binomialverteilung größer als 9, so ergeben sich mit der „integralen Näherungsformel"

$$\sum_{i=0}^{k} B(n; p; i) \approx \Phi\left(\frac{k - \mu + 0{,}5}{\sigma}\right)$$

brauchbare Näherungswerte zur kumulativen Binomialverteilung. Für die Benutzung der Tabellen ist $\Phi(-u) = 1 - \Phi(u)$ zu beachten.

Beispiel: Zu $\sum_{i=40}^{65} B(200; 0{,}3; i)$ ist

$$\sum_{i=0}^{65} B(200; 0{,}3; i) - \sum_{i=0}^{39} B(200; 0{,}3; i) = 0{,}80276 - 0{,}00052 = 0{,}80224$$

der genaue Wert. Der Näherungswert ist

$$\Phi\left(\frac{65 - 60 + 0{,}5}{\sqrt{42}}\right) - \Phi\left(\frac{39 - 60 + 0{,}5}{\sqrt{42}}\right) = \Phi(0{,}8487) - \Phi(-3{,}163) =$$

$$\Phi(0{,}8487) - 1 + \Phi(3{,}163) = 0{,}80198 - 1 + 0{,}99922 = 0{,}80120.$$

Er weicht vom genauen Wert um 0,13% ab.

27.28 U sei eine standardisierte, normalverteilte Zufallsgröße.

a) Bestimmen Sie $P(U \leq -1)$.

b) Drücken Sie die Wahrscheinlichkeiten $P(|U| \leq u)$ und $P(|U| \geq u)$ durch $\Phi(u)$ aus.

27.29 X sei eine binomialverteilte Zufallsgröße. Begründen Sie an einer Skizze, daß

$$P(a \leq X \leq b) \approx \Phi\left(\frac{b - \mu + 0{,}5}{\sigma}\right) - \Phi\left(\frac{a - \mu - 0{,}5}{\sigma}\right)$$

im allgemeinen eine bessere Näherungsformel ist als

$$P(a \leq X \leq b) \approx \Phi\left(\frac{b - \mu}{\sigma}\right) - \Phi\left(\frac{a - \mu}{\sigma}\right).$$

27.30 Berechnen Sie B(200; 0,8; 153)

a) mit der lokalen Näherungsformel,
b) mit der integralen Näherungsformel,
c) genau.

27.31 Mit einem Laplace-Würfel wird 1500 mal gewürfelt. In welchem zum Erwartungswert symmetrischen Bereich wird die Anzahl der Sechsen mit 95% Wahrscheinlichkeit liegen?

a) Geben Sie eine grobe Schätzung nach Tschebyschow an.
b) Berechnen Sie den Bereich mit der integralen Näherungsformel.

27.32 Bei einem Glücksrad kostet der Einsatz 1 DM, der Gewinn beträgt 5 DM. Die Gewinnwahrscheinlichkeit ist p = 0,15.

a) Wie groß ist die Wahrscheinlichkeit, daß der Betreiber bei 50 Spielen insgesamt einen Verlust hat?
b) Wie oft muß das Glücksrad mindestens betrieben werden, damit die Wahrscheinlichkeit, daß der Betreiber einen Verlust erleidet, unter 1% liegt?

Zentraler Grenzwertsatz

Sind die Zufallsgrößen X_i (i = 1, ..., n) unabhängig und sind ihre Streuungen ungefähr gleich, so ist die Zufallsgröße

$X = \sum_{i=1}^{n} X_i$ annähernd normalverteilt, d.h. es gilt

$$P(X \leq x) \approx \Phi\left(\frac{x-\mu}{\sigma}\right), \text{ wobei } \mu = \sum_{i=1}^{n} \mu_i \text{ und } \sigma = \sqrt{\sum_{i=1}^{n} \sigma_i^2} \text{ ist.}$$

Für eine Fünfkämpferin sind in der folgenden Tabelle die Mittelwerte μ_i und die Streuungen σ_i ihrer Leistungen im letzten Jahr angegeben:

Disziplin	100 m Hürden	Kugelstoßen	Hochsprung	Weitsprung	100-m-Lauf
i =	1	2	3	4	5
μ_i (Punkte)	811	844	893	930	871
σ_i	86	88	130	124	116

Die Zufallsgröße X_i gibt die in der i-ten Disziplin erreichte Punktezahl an. Kann man die Zufallsgrößen als unabhängig ansehen, so ist hier der zentrale Grenzwertsatz anwendbar. Es ist $\mu = 4349$ und $\sigma = \sqrt{86^2 + 88^2 + 130^2 + 124^2 + 116^2} = 247$.
Für die Zufallsgröße $X = X_1 + ... + X_5$ gilt somit

$$P(X \leq x) \approx \Phi\left(\frac{x - 4349}{247}\right).$$

Für die Wahrscheinlichkeit, daß die Sportlerin die Rekordleistung von 4801 Punkten bei einem Wettkampf übertrifft, ergibt sich damit

$$P(X > 4801) = 1 - P(X \leq 4801) \approx 1 - \Phi\left(\frac{4801 - 4349}{247}\right)$$

$$= 1 - \Phi(1{,}83) = 1 - 0{,}967 = 0{,}033 \approx 3\%.$$

27.33 Begründen Sie mit dem zentralen Grenzwertsatz, daß die Binomialverteilungen annähernd normalverteilt sind.

27.34 Berechnen Sie für eine normalverteilte Zufallsgröße X die Wahrscheinlichkeit, mit der X vom Erwartungswert μ

a) höchstens um σ,
b) höchstens um 2σ abweicht.

27.35 Der Hersteller von Kondensatoren der Kapazität 47nF gibt an, daß die Standardabweichung 2% beträgt.
Mit welcher Wahrscheinlichkeit weicht die Kapazität eines beliebig herausgegriffenen Kondensators von 47nF

a) um mehr als 2%,
b) um mehr als 4% ab?

27.36 Eine Abfüllmaschine füllt Dosen mit 1 kg einer Flüssigkeit. Die Zufallsgröße „Füllgewicht“ ist annähernd normalverteilt. Der Mittelwert beträgt 1 kg, die Streuung 10 g.

a) Bei wieviel Prozent der Dosen beträgt die Abweichung vom Sollgewicht weniger als 1%?
b) Wie viele Dosen mit einem um mindestens 5 g zu geringen Füllgewicht sind bei einer Lieferung von 5000 Stück zu erwarten?

---

28. Beurteilende Statistik

Testen von Hypothesen

Beim Testen von Hypothesen soll durch eine „Stichprobe“ festgestellt werden, ob eine gegebene Wahrscheinlichkeitsaussage, -vermutung oder -behauptung, kurz eine Hypothese zutrifft oder nicht. Als „Nullhypothese“ H_0 wird im allgemeinen die von zwei Hypothesen bezeichnet, deren Verwerfung der schwerwiegendere Fehler ist. Sie ist durch eine Wahrscheinlichkeit p_0 gegeben. Ob sie angenommen wird, hängt davon ab, ob das Stichprobenergebnis innerhalb eines festgesetzten „Annahmebereichs“ A liegt. Getestet wird gegen eine „Gegenhypothese“ H_1 Diese kann eine bestimmte Wahrscheinlichkeit p_1 sein (Alternativtest); sie kann auch alle Wahrscheinlichkeiten $p < p_0$ (oder $p > p_0$) umfassen (einseitiger Test) oder alle Wahrscheinlichkeiten $p \neq p_0$ (zweiseitiger Test). Bei einem Test können Fehler auftreten:
„Fehler erster Art“: Die Nullhypothese wird verworfen, obwohl sie zutrifft, d.h. die Nullhypothese stimmt, aber das Stichprobenergebnis liegt nicht im Annahmebereich A sondern im „Ablehnungsbereich $\overline{A}$“.
„Fehler zweiter Art“: Die Nullhypothese wird als richtig erkannt, obwohl sie falsch ist, d.h. die Gegenhypothese stimmt, aber das Stichprobenergebnis liegt im Annahmebereich A der Nullhypothese.

Alternativtest

Ein Händler bezieht Transistoren in Kartons zu je 500 Stück. Er vermutet, daß ein Karton, an dem die Kennzeichnung verloren gegangen ist, Transistoren der Güteklasse II mit 30% Ausschuß enthält. Die Kartons der Güteklasse I enthalten nur 10% Ausschuß. Der Händler läßt 10 der 500 Transistoren überprüfen. Falls mehr als zwei Transistoren defekt sind, will er den Karton mit Güteklasse II kennzeichnen. Wie groß sind die Wahrscheinlichkeiten für die Fehler, die er dabei machen kann?
Die Nullhypothese H_0 sei die Vermutung, der Karton gehöre zur Güteklasse II, d.h. der Ausschußanteil sei $p_0 = 0{,}3$.
Die Alternative ist durch die Wahrscheinlichkeit $p_1 = 0{,}1$ für den Ausschuß bestimmt. Der Annahmebereich ist $A = \{3; \ldots; 10\}$, der Ablehnungsbereich $\overline{A} = \{0; 1; 2\}$.
Da die Stichprobenlänge 10 klein gegen die Gesamtzahl 500 ist, kann Binomialverteilung (Stichprobe mit Zurücklegen) zugrunde gelegt werden. Für die Nullhypothese gilt dann die Wahrscheinlichkeitsverteilung $B(10; 0{,}3; k)$, für die Alternative $B(10; 0{,}1; k)$.
Fehler 1. Art: Die Verteilung $B(10; 0{,}3; k)$ für die Nullhypothese trifft zu, aber das Stichprobenergebnis X liegt im Ablehnungsbereich $\overline{A} = \{0; 1; 2\}$. Die Wahrscheinlichkeit für diesen Fehler ist

$$\alpha = P_0 (X \in \bar{A}) = \sum_{i=0}^{2} B(10; 0{,}3; i) = 0{,}3828.$$

Fehler 2. Art: Die Verteilung B(10; 0,1; k) für die Alternative trifft zu, aber das Stichprobenergebnis liegt im Annahmebereich A der Nullhypothese. Die Wahrscheinlichkeit für diesen Fehler ist

$$\beta = P_1 (X \in A) = \sum_{i=3}^{10} B(10; 0{,}1; i) = 1 - \sum_{i=0}^{2} B(10; 0{,}1; i) = 0{,}0702.$$

28.1 Mit einer Stichprobe der Länge 50 wird die Nullhypothese $p_0 = 0{,}15$ gegen die Alternative $p_1 = 0{,}30$ getestet. Der Annahmebereich ist $A = \{0, 1, ..., 11\}$, die Zufallsgröße X binomialverteilt.

a) Berechnen Sie die Wahrscheinlichkeiten für die Fehler 1. und 2. Art.
b) Wie ändern sich die Wahrscheinlichkeiten für die Fehler, wenn man den Annahmebereich verkleinert? Führen Sie die Rechnung für $A' = \{0, 1, ..., 9\}$ durch.

28.2 Der Betreiber einer Tombola behauptet, mindestens 25% der Lose seien Gewinnlose. Ein Kunde, der unter 20 Losen nur drei Gewinne zog, behauptet daraufhin, der Anteil der Gewinnlose sei nur 15%. Eine Stichprobe mit 100 Losen soll entscheiden. Sind mehr als 20 Gewinnlose darunter, so wird die Behauptung des Betreibers angenommen. Wie groß ist die Wahrscheinlichkeit,

a) daß der Kunde zu unrecht recht bekommt,
b) die Behauptung des Betreibers bestätigt wird, obwohl sie nicht zutrifft?

28.3 A behauptet, 50% der Autofahrer seien gegen die Anschnallpflicht. B dagegen meint, es seien nur 35%. Zur Überprüfung wollen sie 160 willkürlich ausgewählte Autofahrer befragen. Sie vereinbaren, daß A recht erhält, wenn mindestens 68 der befragten Autofahrer gegen die Anschnallpflicht votieren. Wer von den beiden ist bei diesem Test benachteiligt? Verwenden Sie die integrale Näherungsformel.

Festlegung des Annahmebereichs

Ein Alternativtest soll zwischen der Nullhypothese $p_0 = 0{,}3$ und der Alternative $p_1 = 0{,}1$ entscheiden. Die Stichprobenlänge sei 10. Die Zufallsgröße X sei binomialverteilt.

In der Tabelle

A	α	β	$\alpha + \beta$	$\alpha + 10\beta$
{ 1; ...; 10 }	0,02825	0,65132	0,67957	6,54145
{ 2; ...; 10 }	0,14931	0,26390	0,41321	2,78831
{ 3; ...; 10 }	0,38278	0,07019	0,45297	1,08468
{ 4; ...; 10 }	0,64961	0,01280	0,66241	0,77761
{ 5; ...; 10 }	0,84973	0,00163	0,85136	0,86603

sind die Fehler α und β erster bzw. zweiter Art für verschiedene Annahmebereiche zusammengestellt. Sind beide Fehler gleich schädlich, so muß $\alpha + \beta$ möglichst klein gehalten werden. Diese Summe hat ihr Minimum für den Annahmebereich $\{2; ...; 10\}$. Ist dagegen der Schaden bei einem Fehler zweiter Art zehnmal so groß wie bei einem Fehler erster Art, so muß $\alpha + 10\,\beta$ ein Minimum haben. Dies liegt bei dem Annahmebereich $\{4, ...; 10\}$.

28.4 a) Zeichnen Sie zu der Nullhypothese $p_0 = 0{,}3$ und der Alternative $p_1 = 0{,}1$ je ein Histogramm für die Stichprobenlänge $n = 10$ in dasselbe Schaubild und kennzeichnen Sie die Wahrscheinlichkeiten α und β der Fehler 1. und 2. Art zum Annahmebereich $\{3; ...; 10\}$. Die Zufallsgröße sei binomialverteilt.

b) Wie erhält man aus dem Diagramm den Annahmebereich, für den die Summe der beiden Fehlerwahrscheinlichkeiten am kleinsten wird?

c) Untersuchen Sie, ob sich die Summe der Fehlerwahrscheinlichkeiten durch eine Stichprobe der Länge 20 unter 0,25 drücken läßt.

28.5 Durch eine Stichprobe der Länge 50 mit Zurücklegen soll zwischen der Nullhypothese $p_0 = 0{,}2$ und der Hypothese $p_1 = 0{,}5$ entschieden werden.

a) Bestimmen Sie den Annahmebereich, für den die Wahrscheinlichkeit α des Fehlers 1. Art unter 5% liegt und die Wahrscheinlichkeit β des Fehlers 2. Art möglichst klein wird.

b) Für welchen Annahmebereich wird $4\,\alpha + \beta$ minimal?

Operationscharakteristik (Gütefunktion)

Ist X eine binomialverteilte Zufallsgröße und A ein Annahmebereich, so heißt die Funktion $p \to P(X \in A)$ „Operationscharakteristik" oder „Gütefunktion". Sie gibt zu jedem Wert von p an, mit welcher Wahrscheinlichkeit die Zufallsgröße X einen Wert aus dem Annahmebereich annimmt. Die Funktion ist für die Verteilung $B(10; p; k)$ und $A = \{2; ...; 10\}$ nach der Wertetabelle

p	0,1	0,2	0,3	0,4	0,5	0,6
$P(X \in A) = \sum_{i=2}^{10} B(10; p; i)$	0,26	0,62	0,85	0,95	0,99	1,0

gezeichnet (OC-Kurve).

Zum Alternativtest mit der Nullhypothese $p_0 = 0{,}3$ und der Alternative $p_1 = 0{,}1$ sind die Wahrscheinlichkeiten α und β für die Fehler 1. und 2. Art eingezeichnet. α heißt auch „Irrtumswahrscheinlichkeit". $1 - \alpha$ ist ein Maß für die „Sicherheit", mit der die Nullhypothese angenommen wird, wenn sie zutrifft.

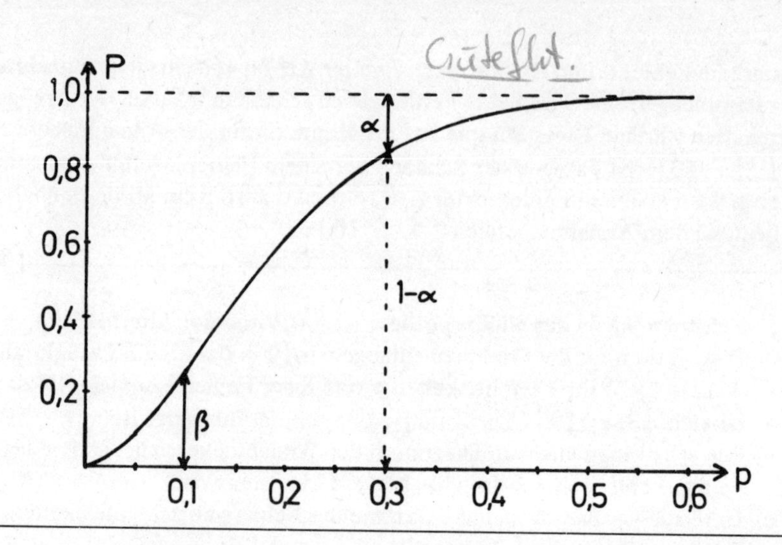

28.6 Zeichnen Sie zu einer Stichprobe der Länge 50 (mit Zurücklegen) für den Annahmebereich A = { 0; 1; ...; 30 } die Gütefunktion (OC-Kurve). Kennzeichnen Sie die Wahrscheinlichkeiten α und β für die Fehler 1. und 2. Art, wenn $p_0 = 0{,}50$ Nullhypothese und $p_1 = 0{,}70$ Alternative ist. Wie groß ist die Sicherheitswahrscheinlichkeit für die Nullhypothese?

28.7 Bei einem Test wurde eine Stichprobe der Länge 100 mit Zurücklegen gezogen. Der Annahmebereich wurde auf A = { 15; ...; 27 } festgelegt. Ermitteln Sie aus dem Graphen der Gütefunktion näherungsweise, für welche Hypothese die Sicherheitswahrscheinlichkeit am größten ist.

Einseitige Tests

Die Behandlung einer Krankheit mit einem lange erprobten Medikament R führte in 60% aller Fälle zum Erfolg. Auf die Produktion eines neuen Medikaments S soll umgestellt werden, wenn es mit einer Signifikanz von 0,01 besser als das Medikament R ist. Um dies festzustellen, wurde das Medikament S an 50 Personen getestet, davon 37 mal erfolgreich.
Hier liegt ein einseitiger „Signifikanztest" vor. Bei einem Signifikanztest wird nur über Annahme oder Ablehnung der Nullhypothese entschieden. Die Nullhypothese ist „Medikament S ist nicht besser", also $p_0 = 0{,}6$; die Alternative ist $p > p_0$. Der Ablehnungsbereich $\overline{A}$ erhält deshalb die Form $\overline{A}$ = { k; ...; 50 } .
Das Medikament S heißt signifikant besser als das Medikament R, wenn nach dem Testergebnis die Wahrscheinlichkeit für den Fehler 1. Art höchstens gleich dem Signifikanzniveau 0,01 ist.

Lösung der Aufgabe:
Erster Weg: Man wählt den Ablehnungsbereich so, daß das Testergebnis gerade noch in ihm enthalten ist, also $\overline{A}$ = { 37; ...; 50 } . Für diesen Bereich wird

$$\alpha = \sum_{i=37}^{50} B(50; 0,6; i) = \sum_{i=0}^{13} B(50; 0,4; i) = 0,0280 > 0,01.$$

Medikament S ist nicht signifikant besser als R.
Zweiter Weg: Man bestimmt den größten Ablehnungsbereich, für den die Wahrscheinlichkeit des Fehlers 1. Art höchstens gleich dem Signifikanzniveau ist. Dann prüft man, ob das Testergebnis in dem Ablehnungsbereich liegt. Hier ist somit der kleinste Wert von k zu bestimmen, für den

$$\sum_{i=k}^{50} B(50; 0,6; i) = \sum_{i=0}^{50-k} B(50; 0,4; i) \leq 0,01 \text{ gilt.}$$

Nach der Tabelle ergibt sich für $50 - k = 11$ der Wert 0,0057 und für $50 - k = 12$ der Wert 0,0133. Also ist $k = 39$. Da das Testergebnis 37 nicht im Ablehnungsbereich $\overline{A} = \{39; \ldots; 50\}$ liegt, ist S nicht signifikant besser als R.

28.8 Wie groß ist die Irrtumswahrscheinlichkeit, wenn man die Nullhypothese „der Anteil der Wörter in deutschen Texten, die den Buchstaben e enthalten, ist mindestens 60%" bereits ablehnt, wenn in einem Text mit 100 Wörtern nur 55 den Buchstaben e enthalten?

28.9 Aus langjähriger Beobachtung weiß man, daß unter 85 Neugeborenen durchschnittlich ein Zwillingspaar ist. In einer Großstadt waren unter 1324 Neugeborenen eines Jahres 20 Zwillingspaare. Man vermutet, daß in dieser Stadt Umwelteinflüsse Zwillingsgeburten begünstigen. Geben Sie auf dem Signifikanzniveau von 5% den Annahmebereich für die Nullhypothese an, daß keine Umwelteinflüsse wirksam sind. Benutzen Sie als Näherung a) die Poissonverteilung, b) die Normalverteilung. Weicht die Geburt der 20 Zwillingspaare signifikant vom langjährigen Mittel ab?

28.10 Ein Spielbudenbesitzer behauptet, sein Glücksrad habe eine Gewinnwahrscheinlichkeit von 30%. Ein Zuschauer meint, sie sei geringer. Er zählt bei 500 aufeinanderfolgenden Spielen die Gewinne. Bestimmen Sie mit der Normalverteilung einen minimalen Annahmebereich der Nullhypothese „die Gewinnwahrscheinlichkeit beträgt mindestens 30%" auf dem 5%-Niveau. Wie groß wird die Wahrscheinlichkeit für einen Fehler 2. Art?

Zweiseitige Tests

Die Behauptung eines Arztes, 20% aller Schüler im Alter von 14 Jahren hätten eine Wirbelsäulenverkrümmung, soll durch die Untersuchung von 20 willkürlich ausgewählten Schülern überprüft werden. Es ist ein möglichst kleiner Annahmebereich so zu bestimmen, daß die Behauptung des Arztes mit einer Wahrscheinlichkeit von höchstens 20% zu unrecht verworfen wird.

Hier liegt ein zweiseitiger Test zur Binomialverteilung B(20; p; k) vor. Die Nullhypothese $p_0 = 0,20$ wird gegen alle Hypothesen $p \neq p_0$ getestet. Das Signifikanzniveau für die Ablehnung von p_0 ist 0,20.
Der gesuchte Annahmebereich hat die Form $\{ X \mid k_1 \leq X \leq k_2 \}$, wobei k_1 möglichst groß und k_2 möglichst klein sein soll. Der Fehler 1. Art setzt sich zusammen aus $\alpha_1 = \sum_{i=0}^{k_1-1} B(20; 0,2; i)$ für den Ablehnungsbereich $\overline{A}_1 = \{0; ...; k_1-1\}$ und

$\alpha_2 = \sum_{i=k_2+1}^{20} B(20; 0,2; i)$ für $\overline{A}_2 = \{k_2+1; ...; 20\}$. Nach der Tabelle für die kumulative Binomialverteilung ergibt sich:

k_1	0	1	2	3
α_1	0	0,0115	0,0692	0,2061

k_2	5	6	7
α_2	0,1958	0,0867	0,0321

Da $\alpha_1 + \alpha_2 \leq 0,20$ sein soll, ist $A = \{2; ...; 6\}$ der kleinstmögliche Annahmebereich. Dieser Annahmebereich erfüllt auch noch zwei oft geforderte Bedingungen: Jede der Fehlerwahrscheinlichkeiten α_1 und α_2 liegt unter dem halben Signifikanzniveau, und der Annahme-Bereich liegt symmetrisch zum Erwartungswert $\mu = 20 \cdot 0,2 = 4$.

28.11 Ein Händler bezieht von einer Sammelstelle Kartons mit je 576 Eiern. 75% der Eier seien von der Größenklasse II, der Rest kleiner oder größer. Der Händler will die Kartons nur annehmen, wenn die Überprüfung eines Kartons einen Anteil an Eiern der Größenklasse II ergibt, der zwischen 70% und 78% liegt. Liegt das Signifikanzniveau dieses Annahmebereichs unter 5%?
Benutzen Sie die integrale Näherungsformel.

28.12 Ein Zufallsgenerator liefert die Zahlen von 0 bis 9 willkürlich.
Zur Überprüfung läßt man ihn 6000 Zahlen ausgeben.
Als Näherung werde die Normalverteilung benutzt.

a) Bestimmen Sie den kleinsten zum Erwartungswert symmetrischen Annahmebereich für die Häufigkeit jeder der Zahlen, so daß die Sicherheitswahrscheinlichkeit für die Nullhypothese, der Generator arbeite einwandfrei, mindestens 95% beträgt.
b) Wie ändert sich der minimale Annahmebereich, wenn man die Sicherheitswahrscheinlichkeit auf 90% herabsetzt?
c) Man möchte möglichst sicher sein, daß der Generator einwandfrei arbeitet. Wird man dann eine große oder eine kleine Sicherheitswahrscheinlichkeit verlangen?

28.13 Die Nullhypothese $p_0 = 0,2$ werde durch eine Stichprobe der Länge 20 (mit Zurücklegen) überprüft. Der Annahmebereich sei $A = \{2; ...; 6\}$.

a) Zeichnen Sie die OC-Kurve. Kennzeichnen Sie in der Figur die Sicherheitswahrscheinlichkeit für die Nullhypothese.

b) Was läßt sich über den Fehler 2. Art bei diesem Test aussagen? Weshalb heißt der Test verfälscht?

c) Wie ändert sich die OC-Kurve, wenn der Annahmebereich nach

α) kleineren Werten hin (z.B. $\{1; ...; 6\}$),

β) größeren Werten hin (z.B. $\{2; ...; 8\}$)

erweitert wird?

Schätzen von Parametern

Sind die Zufallsgrößen $X_1, ..., X_n$ gleichverteilt, so ist das Stichprobenmittel

$$\overline{X} = \frac{X_1 + X_2 + ... X_n}{n}$$

eine erwartungstreue Schätzgröße für den Erwartungswert μ. Sind die Zufallsgrößen außerdem unabhängig, so ist die Stichprobenvarianz

$$S^2 = \frac{1}{n-1} \sum_{i=1}^{n} (X_i - \overline{X})^2$$

eine erwartungstreue Schätzgröße für die Varianz Var X.

Beispiel: In einem Samenzuchtbetrieb werden Radieschensamen maschinell in Tüten gefüllt. Ein Samenhändler will die Tüten nur beziehen, wenn für die Anzahl der Samen in ihnen die „Stichprobenstreuung" höchstens 2 beträgt.
Er macht eine Stichprobe mit 15 Tüten. Das Ergebnis ist

Anzahl der Samen	44	45	46	47	48	49	50	51
Anzahl der Tüten	1	0	2	3	4	3	1	1

Nach dieser Tabelle ist

$$\overline{X} = \frac{1 \cdot 44 + 2 \cdot 46 + 3 \cdot 47 + 4 \cdot 48 + 3 \cdot 49 + 1 \cdot 50 + 1 \cdot 51}{15} = 47{,}8 \text{ und}$$

$$S^2 = \frac{1}{14} [(44-47{,}8)^2 + 2 \cdot (46-47{,}8)^2 + 3 \cdot (47-47{,}8)^2 + 4 \cdot (48-47{,}8)^2$$

$$+ 3 \cdot (49-47{,}8)^2 + (50-47{,}8)^2 + (51-47{,}8)^2] = 3{,}03.$$

Der Mittelwert μ wird also etwa bei 48 liegen. Die Stichprobenstreuung ist $S = \sqrt{3{,}03} = 1{,}74$ und liegt damit unter 2.
Beachten Sie: Die Stichprobenstreuung S ist keine erwartungstreue Schätzgröße für die Streuung σ.

28.14 a) Benutzen Sie das Vorwort dieses Buches als Stichprobe aus den Wörtern der deutschen Sprache und schätzen Sie Mittelwert und Varianz der Buchstabenzahl

X der deutschen Wörter. Was müßte für diesen Mittelwert und die Varianz im Idealfall gelten, wenn die (weil $x = 0$ und $x = 1$ im Deutschen nicht auftreten) um 2 verminderte Buchstabenzahl $X - 2$ poissonverteilt wäre?

b) Berechnen Sie die Verteilung der Wortlängen in der Stichprobe, die sich aus der Annahme einer Poissonverteilung mit $\mu = 4{,}172$ ergäbe. Vergleichen Sie diese mit dem Ergebnis der Auszählung. Ist die Länge der deutschen Wörter poissonverteilt?

28.15 Beim Münzwurf kann die Zufallsvariable X die Werte 1 (Vorderseite) und 0 (Rückseite) annehmen. X_1, X_2, X_3 und X_4 seien die gleichverteilten Zufallsgrößen bei viermaligem Münzwurf (Stichprobe der Länge $n = 4$).

a) Bestimmen Sie für die Zufallsgröße X den Erwartungswert E(X) und die Varianz Var X.

b) Geben Sie in einer Tabelle zu jedem möglichen Wert des Stichprobenmittels

$\overline{X} = \frac{1}{4}(X_1 + X_2 + X_3 + X_4)$ ein mögliches Ergebnis, die Wahrscheinlichkeit sowie die Werte der Zufallsgrößen $(\overline{X} - E(X))^2$ und $Z = \sum_{i=1}^{4} (X_i - \overline{X})^2$ an.

c) Zeigen an diesem Beispiel, daß

α) $\overline{X}$ eine erwartungstreue Schätzgröße für den Erwartungswert E(X) ist,

β) $\text{Var}\,\overline{X} = \frac{1}{n}\,\text{Var}\,X$ ist,

γ) $S^2 = \frac{1}{n-1}\,Z$ eine erwartungstreue Schätzgröße für die Varianz von X ist.

28.16 Bei 50 Messungen der Zeit, die eine Kugel zum Durchfallen einer Strecke von 1,2 m braucht, ergaben sich folgende Werte:

X = Zeit	0,47	0,48	0,49	0,50	0,51	0,52 Sekunden
H = Häufigkeit	1	5	13	17	9	5

Schätzen Sie Erwartungswert und Varianz der Zeit.

Lösungen

1.1 $\vec{b} + \vec{c} = \begin{pmatrix} -5 \\ 3 \end{pmatrix}$, also $\vec{a} + (\vec{b} + \vec{c}) = \begin{pmatrix} -4 \\ 6 \end{pmatrix}$,

$\vec{a} + \vec{b} = \begin{pmatrix} -1 \\ 7 \end{pmatrix}$, also $(\vec{a} + \vec{b}) + \vec{c} = \begin{pmatrix} -4 \\ 6 \end{pmatrix} = \vec{a} + (\vec{b} + \vec{c})$, q.e.d.

1.2 $\vec{a} + \vec{b} + \vec{c} = \begin{pmatrix} 0 \\ 0 \\ 0 \end{pmatrix} = \vec{o}$. Geometrische Bedeutung: Die Vektorkette aus $\vec{a}$, $\vec{b}$ und $\vec{c}$ schließt sich.

1.3 $\vec{a} - \vec{b} + \vec{c} = \begin{pmatrix} -1 \\ 1 \end{pmatrix}$, $\vec{a} + \vec{b} - \vec{c} = \begin{pmatrix} -11 \\ 9 \end{pmatrix}$.

1.4 $\vec{x} = \begin{pmatrix} -6 \\ 2 \\ -2 \end{pmatrix}$. Allgemeine Lösung: $\vec{x} = \vec{b} - \vec{a}$.

1.5 $\overrightarrow{AB} = \vec{b} - \vec{a} = \begin{pmatrix} 4 \\ -1 \end{pmatrix}$, $\overrightarrow{DC} = \vec{c} - \vec{d} = \begin{pmatrix} -4 \\ 1 \end{pmatrix} = -\overrightarrow{AB}$. Also ist das Viereck ABCD überschlagen. Viereck ABDC wäre ein Parallelogramm.

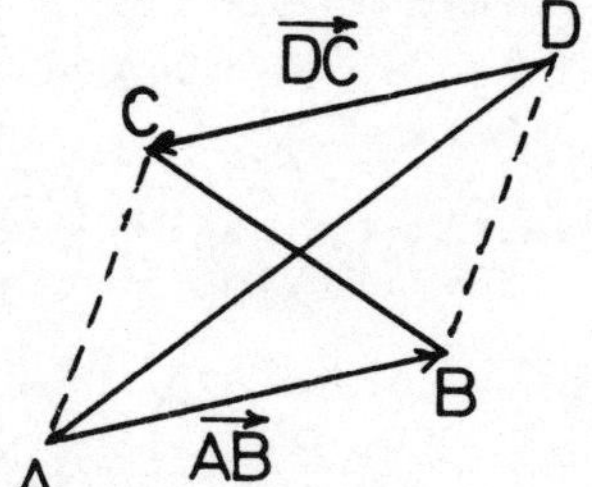

1.6 Aus $\overrightarrow{DC} = \vec{c} - \vec{d} = \overrightarrow{AB} = \vec{b} - \vec{a}$ folgt $\vec{d} = \vec{c} - \vec{b} + \vec{a} = \begin{pmatrix} 3 \\ -7 \\ 5 \end{pmatrix}$.

1.7 $\overrightarrow{AB} = \begin{pmatrix} 3 \\ 5 \end{pmatrix}$, also $\vec{a}' = \vec{a} + \overrightarrow{AB} = \begin{pmatrix} 3 \\ 5 \end{pmatrix}$, A′(3|5). Ebenso B′(6|10), C′(4|12).

1.8 Aus $x = x' - 3$, $y = y' + 1$ folgt die Gleichung der Bildparabel $y' + 1 = (x' - 3)^2$ oder $y' = x'^2 - 6x' + 8$.

1.9 $P_1(2|4|6)$, $P_2(0|7|5)$. $\vec{t} = \overrightarrow{PP_2} = \begin{pmatrix} -2 \\ 6 \\ 0 \end{pmatrix}$. Allgemein: $\vec{t} = \vec{t}_1 + \vec{t}_2$.

1.10 $\overrightarrow{AB} = \begin{pmatrix} 6 \\ 2 \end{pmatrix}$, $\overrightarrow{BC} = \begin{pmatrix} -1 \\ 3 \end{pmatrix}$, $\overrightarrow{CD} = \begin{pmatrix} -3 \\ -1 \end{pmatrix}$, $\overrightarrow{DA} = \begin{pmatrix} -2 \\ -4 \end{pmatrix}$. Wegen $\overrightarrow{AB} = -2 \cdot \overrightarrow{CD}$ sind $\overrightarrow{AB}$ und $\overrightarrow{CD}$ parallel, aber entgegengesetzt orientiert. Damit ist das Viereck ABCD ein Trapez.

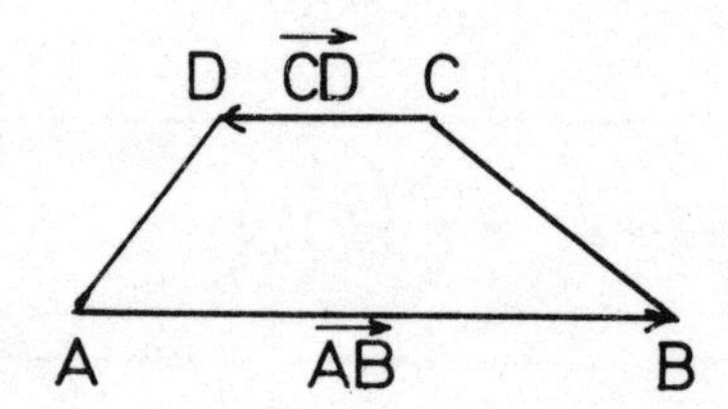

1.11 $\overrightarrow{AB} = \begin{pmatrix} 2 \\ -4 \\ -1 \end{pmatrix}$, $\overrightarrow{AM} = \frac{1}{2} \cdot \overrightarrow{AB} = \begin{pmatrix} 1 \\ -2 \\ -0{,}5 \end{pmatrix}$, $\vec{m} = \vec{a} + \overrightarrow{AM} = \begin{pmatrix} 3 \\ 1 \\ 6{,}5 \end{pmatrix}$, M(3|1|6,5).

1.12 1. Distributivgesetz: $(s + t)\vec{a} = -1 \cdot \vec{a} = \begin{pmatrix} -3 \\ -2 \\ -5 \end{pmatrix}$,

$$s\vec{a} + t\vec{a} = \begin{pmatrix} 6 \\ 4 \\ 10 \end{pmatrix} + \begin{pmatrix} -9 \\ -6 \\ -15 \end{pmatrix} = \begin{pmatrix} -3 \\ -2 \\ -5 \end{pmatrix}.$$

2. Distributivgesetz: $s(\vec{a} + \vec{b}) = 2 \cdot \begin{pmatrix} 2 \\ 5 \\ 3 \end{pmatrix} = \begin{pmatrix} 4 \\ 10 \\ 6 \end{pmatrix}$,

$$s\vec{a} + s\vec{b} = \begin{pmatrix} 6 \\ 4 \\ 10 \end{pmatrix} + \begin{pmatrix} -2 \\ 6 \\ -4 \end{pmatrix} = \begin{pmatrix} 4 \\ 10 \\ 6 \end{pmatrix}.$$

Allgemeiner Nachweis des 2. Distributivgesetzes:

$$s(\vec{a}+\vec{b}) = s\begin{pmatrix} a_1 + b_1 \\ a_2 + b_2 \\ a_3 + b_3 \end{pmatrix} = \begin{pmatrix} s(a_1 + b_1) \\ s(a_2 + b_2) \\ s(a_3 + b_3) \end{pmatrix} = \begin{pmatrix} sa_1 + sb_1 \\ sa_2 + sb_2 \\ sa_3 + sb_3 \end{pmatrix}$$

$$= \begin{pmatrix} sa_1 \\ sa_2 \\ sa_3 \end{pmatrix} + \begin{pmatrix} sb_1 \\ sb_2 \\ sb_3 \end{pmatrix} = s\begin{pmatrix} a_1 \\ a_2 \\ a_3 \end{pmatrix} + s\begin{pmatrix} b_1 \\ b_2 \\ b_3 \end{pmatrix} = s\vec{a} + s\vec{b}.$$

1.13 $\frac{1}{2}(\vec{a}+\vec{b}) + \frac{1}{3}(\vec{c} - \frac{1}{2}\vec{a} - \frac{1}{2}\vec{b}) =$

$\frac{1}{2}\vec{a} + \frac{1}{2}\vec{b} + \frac{1}{3}\vec{c} - \frac{1}{6}\vec{a} - \frac{1}{6}\vec{b} = \frac{1}{3}\vec{a} + \frac{1}{3}\vec{b} + \frac{1}{3}\vec{c} = \frac{1}{3}(\vec{a}+\vec{b}+\vec{c})$.

1.14 a) A′ (–4,5|–1,5) B′ (4,5|–1,5) C′ (0|7,5).
b) A′ (6|2) B′ (–6|2) C′ (0|–10).
c) A′ (3|1) B′ (–3|1) C′ (0|–5).

Wegen $\vec{a}' = -\vec{a}$, $\vec{b}' = -\vec{b}$, $\vec{c}' = -\vec{c}$ kann diese Streckung auch als Punktspiegelung aufgefaßt werden.

1.15 Mit $x' = 3x$, $y' = 3y$ oder $x = \frac{1}{3}x'$, $y = \frac{1}{3}y'$ folgt als Gleichung der Bildparabel

$\frac{1}{3}y' = (\frac{1}{3}x')^2$ oder $y' = \frac{1}{3}x'^2$.

1.16 Es ist $\vec{c} = -\frac{3}{2}\vec{a}$. Also sind $\vec{a}$ und $\vec{c}$ kollinear. Zwischen je zwei anderen der vier Vektoren gibt es keine solche Beziehung; sie sind also paarweise nicht kollinear.

1.17 Für jeden Vektor $\vec{a}$ gilt $\vec{o} = 0 \cdot \vec{a}$. Also ist der Nullvektor $\vec{o}$ mit ihm kollinear.

1.18 Der Satz ist falsch: Denn ist $\vec{b} = \vec{o}$, dann ist $\vec{b}$ sowohl mit $\vec{a}$ als auch mit $\vec{c}$ immer kollinear, ohne daß $\vec{a}$ und $\vec{c}$ kollinear sein müssen.

1.19 $\vec{b} = k\vec{a}$ kann nur mit $k = \frac{3}{2}$ erfüllt werden; also wird $b_2 = -\frac{9}{2}$. $\vec{c} = k\vec{a}$ stimmt mit $k = -\frac{5}{3}$; also wird $c_1 = -\frac{10}{3}$.

1.20 a) $\overrightarrow{AB} = \begin{pmatrix} 2 \\ 0 \\ 11 \end{pmatrix}, \overrightarrow{AC} = \begin{pmatrix} 3 \\ 3 \\ 12 \end{pmatrix}, \overrightarrow{AD} = \begin{pmatrix} 0 \\ 1 \\ -2 \end{pmatrix}.$

In der Vektorgleichung

$$\begin{pmatrix} 3 \\ 3 \\ 12 \end{pmatrix} = s \begin{pmatrix} 2 \\ 0 \\ 11 \end{pmatrix} + t \begin{pmatrix} 0 \\ 1 \\ -2 \end{pmatrix}$$

folgt aus der 1. Koordinate $s = \frac{3}{2}$ und aus der zweiten Koordinate $t = 3$. Mit diesen Werten wird die 3. Koordinatengleichung falsch. Also ist das Viereck ABCD nicht eben.

b) $\overrightarrow{AB} = \begin{pmatrix} 1 \\ 2 \\ -1 \end{pmatrix}, \overrightarrow{AC} = \begin{pmatrix} -7 \\ -6 \\ 1 \end{pmatrix}, \overrightarrow{AD} = \begin{pmatrix} -10 \\ -4 \\ -2 \end{pmatrix}.$

Hier gilt
$\overrightarrow{AD} = 4\ \overrightarrow{AB} + 2\ \overrightarrow{AC}.$
Also ist dieses Viereck eben.

1.21 Rechnerische Begründung: Sind etwa $\vec{a}$ und $\vec{b}$ kollinear, gibt es also eine Konstante k mit $\vec{a} = k\vec{b}$, dann gilt auch $\vec{a} = k\vec{b} + 0 \cdot \vec{c}$ für jeden beliebigen Vektor $\vec{c}$. Also sind dann $\vec{a}$, $\vec{b}$ und $\vec{c}$ komplanar.
Geometrische Begründung: Sind $\vec{a}$ und $\vec{b}$ kollinear, gibt es eine Gerade, zu der $\vec{a}$ und $\vec{b}$ parallel sind. Dann existiert auch eine Ebene, die zu dieser Geraden und $\vec{c}$ parallel ist. Zu dieser Ebene sind dann alle drei Vektoren parallel, d.h. sie sind komplanar.

1.22 In der Vektorgleichung $\begin{pmatrix} 4 \\ -2 \\ c_3 \end{pmatrix} = s \begin{pmatrix} 1 \\ 0 \\ 5 \end{pmatrix} + t \begin{pmatrix} 0 \\ 1 \\ 3 \end{pmatrix}$ folgt aus der 1. Koordinate $s = 4$ und aus der 2. Koordinate $t = -2$. Die 3. liefert damit $c_3 = 4 \cdot 5 - 2 \cdot 3 = 14$.

1.23 In der Vektorgleichung $\vec{c} = s\vec{a} + t\vec{b}$ lauten die 1. und 2. Koordinate

$1 = 2s - 3t$
$2 = -4s + 6t.$

Multipliziert man die erste dieser Gleichungen mit 2 und addiert sie dann zur zweiten, entsteht $4 = 0$. Diese Gleichung ist durch keine Wahl von s und t zu erfüllen. Also können die drei Vektoren nie komplanar werden.

2.1 a) $8 + 3 = 11$, b) $-6 + 20 = 14$, c) $-15 + 15 = 0$, d) $2 - 9 - 36 = -43$,
e) $0 + 0 + 40 = 40$, f) $-14 + 20 - 6 = 0$.

2.2 a) $\sqrt{9 + 4} = \sqrt{13}$, b) $\sqrt{25 + 144} = 13$, c) $\sqrt{4 + 1 + 4} = 3$, d) $\sqrt{25 + 0 + 49} = \sqrt{74}$.

2.3 a) $\vec{q} - \vec{p} = \begin{pmatrix} 5 \\ -2 \end{pmatrix}$, $|PQ| = \sqrt{25 + 4} = \sqrt{29}$, b) $|PQ| = \sqrt{25 + 0} = 5$,

c) $|PQ| = \sqrt{4 + 9 + 36} = 7$.

2.4 Assoziatives Gesetz: $(k\,\vec{a})\vec{b} = \begin{pmatrix} 10 \\ 5 \\ 15 \end{pmatrix} \begin{pmatrix} 5 \\ -7 \\ 2 \end{pmatrix} = 45,$

$k\,(\vec{a}\,\vec{b}) = 5 \cdot (10 - 7 + 6) = 45.$

Distributives Gesetz: $(\vec{a} + \vec{b})\,\vec{c} = \begin{pmatrix} 7 \\ -6 \\ 5 \end{pmatrix} \begin{pmatrix} -3 \\ 0 \\ -5 \end{pmatrix} = -46,$

$\vec{a}\,\vec{c} + \vec{b}\,\vec{c} = -21 - 25 = -46.$

Allgemeiner Nachweis:

$(k\,\vec{a})\,\vec{b} = \begin{pmatrix} ka_1 \\ ka_2 \end{pmatrix} \begin{pmatrix} b_1 \\ b_2 \end{pmatrix} = ka_1 b_1 + ka_2 b_2 = k(a_1 b_1 + a_2 b_2) = k(\vec{a}\,\vec{b}),$

$(\vec{a} + \vec{b})\,\vec{c} = \begin{pmatrix} a_1 + b_1 \\ a_2 + b_2 \end{pmatrix} \begin{pmatrix} c_1 \\ c_2 \end{pmatrix} = (a_1 + b_1)c_1 + (a_2 + b_2)c_2 = a_1 c_1 + b_1 c_1 + a_2 c_2 +$
$b_2 c_2 = (a_1 c_1 + a_2 c_2) + (b_1 c_1 + b_2 c_2) = \vec{a}\,\vec{c} + \vec{b}\,\vec{c}.$

2.5 $(\vec{a} + \vec{b})^2 = (\vec{a} + \vec{b})\,(\vec{a} + \vec{b}) = \vec{a}\,(\vec{a} + \vec{b}) + \vec{b}\,(\vec{a} + \vec{b}) = \vec{a}^2 + \vec{a}\,\vec{b} + \vec{b}\,\vec{a} + \vec{b}^2 =$
$\vec{a}^2 + \vec{a}\,\vec{b} + \vec{a}\,\vec{b} + \vec{b}^2 = \vec{a}^2 + 2\vec{a}\,\vec{b} + \vec{b}^2.$

2.6 $(s\,\vec{a})\,(t\,\vec{b}) = s\,[\vec{a}\,(t\,\vec{b})] = s\,[(t\,\vec{b})\,\vec{a}] = s\,[t\,(\vec{b}\,\vec{a})] = (st)\,(\vec{a}\,\vec{b}).$

2.7 a) Vektoriell: $\vec{x}^2 = 16$, in Koordinaten: $x_1^2 + x_2^2 + x_3^2 = 16$.

b) $\left[\vec{x} - \begin{pmatrix} 1 \\ 3 \\ 0 \end{pmatrix}\right]^2 = 25,\ (x_1 - 1)^2 + (x_2 - 3)^2 + x_3^2 = 25$ oder
$x_1^2 + x_2^2 + x_3^2 - 2x_1 - 6x_2 - 15 = 0.$

c) $\left[\vec{x} - \begin{pmatrix} -1 \\ -2 \\ 1 \end{pmatrix}\right]^2 = 9,\ x_1^2 + x_2^2 + x_3^2 + 2x_1 + 4x_2 - 2x_3 - 3 = 0.$

2.8 a) $(x_1 - 4)^2 + (x_2 + 4)^2 + (x_3 + 2)^2 = -4 + 16 + 16 + 4,$

$\left[\vec{x} - \begin{pmatrix} 4 \\ -4 \\ -2 \end{pmatrix}\right]^2 = 32,\ M(4|-4|-2),\ r = \sqrt{32}.$

b) $(x_1 + 2{,}5)^2 + x_2^2 + (x_3 - 0{,}5)^2 = -2{,}5 + 6{,}25 + 0{,}25,$

$$\left[\vec{x} - \begin{pmatrix} -2{,}5 \\ 0 \\ 0{,}5 \end{pmatrix}\right]^2 = 4, \quad M(-2{,}5|0|0{,}5),\ r = 2.$$

c) $$\left[\vec{x} - \begin{pmatrix} 3 \\ 0 \\ 4 \end{pmatrix}\right]^2 = 9 + 0 + 16 = 25, \quad M(3|0|4),\ r = 5.$$

2.9 $x_1^2 + (x_2 - 3)^2 = -20 + 9 = -11$. Da die rechte Seite r^2 der Kreisgleichung nicht negativ sein kann, stellt die Gleichung keinen Kreis dar. Es gibt keine reellen Punkte, die der Gleichung genügen.

2.10

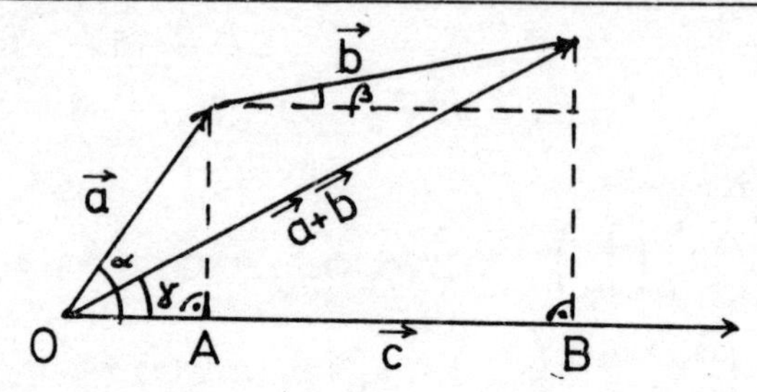

Mit den Winkeln α, β und γ zwischen $\vec{a}$ bzw. $\vec{b}$ bzw. $\vec{a} + \vec{b}$ und $\vec{c}$ zeigt die Zeichnung, daß

$$|\vec{a}| \cos\alpha + |\vec{b}| \cdot \cos\beta = |OA| + |AB| = |OB| = |\vec{a} + \vec{b}| \cos\gamma$$

ist. Damit wird nach Multiplikation mit $|\vec{c}|$

$$\vec{a}\,\vec{c} + \vec{b}\,\vec{c} = |\vec{a}|\,|\vec{c}| \cos\alpha + |\vec{b}|\,|\vec{c}| \cos\beta = |\vec{a} + \vec{b}|\,|\vec{c}| \cos\gamma = (\vec{a} + \vec{b})\,\vec{c}.$$

2.11 Nennt man die Richtungsvektoren der Koordinatenachsen $\vec{e}_1$, $\vec{e}_2$ und $\vec{e}_3$, dann ist

$$\vec{a} = \begin{pmatrix} a_1 \\ a_2 \\ a_3 \end{pmatrix} = a_1 \begin{pmatrix} 1 \\ 0 \\ 0 \end{pmatrix} + a_2 \begin{pmatrix} 0 \\ 1 \\ 0 \end{pmatrix} + a_3 \begin{pmatrix} 0 \\ 0 \\ 1 \end{pmatrix} = a_1 \vec{e}_1 + a_2 \vec{e}_2 + a_3 \vec{e}_3$$

und ebenso $\vec{b} = b_1 \vec{e}_1 + b_2 \vec{e}_2 + b_3 \vec{e}_3$. Damit wird

$$\vec{a}\,\vec{b} = (a_1 \vec{e}_1 + a_2 \vec{e}_2 + a_3 \vec{e}_3)(b_1 \vec{e}_1 + b_2 \vec{e}_2 + b_3 \vec{e}_3) = a_1 b_1 \vec{e}_1^{\,2} + a_1 b_2 \vec{e}_1 \vec{e}_2 + a_1 b_3 \vec{e}_1 \vec{e}_3 +$$
$$a_2 b_1 \vec{e}_2 \vec{e}_1 + a_2 b_2 \vec{e}_2^{\,2} + a_2 b_3 \vec{e}_2 \vec{e}_3 + a_3 b_1 \vec{e}_3 \vec{e}_1 + a_3 b_2 \vec{e}_3 \vec{e}_2 + a_3 b_3 \vec{e}_3^{\,2}.$$

Haben $\vec{e}_1$, $\vec{e}_2$ und $\vec{e}_3$ die Länge 1, wird

$$\vec{e}_1^{\,2} = \vec{e}_2^{\,2} = \vec{e}_3^{\,2} = 1 \cdot 1 \cdot \cos 0° = 1.$$

Stehen sie außerdem aufeinander senkrecht, ist

$$\vec{e}_1 \vec{e}_2 = \vec{e}_1 \vec{e}_3 = \vec{e}_2 \vec{e}_3 = 1 \cdot 1 \cdot \cos 90° = 0.$$

Damit wird also $\vec{a}\,\vec{b} = a_1 b_1 + a_2 b_2 + a_3 b_3$, q.e.d.

2.12 Das Skalarprodukt zweier Vektoren ist 0, wenn einer von ihnen der Nullvektor ist oder wenn sie aufeinander senkrecht stehen. Es ist positiv, wenn die Vektoren einen spitzen Winkel einschließen, und negativ, wenn dieser Winkel stumpf ist.

2.13 $\vec{a}\,\vec{c} = \vec{b}\,\vec{d} = \vec{e}\,\vec{f} = 0$. Alle anderen Skalarprodukte sind $\neq 0$. Also stehen nur $\vec{a}$ und $\vec{c}$, $\vec{b}$ und $\vec{d}$ sowie $\vec{e}$ und $\vec{f}$ aufeinander senkrecht.

2.14 Genau wenn $\varphi = 90°$ ist, gilt für das Dreieck der Figur der Satz von Pythagoras: $(\vec{a} - \vec{b})^2 = \vec{a}^2 + \vec{b}^2$. Der Vergleich mit $(\vec{a} - \vec{b})^2 = \vec{a}^2 - 2\vec{a}\,\vec{b} + \vec{b}^2$ liefert $\vec{a}\,\vec{b} = 0$. Dies gilt auch im $\mathbb{R}^3$.

2.15

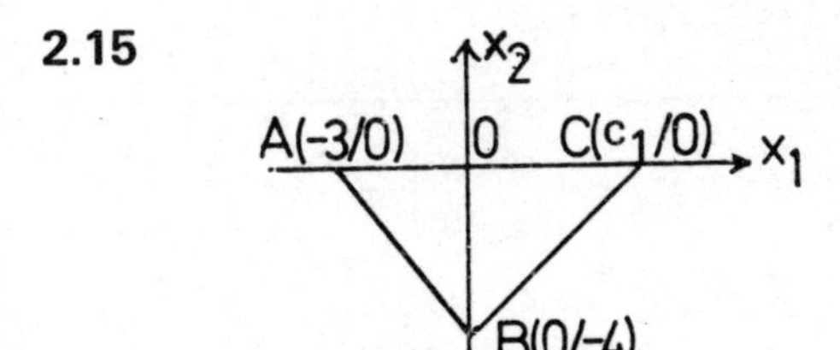

Damit das Dreieck bei B rechtwinklig wird, muß

$$\overrightarrow{BA} \cdot \overrightarrow{BC} = \begin{pmatrix} -3 \\ 4 \end{pmatrix} \begin{pmatrix} c_1 \\ 4 \end{pmatrix} = -3c_1 + 16 = 0,$$

also $c_1 = \frac{16}{3}$ sein.

Für $0 < c_1 < \frac{16}{3}$ ist das Dreieck bei B spitzwinklig und

für $c_1 > \frac{16}{3}$ wird es bei B stumpfwinklig.

2.16 Zu $\vec{a}$ sind $\begin{pmatrix} -3 \\ 1 \end{pmatrix}$ und $\begin{pmatrix} 3 \\ -1 \end{pmatrix}$, zu $\vec{b}$ $\begin{pmatrix} 0 \\ -5 \end{pmatrix}$ oder auch $\begin{pmatrix} 0 \\ 1 \end{pmatrix}$,

zu $\vec{c}$ $\begin{pmatrix} 0 \\ 1 \\ 0 \end{pmatrix}$ oder $\begin{pmatrix} -2 \\ 0 \\ 1 \end{pmatrix}$ und zu $\vec{d}$ $\begin{pmatrix} 1 \\ 0 \\ 0 \end{pmatrix}$ oder $\begin{pmatrix} 0 \\ 0 \\ 1 \end{pmatrix}$ oder $\begin{pmatrix} 1 \\ 0 \\ 1 \end{pmatrix}$ orthogonal.

2.17 Geometrische Begründung: Im $\mathbb{R}^2$ gibt es zu $\vec{a} = \begin{pmatrix} 3 \\ 2 \end{pmatrix}$ nur eine senkrechte Richtung. Alle zu $\vec{a}$ orthogonalen Vektoren müssen diese Richtung haben, sind also kollinear.

Rechnerische Begründung: Aus $0 = \vec{a}\,\vec{b} = \begin{pmatrix} 3 \\ 2 \end{pmatrix}\begin{pmatrix} b_1 \\ b_2 \end{pmatrix} = 3b_1 + 2b_2$ folgt $b_2 = -1{,}5\, b_1$,

also $\vec{b} = b_1 \begin{pmatrix} 1 \\ -1{,}5 \end{pmatrix}$. Alle diese Vektoren sind mit $\begin{pmatrix} 1 \\ -1{,}5 \end{pmatrix}$ kollinear.

Der Satz gilt allgemein nur für Vektoren $\vec{a} \neq \vec{o}$; denn der Nullvektor ist zu allen Vektoren orthogonal.

2.18 Ist E eine zu $\vec{a}$ senkrechte Ebene, sind alle zu $\vec{a}$ orthogonalen Vektoren zu E parallel, also komplanar. Es ist

$$\begin{pmatrix}-2\\3\\0\end{pmatrix} = -0{,}6 \cdot \begin{pmatrix}0\\-5\\2\end{pmatrix} + 0{,}4 \cdot \begin{pmatrix}-5\\0\\3\end{pmatrix}.$$

3.1 a) $2 \cdot 8 - 5 \cdot 3 = 1$, b) 4, c) 0.

Bei Spaltentausch ändert sich das Vorzeichen der Ergebnisse.

3.2 D ist die Determinante der Koeffizienten a_{ik}. D_1 und D_2 entstehen aus D, indem man die erste bzw. zweite Spalte durch die rechte Seite $\begin{pmatrix}b_1\\b_2\end{pmatrix}$ ersetzt.

3.3 a) $D = \begin{vmatrix}2 & -3\\3 & -5\end{vmatrix} = -1, D_1 = \begin{vmatrix}5 & -3\\6 & -5\end{vmatrix} = -7, D_2 = \begin{vmatrix}2 & 5\\3 & 6\end{vmatrix} = -3,$

also $x_1 = 7, x_2 = 3$.

b) $D = -84, D_1 = -42, D_2 = -28$, also $x_1 = \frac{1}{2}, x_2 = \frac{1}{3}$.

3.4 $D = \begin{vmatrix}5 & p\\3 & -6\end{vmatrix} = -30 - 3p$ muß $= 0$ sein, also $p = -10$.

Dann wird $D_1 = \begin{vmatrix}8 & -10\\4 & -6\end{vmatrix} = -8 \neq 0$. Also hat das Gleichungssystem keine Lösung.

3.5 $\begin{vmatrix}3 & 1\\5 & b_2\end{vmatrix} = 3b_2 - 5 = 0$ liefert $b_2 = \frac{5}{3}$.

3.6 Die Determinante aus den zweiten und dritten Koordinaten ist $\begin{vmatrix}3 & 2\\4 & 4\end{vmatrix} = 4 \neq 0$.

Also können $\vec{a}$ und $\vec{b}$ nicht linear abhängig sein.

3.7 $\begin{vmatrix}1 & -2\\a_2 & 3\end{vmatrix} = 3 + 2a_2 = 0$ liefert $a_2 = -\frac{3}{2}$, und $\begin{vmatrix}1 & -2\\5 & b_3\end{vmatrix} = b_3 + 10 = 0$

ergibt $b_3 = -10$. Die dritte Determinante ist dann ebenfalls $= 0$.

3.8 a) 1. Koordinate $= \begin{vmatrix}2 & 3\\4 & 7\end{vmatrix} = 2$, 2. Koordinate $= \begin{vmatrix}4 & 7\\1 & 5\end{vmatrix} = 13$,

3. Koordinate = $\begin{vmatrix} 1 & 5 \\ 2 & 3 \end{vmatrix} = -7$, also $\begin{pmatrix} 1 \\ 2 \\ 4 \end{pmatrix} \times \begin{pmatrix} 5 \\ 3 \\ 7 \end{pmatrix} = \begin{pmatrix} 2 \\ 13 \\ -7 \end{pmatrix}$.

b) $\begin{pmatrix} 13 \\ -9 \\ -6 \end{pmatrix}$, c) $\begin{pmatrix} 0 \\ 0 \\ 0 \end{pmatrix} = \vec{o}$.

3.9 Die Koordinaten von $\vec{a} \times \vec{b}$ sind die drei zweireihigen Determinanten, die man aus $\begin{vmatrix} a_1 & b_1 \\ a_2 & b_2 \\ a_3 & b_3 \end{vmatrix}$ durch Weglassen einer Zeile und einen Vorzeichenwechsel bei der zweiten Koordinate bilden kann. $\vec{a}$ und $\vec{b}$ sind genau dann kollinear, wenn diese Determinanten = 0 sind, wenn also $\vec{a} \times \vec{b} = \vec{o}$ ist.

3.10 Eine Vertauschung der Faktoren in $\vec{a} \times \vec{b}$ bedeutet für die Koordinaten dieses Vektorprodukts die Vertauschung der beiden Spalten, also einen Vorzeichenwechsel. Deshalb ist $\vec{b} \times \vec{a} = -\vec{a} \times \vec{b}$.

3.11 $\vec{a} \cdot (\vec{b} \times \vec{c}) = \begin{pmatrix} 1 \\ 3 \\ 0 \end{pmatrix} \cdot \left[\begin{pmatrix} 6 \\ -1 \\ 2 \end{pmatrix} \times \begin{pmatrix} -3 \\ 4 \\ 5 \end{pmatrix}\right] = \begin{pmatrix} 1 \\ 3 \\ 0 \end{pmatrix} \cdot \begin{pmatrix} -13 \\ -36 \\ 21 \end{pmatrix} = -13 - 108 + 0 = -121.$

$(\vec{a} \times \vec{b}) \cdot \vec{c} = \begin{pmatrix} 6 \\ -2 \\ -19 \end{pmatrix} \cdot \begin{pmatrix} -3 \\ 4 \\ 5 \end{pmatrix} = -18 - 8 - 95 = -121.$

$\vec{b} \cdot (\vec{a} \times \vec{c}) = \begin{pmatrix} 6 \\ -1 \\ 2 \end{pmatrix} \cdot \begin{pmatrix} 15 \\ -5 \\ 13 \end{pmatrix} = 90 + 5 + 26 = 121.$

3.12 a) $\begin{pmatrix} 2 \\ 1 \\ 2 \end{pmatrix} \cdot \begin{pmatrix} 24 \\ -3 \\ 21 \end{pmatrix} = 87$, b) $\begin{pmatrix} 4 \\ 1 \\ 3 \end{pmatrix} \cdot \begin{pmatrix} 6 \\ 18 \\ -14 \end{pmatrix} = 0$, c) $\begin{pmatrix} 4 \\ 6 \\ -2 \end{pmatrix} \cdot \begin{pmatrix} 51 \\ -33 \\ 3 \end{pmatrix} = 0$.

3.13 a) $D = \begin{pmatrix} 7 \\ 8 \\ 6 \end{pmatrix} \cdot \begin{pmatrix} -2 \\ 2 \\ -6 \end{pmatrix} = -34$, $D_1 = \begin{pmatrix} 9 \\ 1 \\ 3 \end{pmatrix} \cdot \begin{pmatrix} -2 \\ 2 \\ -6 \end{pmatrix} = -34$, $D_2 = 34$, $D_3 = -102$,

also $x_1 = 1$, $x_2 = -1$, $x_3 = 3$.

b) $D = 289$, $D_1 = 578$, $D_2 = 0$, $D_3 = -1445$, $x_1 = 2$, $x_2 = 0$, $x_3 = -5$.

3.14 $D = \begin{vmatrix} 5 & k & 4 \\ 3 & -1 & 5 \\ 1 & -3 & -7 \end{vmatrix} = \begin{pmatrix} 5 \\ 3 \\ 1 \end{pmatrix} \cdot \begin{pmatrix} 22 \\ 7k-12 \\ 5k+4 \end{pmatrix} = 110 + 3(7k-12) + (5k+4) = 26k + 78$

wird = 0, wenn k = – 3 ist. Damit wird

$D_1 = \begin{vmatrix} 7 & -3 & 4 \\ 4 & -1 & 5 \\ 2 & -3 & -7 \end{vmatrix} = 0, D_2 = 0, D_3 = 0$. Also hat das System unendlich viele Lösungen.

3.15 $D = \begin{vmatrix} 5 & p & -4 \\ 6 & 5 & -7 \\ p & -1 & 2 \end{vmatrix} = \begin{pmatrix} 5 \\ 6 \\ p \end{pmatrix} \cdot \begin{pmatrix} 3 \\ -2p+4 \\ -7p+20 \end{pmatrix} = -7p^2 + 8p + 39 = 0$

liefert $p_1 = 3$ und $p_2 = -\frac{13}{7}$.

1. Fall mit $p_1 = 3$:

$D_1 = \begin{vmatrix} 4 & 3 & -4 \\ 5 & 5 & -7 \\ q & -1 & 2 \end{vmatrix} = \begin{pmatrix} 4 \\ 5 \\ q \end{pmatrix} \cdot \begin{pmatrix} 3 \\ -2 \\ -1 \end{pmatrix} = 12 - 10 - q = 0$ ergibt $q = 2$.

2. Fall mit $p_2 = -\frac{13}{7}$:

$$D_1 = \begin{vmatrix} 4 & -\frac{13}{7} & -4 \\ 5 & 5 & -7 \\ q & -1 & 2 \end{vmatrix} = \begin{pmatrix} 4 \\ 5 \\ q \end{pmatrix} \cdot \begin{pmatrix} 3 \\ \frac{54}{7} \\ 33 \end{pmatrix} = 12 + \frac{270}{7} + 33q = 0, q = -\frac{354}{231} = -\frac{118}{77}.$$

In beiden Fällen wird auch $D_2 = D_3 = 0$.

3.16 $\begin{vmatrix} -2 & 7 & 3 \\ 5 & 4 & 1 \\ a_3 & -5 & 9 \end{vmatrix} = \begin{pmatrix} -2 \\ 5 \\ a_3 \end{pmatrix} \cdot \begin{pmatrix} 41 \\ -78 \\ -5 \end{pmatrix} = -82 - 390 - 5a_3 = 0, a_3 = -94{,}4.$

3.17 $\begin{vmatrix} 1 & b_1 & 9 \\ 2 & 5 & -3 \\ -6 & 7 & 9 \end{vmatrix} = 462$. Es gibt kein b_1, für das die Vektoren linear abhängig sind.

3.18 $\begin{vmatrix} 4 & 5 & 1 \\ a_2 & b_2 & -3 \\ 3 & 7 & -5 \end{vmatrix} = -20b_2 + 84 + 32a_2 - 45 - 3b_2 = 32a_2 - 23b_2 + 39 = 0.$

Das ist die gesuchte Beziehung.

4.1 Parameterdarstellung: $\vec{x} = \begin{pmatrix} 1 \\ -3 \end{pmatrix} + \lambda \begin{pmatrix} 0 \\ 1 \end{pmatrix}$.

Da neben $\begin{pmatrix} 0 \\ 1 \end{pmatrix}$ etwa auch $\begin{pmatrix} 0 \\ 5 \end{pmatrix}$ ein Richtungsvektor der x_2-Achse ist, gibt es viele Parameterdarstellungen derselben Geraden. Auch statt des Punktes A(1|–3) könnte ein anderer Punkt der Geraden, z.B. B(1|0) verwendet werden.

4.2 Als Richtungsvektor kann man $\overrightarrow{PQ} = \begin{pmatrix} 3 \\ -1 \\ -1 \end{pmatrix}$ verwenden, so daß

$\vec{x} = \begin{pmatrix} 2 \\ 0 \\ 3 \end{pmatrix} + \lambda \begin{pmatrix} 3 \\ -1 \\ -1 \end{pmatrix}$ eine Parameterdarstellung ist.

4.3 $\vec{u} = \begin{pmatrix} 1 \\ 0 \\ 1 \end{pmatrix}$, $\vec{v} = \overrightarrow{AB} = \begin{pmatrix} -1 \\ -3 \\ 1 \end{pmatrix}$, $\vec{x} = \begin{pmatrix} 3 \\ 5 \\ -1 \end{pmatrix} + \lambda \begin{pmatrix} 1 \\ 0 \\ 1 \end{pmatrix} + \mu \begin{pmatrix} -1 \\ -3 \\ 1 \end{pmatrix}$.

4.4 Mit den Richtungsvektoren $\overrightarrow{PQ}$ und $\overrightarrow{PR}$ erhält man

$\vec{x} = \begin{pmatrix} 1 \\ 0 \\ 0 \end{pmatrix} + \lambda \begin{pmatrix} -1 \\ 2 \\ 0 \end{pmatrix} + \mu \begin{pmatrix} -1 \\ 0 \\ 3 \end{pmatrix}$.

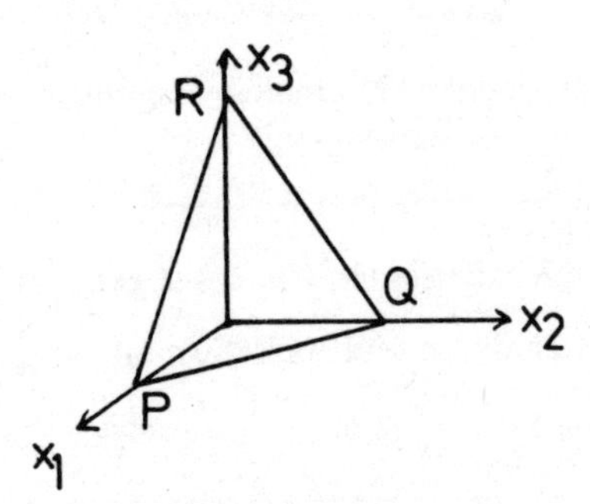

4.5 Die Gleichung ist keine Parameterdarstellung einer Ebene, weil

$\begin{pmatrix} 2 \\ 4 \\ -6 \end{pmatrix} = -2 \cdot \begin{pmatrix} -1 \\ -2 \\ 3 \end{pmatrix}$ gilt, die Richtungsvektoren also kollinear sind. Mit beliebigen λ und μ erhält man deshalb nur die Punkte einer Geraden.

4.6 Einsetzen des Ortsvektors von A für $\vec{x}$ liefert, in Koordinaten ausgeschrieben, die Gleichungen

$5 = 3 + \lambda + \mu$
$5 = 4 + \lambda + 0$
$5 = 5 + \lambda + \mu$.

Aus der zweiten folgt $\lambda = 1$ und damit aus der ersten $\mu = 1$. Das widerspricht der dritten Gleichung. Also liegt A nicht auf der Ebene.

4.7 Der Richtungsvektor der gegebenen Geraden ist zugleich Normalenvektor der gesuchten Geraden. Diese hat also die Normalengleichung

$$\begin{pmatrix}3\\2\end{pmatrix}\left[\vec{x} - \begin{pmatrix}1\\0\end{pmatrix}\right] = 0 \text{ oder } 3x_1 + 2x_2 - 3 = 0.$$

4.8 Der Richtungsvektor der Geraden ist zugleich Normalenvektor der Ebene. Deren Normalengleichung ist also

$$\begin{pmatrix}5\\-7\\-3\end{pmatrix}\left[\vec{x} - \begin{pmatrix}0\\0\\0\end{pmatrix}\right] = 0 \text{ oder } 5x_1 - 7x_2 - 3x_3 = 0.$$

4.9 Die Gerade oder Ebene geht dann durch den Nullpunkt, weil dessen Koordinaten $x_1 = x_2 = (x_3 =)\ 0$ der Normalengleichung genügen.

4.10 Verschiedene Normalengleichungen entstehen auseinander durch Multiplikation mit einer Konstanten.

4.11 Die Koeffizienten von x_3 zeigen, daß man die zweite Normalengleichung aus der ersten durch Multiplikation mit $-\frac{5}{3}$ erhält. Deshalb ist $C = -\frac{5}{3} \cdot 2 = -\frac{10}{3}$. Aus $4 = -\frac{5}{3}A$ folgt $A = -\frac{12}{5}$. Ebenso erhält man $B = -\frac{21}{5}$.

4.12 Im $\mathbb{R}^3$ sind nicht alle Normalenvektoren einer Geraden kollinear. Außerdem stellt eine lineare Gleichung zwischen den drei Koordinaten von $\vec{x}$ im $\mathbb{R}^3$ eine Normalengleichung einer Ebene dar.

4.13 a) Multiplikation mit dem Normalenvektor $\begin{pmatrix}2\\5\end{pmatrix}$ liefert $\begin{pmatrix}2\\5\end{pmatrix}\begin{pmatrix}x_1\\x_2\end{pmatrix} = \begin{pmatrix}2\\5\end{pmatrix}\begin{pmatrix}1\\3\end{pmatrix}$ oder $2x_1 + 5x_2 = 17$.

b) Multiplikation mit dem Normalenvektor $\begin{pmatrix}-1\\6\end{pmatrix}$ ergibt $-x_1 + 6x_2 = 0$.

c) Normalenvektor ist $\begin{pmatrix}1\\0\end{pmatrix}$, also $x_1 = 0$.

d) $x_2 = 3$.

4.14 a) Normalenvektoren sind $\begin{pmatrix} 2 \\ 0 \\ 3 \end{pmatrix} \times \begin{pmatrix} 1 \\ 3 \\ 0 \end{pmatrix} = \begin{pmatrix} -9 \\ 3 \\ 6 \end{pmatrix}$ oder der damit kollineare

Vektor $\begin{pmatrix} 3 \\ -1 \\ -2 \end{pmatrix}$. Multiplikation mit diesem ergibt $3x_1 - x_2 - 2x_3 = 3$.

b) Multiplikation mit dem Normalenvektor $\begin{pmatrix} -15 \\ 11 \\ 3 \end{pmatrix}$ liefert

$-15x_1 + 11x_2 + 3x_3 = 0$.

c) Normalenvektor ist $\begin{pmatrix} -6 \\ -2 \\ 5 \end{pmatrix}$, also $-6x_1 - 2x_2 + 5x_3 = 0$.

d) $x_2 = 0$. Diese Ebene wird von der x_1- und der x_3-Achse aufgespannt.

4.15 Aus $5\lambda - x_2 - 15 = 0$ folgt $x_2 = 5\lambda - 15$. Die vektorielle Zusammenfassung mit $x_1 = \lambda$ ergibt die Parameterdarstellung

$$\vec{x} = \begin{pmatrix} 0 \\ -15 \end{pmatrix} + \lambda \begin{pmatrix} 1 \\ 5 \end{pmatrix}.$$

4.16 Aus $2\lambda - \mu - 2x_3 - 9 = 0$ folgt $x_3 = \lambda - 0{,}5\,\mu - 4{,}5$.
Zusammenfassung mit $x_1 = \lambda$ und $x_2 = \mu$ ergibt

$$\vec{x} = \begin{pmatrix} 0 \\ 0 \\ -4{,}5 \end{pmatrix} + \lambda \begin{pmatrix} 1 \\ 0 \\ 1 \end{pmatrix} + \mu \begin{pmatrix} 0 \\ 1 \\ -0{,}5 \end{pmatrix}.$$

4.17 a) Mit $x_1 = \lambda$ und $x_2 = \mu$ erhält man $x_3 = \frac{1}{3}\lambda + \frac{1}{2}\mu - \frac{7}{3}$

und die Parameterdarstellung $\vec{x} = \begin{pmatrix} 0 \\ 0 \\ -\frac{7}{3} \end{pmatrix} + \lambda \begin{pmatrix} 1 \\ 0 \\ \frac{1}{3} \end{pmatrix} + \mu \begin{pmatrix} 0 \\ 1 \\ \frac{1}{2} \end{pmatrix}$.

An den Richtungen der Richtungsvektoren ändert sich nichts, wenn man sie mit Konstanten multipliziert. Nimmt man das Dreifache des ersten und das Doppelte des zweiten Richtungsvektors, entsteht die Parameterdarstellung

$\vec{x} = \begin{pmatrix} 0 \\ 0 \\ -\frac{7}{3} \end{pmatrix} + \sigma \begin{pmatrix} 3 \\ 0 \\ 1 \end{pmatrix} + \tau \begin{pmatrix} 0 \\ 2 \\ 1 \end{pmatrix}$ derselben Ebene.

b) Nach demselben Verfahren wie in a) erhält man

$$\vec{x} = \sigma \begin{pmatrix} 2 \\ 0 \\ -3 \end{pmatrix} + \tau \begin{pmatrix} 0 \\ 2 \\ -1 \end{pmatrix}.$$

Setzt man stattdessen $x_1 = \lambda$ und $x_3 = \mu$, ergibt sich $x_2 = -3\lambda - 2\mu$ und die Parameterdarstellung

$$\vec{x} = \lambda \begin{pmatrix} 1 \\ -3 \\ 0 \end{pmatrix} + \mu \begin{pmatrix} 0 \\ -2 \\ 1 \end{pmatrix}$$ derselben Ebene.

c) $\vec{x} = \begin{pmatrix} 9 \\ 0 \\ 0 \end{pmatrix} + \lambda \begin{pmatrix} 0 \\ 1 \\ 0 \end{pmatrix} + \mu \begin{pmatrix} -5 \\ 0 \\ 1 \end{pmatrix}.$

d) $x_2 = \lambda$ und $x_3 = \mu$ ergibt $x_1 = -5 - 2\lambda$ und die Gleichung

$$\vec{x} = \begin{pmatrix} -5 \\ 0 \\ 0 \end{pmatrix} + \lambda \begin{pmatrix} -2 \\ 1 \\ 0 \end{pmatrix} + \mu \begin{pmatrix} 0 \\ 0 \\ 1 \end{pmatrix}.$$

e) $\vec{x} = \begin{pmatrix} 0 \\ 0 \\ 5 \end{pmatrix} + \lambda \begin{pmatrix} 1 \\ 0 \\ 0 \end{pmatrix} + \mu \begin{pmatrix} 0 \\ 1 \\ 0 \end{pmatrix}.$

4.18 a) Auflösen des Gleichungssystems ergibt $x_1 = 1$, $x_2 = 5$, also den Schnittpunkt $S(1|5)$.

b) Gleichsetzen der Parameterdarstellungen liefert in Koordinatenschreibweise

$3\lambda = 0 + 2\mu$
$8\lambda = 1 + 5\mu$

mit der Lösung $\lambda = 2$, $\mu = 3$. Einsetzen von $\lambda = 2$ in die erste Geradengleichung ergibt den Schnittpunkt $S(6|16)$.

c) Einsetzen der Parameterdarstellung der zweiten Geraden in die Normalengleichung der ersten ergibt

$2(-1 + \sigma) + (1 - 2\sigma) + 1 = 0$

oder $0 = 0$. Diese Gleichung ist für alle σ erfüllt. Folglich fallen die beiden Geraden zusammen.

4.19 a) Aus $3(1 + \lambda) - (-1 + 3\lambda) - 4 = 0$ wird $0 = 0$. Also fallen die Geraden zusammen.

b) Aus $2\sigma + (-2\sigma) - 3 = 0$ wird $-3 = 0$. Diese Gleichung ist für kein σ erfüllt. Also sind die Geraden parallel und haben keine gemeinsamen Punkte.

c) $3\tau + 5 = 0$ liefert $\tau = -\frac{5}{3}$ und den Schnittpunkt $S(-\frac{5}{3} \mid -\frac{10}{3})$.

4.20 Gleichsetzen der Parameterdarstellungen ergibt

$$1 + 2\lambda = 5 + \mu$$
$$2 + \lambda = 0$$
$$0 = -3\mu.$$

Aus der zweiten Gleichung folgt $\lambda = -2$ und aus der dritten $\mu = 0$. Diese beiden Werte widersprechen der ersten Gleichung. Also haben die Geraden keine gemeinsamen Punkte; da ihre Richtungsvektoren nicht kollinear sind, sind sie nicht parallel, sondern windschief.

4.21 Gleichsetzen der Parameterdarstellungen liefert

$$1 = \tau$$
$$3\sigma = 6$$
$$1 + 4\sigma = u_3\,\tau.$$

Aus den ersten beiden Gleichungen erhält man $\tau = 1$ und $\sigma = 2$, und damit zeigt die dritte Gleichung, daß $u_3 = 9$ sein muß, damit ein Schnittpunkt existiert.
Die Geraden können nicht parallel werden, da für kein u_3 die beiden Richtungsvektoren kollinear sind.

4.22
1. Die Richtungsvektoren sind nicht kollinear.
2. Aus der zweiten Gleichung von

$$\lambda = 3\mu$$
$$2\lambda = 3$$
$$0 = 1 - 5\mu$$

folgt $\lambda = \frac{3}{2}$ und aus der dritten $\mu = \frac{1}{5}$. Diese Werte widersprechen der ersten Gleichung. Also haben die Geraden keinen Schnittpunkt.

4.23
a) $3 - 7\lambda + 9(4 - 2\lambda) + 11 = 0$ ergibt $\lambda = 2$ und den Schnittpunkt $S(1|2|0)$.
b) Ebene: $4x_1 - 3x_2 + x_3 = 8$. Es wird $\mu = -3$ und $S(3|1|-1)$.
c) Ebene: $15x_1 - 3x_2 - 11x_3 = 0$. $\nu = -2$, $S(0|0|0)$.

4.24
a) $(-1 + 2\sigma) + 4(-5 + 2\sigma) + 3\sigma - 5 = 0$ ergibt $\sigma = 2$. Also durchstößt die Gerade die Ebene in $S(3|-1|2)$.
b) $2(4 + 5\tau) - 5(3 + 2\tau) + 7 = 0$ wird zu $0 = 0$. Diese Gleichung ist für alle τ erfüllt. Also liegt die Gerade in der Ebene.
c) Auch hier entsteht $0 = 0$. Also liegt auch diese Gerade in der Ebene.

4.25 $2(a_1 + \lambda) - 3(-\lambda) - 5\lambda u_3 - 8 = 0$ oder $(5 - 5u_3)\lambda + (2a_1 - 8) = 0$ muß unabhängig von λ zu $0 = 0$ werden. Das geht nur mit $u_3 = 1$ und $a_1 = 4$.

4.26 In $5\lambda - 2\lambda u_2 + 3\lambda u_3 - 8 = 0$ oder $(5 - 2u_2 + 3u_3)\lambda = 8$ darf der Koeffizient von λ nicht verschwinden. Also muß $5 - 2u_2 + 3u_3 \neq 0$ gelten.

4.27 a) Aus $(3 - 2\lambda + \mu) + (-2 + \lambda + 2\mu) - 1 = 0$ folgt $\lambda = 3\mu$. Also wird eine Parameterdarstellung der Schnittgeraden

$$\vec{x} = \begin{pmatrix} 3 \\ 1 \\ -2 \end{pmatrix} + \mu \left[3 \cdot \begin{pmatrix} -2 \\ 2 \\ 1 \end{pmatrix} + \begin{pmatrix} 1 \\ 2 \\ 2 \end{pmatrix} \right] \text{oder } \vec{x} = \begin{pmatrix} 3 \\ 1 \\ -2 \end{pmatrix} + \mu \begin{pmatrix} -5 \\ 8 \\ 5 \end{pmatrix}.$$

b) Mit $x_1 = \lambda$ und $x_2 = \mu$ erhält man für die erste Ebene

$\vec{x} = \lambda \begin{pmatrix} 1 \\ 0 \\ 1 \end{pmatrix} + \mu \begin{pmatrix} 0 \\ 1 \\ -1 \end{pmatrix}$. Aus $4\lambda - 2\mu + 4\lambda - 4\mu = 0$ folgt dann $\lambda = 0{,}75\,\mu$

und die Parameterdarstellung der Schnittgeraden

$$\vec{x} = \mu \begin{pmatrix} 0{,}75 \\ 1 \\ -0{,}25 \end{pmatrix} \text{ oder } \vec{x} = \sigma \begin{pmatrix} 3 \\ 4 \\ -1 \end{pmatrix}.$$

c) Zweite Ebene: $2x_1 - x_2 + x_3 = 2$.
Aus $2(2 + \lambda + 3\mu) - (1 + 3\lambda + 4\mu) + (-1 + 4\lambda + \mu) = 2$ folgt $\lambda = -\mu$ und damit die Gleichung der Schnittgeraden

$$\vec{x} = \begin{pmatrix} 2 \\ 1 \\ -1 \end{pmatrix} + \mu \begin{pmatrix} 2 \\ 1 \\ -3 \end{pmatrix}.$$

4.28 a) Die Normalenvektoren $\begin{pmatrix} 2 \\ -3 \\ 4 \end{pmatrix}$ und $\begin{pmatrix} 1 \\ 0 \\ 7 \end{pmatrix}$ sind nicht kollinear. Also schneiden sich die beiden Ebenen.

b) Der Normalenvektor der ersten Ebene steht auf beiden Richtungsvektoren der zweiten senkrecht. Also sind die Ebenen parallel, und da A(5|4|0) nicht in der ersten Ebene liegt, haben sie keine gemeinsamen Punkte.

c) Auch diese Ebenen sind parallel. Da A(1|2|3) aber in der ersten Ebene liegt, fallen die Ebenen zusammen.

4.29 Ein Richtungsvektor der Schnittgeraden ist

$\begin{pmatrix} 2 \\ -7 \\ 5 \end{pmatrix} \times \begin{pmatrix} 1 \\ 0 \\ 9 \end{pmatrix} = \begin{pmatrix} -63 \\ -13 \\ 7 \end{pmatrix}$. Da beide Ebenen durch 0 gehen, ist

$\vec{x} = \lambda \begin{pmatrix} -63 \\ -13 \\ 7 \end{pmatrix}$ eine Gleichung der Schnittgeraden.

4.30 A hat die Koordinate $x_1 = 0$. Damit liefern die beiden Ebenengleichungen $x_2 = 2$ und $x_3 = -1$, also A(0|2|–1). Richtungsvektoren der Schnittgeraden sind

$$\begin{pmatrix} 7 \\ 1 \\ -3 \end{pmatrix} \times \begin{pmatrix} 6 \\ -4 \\ 1 \end{pmatrix} = \begin{pmatrix} -11 \\ -25 \\ -34 \end{pmatrix}$$

oder der entgegengesetzte Vektor. Also wird

$$\vec{x} = \begin{pmatrix} 0 \\ 2 \\ -1 \end{pmatrix} + \lambda \begin{pmatrix} 11 \\ 25 \\ 34 \end{pmatrix}$$ eine Gleichung der Schnittgeraden.

4.31 Die Koordinaten des gemeinsamen Punktes S müssen allen drei Ebenengleichungen genügen. Löst man dieses Gleichungssystem auf, erhält man S(1|0|–2).

4.32 Die Determinante der Normalenvektoren muß = 0 sein:

$$\begin{vmatrix} k & 2 & 3 \\ 2 & 4 & -6 \\ -8 & -7 & 9 \end{vmatrix} = -6k + 114 = 0, \text{ also } k = 19.$$

Das Gleichungssystem für die Berechnung eines gemeinsamen Punktes der drei Ebenen hat dann die Koeffizientendeterminante D = 0. Aber es wird etwa

$$D_1 = \begin{vmatrix} 1 & 2 & -8 \\ 2 & 4 & -7 \\ 3 & -6 & 9 \end{vmatrix} = 108 \neq 0.$$

Die Ebenen haben also keinen gemeinsamen Punkt. Es sind auch keine zwei der drei Ebenen parallel. Da ihre Normalenvektoren zu einer vierten Ebene E_4 parallel sind, stehen sie auf E_4 senkrecht. Ihre gegenseitige Lage zeigt die Zeichnung:

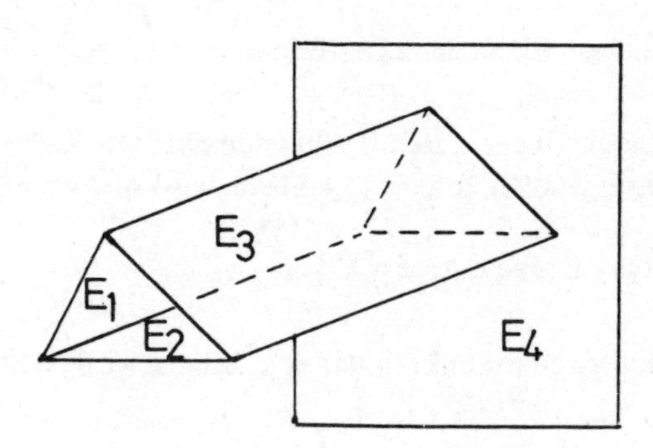

5.1 a) Ebene geht durch 0.
b) Normalengleichung der Ebene: $12x_1 - 8x_2 + 2x_3 = 36$; sie geht nicht durch 0.
c) Normalengleichung der Ebene: $15x_1 + x_2 - 11x_3 = 0$; sie geht durch 0.
d) Parabel geht durch 0.
e) Die Parabel $y = x^2 - 2x + 1$ geht nicht durch 0.
f) Der Kreis $x_1^2 + x_2^2 - 6x_2 = 0$ geht durch 0.

5.2 Die Ebene $3x_1 + kx_2 + 2x_3 - 3k + 6 = 0$ geht für $-3k + 6 = 0$, also für $k = 2$ durch 0.

5.3 Die Kugel $\vec{x}^2 - 4x_1 - 2x_2 - 6x_3 + 4 + 1 + 9 = r^2$ geht für $r^2 = 14$, also für $r = \sqrt{14}$ durch 0.

5.4 Die Spurgerade in der x_1x_3-Ebene ist PR: $\vec{x} = \begin{pmatrix} 4 \\ 0 \\ 0 \end{pmatrix} + \lambda \begin{pmatrix} -4 \\ 0 \\ -2 \end{pmatrix}$.

Die Spurgerade in der x_2x_3-Ebene ist QR: $\vec{x} = \begin{pmatrix} 0 \\ 3 \\ 0 \end{pmatrix} + \lambda \begin{pmatrix} 0 \\ -3 \\ -2 \end{pmatrix}$.

5.5 E_1: $2x_1 - x_2 + 2x_3 = 8$. Die Achsenabschnitte sind 4, –8 und 4.

Spurgerade in der x_1x_2-Ebene: $\vec{x} = \begin{pmatrix} 4 \\ 0 \\ 0 \end{pmatrix} + \lambda \begin{pmatrix} -4 \\ -8 \\ 0 \end{pmatrix}$.

Spurgerade in der x_1x_3-Ebene: $\vec{x} = \begin{pmatrix} 4 \\ 0 \\ 0 \end{pmatrix} + \lambda \begin{pmatrix} -4 \\ 0 \\ 4 \end{pmatrix}$.

Spurgerade in der x_2x_3-Ebene: $\vec{x} = \begin{pmatrix} 0 \\ -8 \\ 0 \end{pmatrix} + \lambda \begin{pmatrix} 0 \\ 8 \\ 4 \end{pmatrix}$.

E_2: Da die Ebene durch 0 geht, sind alle Achsenabschnitte = 0. Der zweite Punkt der Spurgeraden in der x_2x_3-Ebene wird A(0|2|1); also ist die Spurgerade in der x_2x_3-Ebene OA: $\vec{x} = \lambda \begin{pmatrix} 0 \\ 2 \\ 1 \end{pmatrix}$.

Ein zweiter Punkt in der x_1x_2-Ebene ist B(3|2|0); also ist die Spurgerade in der x_1x_2-Ebene OB: $\vec{x} = \lambda \begin{pmatrix} 3 \\ 2 \\ 0 \end{pmatrix}$.

In der x_1x_3-Ebene liegt C(–3|0|1); also wird die Spurgerade in der

x_1x_3-Ebene OC: $\vec{x} = \lambda \begin{pmatrix} -3 \\ 0 \\ 1 \end{pmatrix}$.

5.6 g_1: Die Achsenabschnitte sind $x_1 = 2$ und $x_2 = -\frac{3}{2}$.

g_2: $5x_1 + 3x_2 = 30$; die Achsenabschnitte sind 6 und 10.

5.7 a) Die Gerade ist parallel zur x_1-Achse und geht durch 0.

b) Die Gerade ist parallel zur x_3-Achse und geht nicht durch 0; denn setzt man für $\vec{x}$ den Nullvektor ein, entsteht aus der ersten Zeile die falsche Gleichung $0 = 1$.

c) Der Normalenvektor $\begin{pmatrix} 3 \\ 0 \end{pmatrix}$ hat die Richtung der x_1-Achse; also ist die Gerade parallel zur x_2-Achse. Sie geht nicht durch 0.

d) Die Gerade ist parallel zur x_1-Achse und geht nicht durch 0.

5.8 a) Die Gerade $2x_1 + cx_2 + 9c - 6 = 0$ wird für $c = 0$ zur x_2-Achse parallel.

b) Die Gerade wird für $c = 3$ zur x_2-Achse parallel.

c) Der Richtungsvektor müßte kollinear mit $\begin{pmatrix} 0 \\ 1 \\ 0 \end{pmatrix}$ werden; das geht mit keinem c.

5.9 Ein Richtungsvektor muß $\begin{pmatrix} 0 \\ 1 \\ 0 \end{pmatrix}$ sein. Ein weiterer Punkt ist 0, ein zweiter Richtungsvektor also $\overrightarrow{0Q}$. So entsteht die Parameterdarstellung

$\vec{x} = \lambda \begin{pmatrix} 0 \\ 1 \\ 0 \end{pmatrix} + \mu \begin{pmatrix} 3 \\ -4 \\ 1 \end{pmatrix}$ und die Normalengleichung $x_1 - 3x_3 = 0$.

5.10 Ein Richtungsvektor ist $\begin{pmatrix} 0 \\ 0 \\ 1 \end{pmatrix}$, ein zweiter $\overrightarrow{AB} = \begin{pmatrix} 1 \\ 1 \\ -3 \end{pmatrix}$, ein Normalenvektor

also $\begin{pmatrix} -1 \\ 1 \\ 0 \end{pmatrix}$, eine Normalengleichung demnach $\begin{pmatrix} -1 \\ 1 \\ 0 \end{pmatrix} \left[\vec{x} - \begin{pmatrix} 1 \\ 2 \\ -5 \end{pmatrix} \right] = 0$

oder $-x_1 + x_2 - 1 = 0$.

5.11 a) Der Normalenvektor $\begin{pmatrix} 0 \\ 5 \\ 6 \end{pmatrix}$ steht auf der x_1-Achse senkrecht; also ist die Ebene zur x_1-Achse parallel und enthält diese.

b) Die Ebene ist zur x_3-Achse parallel.

c) Die Ebene ist zur x_1- und zur x_2-Achse und damit zur x_1x_2-Ebene parallel.

d) Die Ebene ist zur x_1x_3-Ebene parallel; sie fällt mit dieser zusammen.

e) Die Ebene $x_2 = 2$ ist zur x_1x_3-Ebene parallel.

f) Die Ebene $3x_1 - 4x_3 = 0$ ist zur x_2-Achse parallel und enthält diese.

5.12 Parallel zur x_1x_2-Ebene: $x_3 + 7 = 0$,
parallel zur x_1x_3-Ebene: $x_2 - 4 = 0$,
parallel zur x_2x_3-Ebene: $x_1 - 2 = 0$.

5.13 $E_q: (2+q)x_1 + (-1+2q)x_2 + (-2+2q)x_3 + 9 + 9q = 0$ ist für $q = -2$ zur x_1-Achse, für $q = \frac{1}{2}$ zur x_2-Achse und für $q = 1$ zur x_3-Achse parallel. Die Ebene wird für kein q zu einer Koordinatenebene parallel.

6.1 $\vec{m} = \frac{1}{2}\left[\begin{pmatrix} 2 \\ 3 \\ -5 \end{pmatrix} + \begin{pmatrix} 4 \\ 3 \\ 6 \end{pmatrix}\right] = \begin{pmatrix} 3 \\ 3 \\ 0,5 \end{pmatrix}$, also M(3|3|0,5).

6.2 a) $\vec{t} = \dfrac{1}{1+\frac{2}{3}}\left[\begin{pmatrix} 2 \\ 7 \\ -3 \end{pmatrix} + \frac{2}{3}\begin{pmatrix} 12 \\ -8 \\ 2 \end{pmatrix}\right] = \frac{3}{5}\begin{pmatrix} 10 \\ 5/3 \\ -5/3 \end{pmatrix} = \begin{pmatrix} 6 \\ 1 \\ -1 \end{pmatrix}$, T(6|1|–1).

b) $\vec{t} = \dfrac{1}{1-2,5}\left[\begin{pmatrix} 5 \\ -7 \\ -1 \end{pmatrix} - 2,5\begin{pmatrix} -1 \\ -1 \\ 5 \end{pmatrix}\right] = -\dfrac{1}{1,5}\begin{pmatrix} 7,5 \\ -4,5 \\ -13,5 \end{pmatrix} = \begin{pmatrix} -5 \\ 3 \\ 9 \end{pmatrix}$.

c) T(1|24|–22).

6.3

P T₁ T₂ Q (Punkte auf einer Geraden)

Es gilt $\overrightarrow{PT_1} = \lambda_1 \cdot \overrightarrow{T_1Q}$ mit $\lambda_1 = \frac{1}{2}$ und $\overrightarrow{PT_2} = \lambda_2 \cdot \overrightarrow{T_2Q}$ mit $\lambda_2 = 2$.

Damit wird $T_1(9 \mid \frac{16}{3} \mid -2)$ und $T_2(12 \mid \frac{8}{3} \mid -1)$.

6.4

A′ Z A (Punkte auf einer Geraden)

Es gilt $\overrightarrow{AA'} = \lambda \cdot \overrightarrow{A'Z}$ mit $\lambda = -2$. Damit wird A′(2|3|11).

6.5

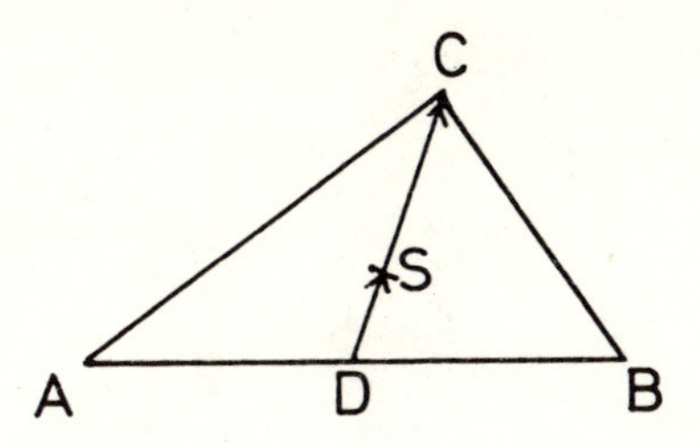

Aus D(2|–1|1) und $\overrightarrow{DS} = \frac{1}{2} \cdot \overrightarrow{SC}$ erhält man S(6|3|2).

Allgemein: Aus $\vec{d} = \frac{1}{2}(\vec{a} + \vec{b})$ und $\vec{s} = \frac{1}{1 + \frac{1}{2}}(\vec{d} + \frac{1}{2}\vec{c}) = \frac{2}{3}\vec{d} + \frac{1}{3}\vec{c}$ entsteht

$$\vec{s} = \frac{1}{3}(\vec{a} + \vec{b} + \vec{c}).$$

6.6 a)

A B T
σ=0 1 2 3 4 5 6

Es muß $\overrightarrow{AT} = -\frac{5}{3} \cdot \overrightarrow{TB}$ gelten. In der Gleichung von AB:

$\vec{x} = \lambda \begin{pmatrix} 8 \\ -2 \\ 6 \end{pmatrix}$ oder $\vec{x} = \sigma \begin{pmatrix} 4 \\ -1 \\ 3 \end{pmatrix}$ gehört A zu $\sigma = 0$, B zu $\sigma = 2$, T also zu $\sigma = 5$.

Damit wird T(20|–5|15).

b)

A T B
σ=0 1 2 3 4 5 6 7

Es muß $\overrightarrow{AT} = \frac{3}{2} \cdot \overrightarrow{TB}$ gelten. In AB: $\vec{x} = \begin{pmatrix} 2 \\ 8 \\ 0 \end{pmatrix} + \sigma \begin{pmatrix} 2 \\ -2 \\ 1 \end{pmatrix}$

gehört A zu $\sigma = 0$, B zu $\sigma = 5$ und T zu $\sigma = 3$. T(8|2|3).

c)

A T B
σ=0 1/3 2/3 1

Es muß $\overrightarrow{AT} = 2 \cdot \overrightarrow{TB}$ gelten. In AB: $\vec{x} = \begin{pmatrix} 3 \\ 7 \\ -3 \end{pmatrix} + \sigma \begin{pmatrix} 4 \\ -5 \\ -2 \end{pmatrix}$

gehört A zu $\sigma = 0$, B zu $\sigma = 1$, T zu $\sigma = \frac{2}{3}$. T$(\frac{17}{3} | \frac{11}{3} | -\frac{13}{3})$.

6.7

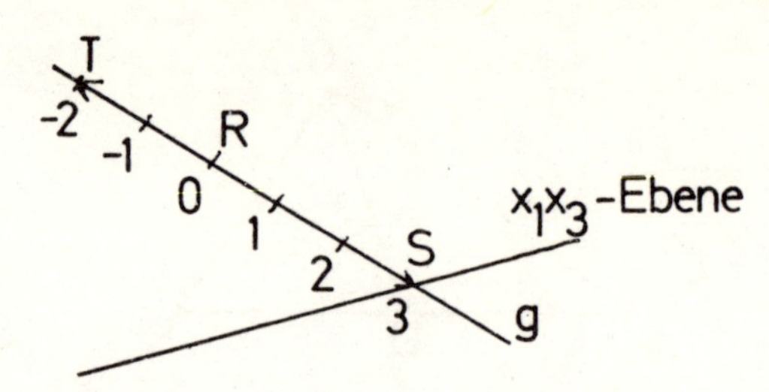

Den Parameterwert von S erhält man aus $x_2 = 3 - \sigma = 0$ zu $\sigma = 3$. Da $\overrightarrow{RT} = -\frac{2}{5} \cdot \overrightarrow{TS}$ gelten soll, gehört T zu $\sigma = -2$. T(–2|5|–8).

6.8 $\sigma = 0{,}2$: $T_1(0{,}4|8{,}2|0{,}8)$,
$\sigma = 0{,}4$: $T_2(-1{,}2|10{,}4|1{,}6)$,
$\sigma = 0{,}6$: $T_3(-2{,}8|12{,}6|2{,}4)$,
$\sigma = 0{,}8$: $T_4(-4{,}4|14{,}8|3{,}2)$.

6.9 a) Lot von 0: $\vec{x} = \lambda \begin{pmatrix} 3 \\ -2 \\ 7 \end{pmatrix}$, Schnittpunkt mit der Ebene aus

$9\lambda + 4\lambda + 49\lambda - 31 = 0$, $\lambda_F = \frac{1}{2}$; $\lambda_{0'} = 1$ ergibt den Spiegelpunkt 0'(3|–2|7).

b) Lot von 0: $\vec{x} = \lambda \begin{pmatrix} 5 \\ 4 \\ -3 \end{pmatrix}$, Lotfußpunkt aus $50\lambda + 20 = 0$, $\lambda_F = -0{,}4$.

$\lambda_{0'} = -0{,}8$ ergibt 0'(–4|–3,2|2,4).

c) Ebene: $x_1 + 3x_2 - 13x_3 + 9 = 0$. Lot von 0: $\vec{x} = \lambda \begin{pmatrix} 1 \\ 3 \\ -13 \end{pmatrix}$.

Lotfußpunkt aus $179\lambda + 9 = 0$, $\lambda_F = -\frac{9}{179} \cdot \lambda_{0'} = -\frac{18}{179}$ liefert

$0'\left(-\frac{18}{179} \,\middle|\, -\frac{54}{179} \,\middle|\, \frac{234}{179}\right)$.

6.10 Zu $\lambda = 0$ gehört A(1|2|1) und zu $\lambda = 1$ B(2|0|0).

Lot von A: $\vec{x} = \begin{pmatrix} 1 \\ 2 \\ 1 \end{pmatrix} + \sigma \begin{pmatrix} 3 \\ -2 \\ 6 \end{pmatrix}$, Lotfußpunkt aus

$3(1 + 3\sigma) - 2(2 - 2\sigma) + 6(1 + 6\sigma) - 7 = 0$, $\sigma_F = \frac{2}{49}$,

Spiegelpunkt mit $\sigma_{A'} = \frac{4}{49}$ ist $A'\left(\frac{61}{49} \,\middle|\, \frac{90}{49} \,\middle|\, \frac{73}{49}\right)$.

Lot von B: $\vec{x} = \begin{pmatrix} 2 \\ 0 \\ 0 \end{pmatrix} + \tau \begin{pmatrix} 3 \\ -2 \\ 6 \end{pmatrix}$, Lotfußpunkt aus

$3(2 + 3\tau) + 4\tau + 36\tau - 7 = 0,\ \tau_F = \frac{1}{49},\ \tau_{B'} = \frac{2}{49},\quad B'\left(\frac{104}{49} \middle| -\frac{4}{49} \middle| \frac{12}{49}\right)$.

Richtungsvektoren der Bildgeraden A'B' sind $\frac{1}{49}\begin{pmatrix} 43 \\ -94 \\ -61 \end{pmatrix}$ und $\begin{pmatrix} 43 \\ -94 \\ -61 \end{pmatrix}$.

$g' = A'B': \vec{x} = \frac{1}{49}\begin{pmatrix} 61 \\ 90 \\ 73 \end{pmatrix} + \lambda \begin{pmatrix} 43 \\ -94 \\ -61 \end{pmatrix}$.

g und g' schneiden E in S(3|−2|−1) für $\lambda = 2$ bzw. $\lambda = \frac{2}{49}$.

6.11 Der Richtungsvektor von g und der Normalenvektor von E stehen aufeinander senkrecht. Also ist g parallel zu E. Dann ist auch g' parallel zu g und hat denselben Richtungsvektor wie g. Das Spiegelbild von A(0|4|0) an E ist A'(4|0|−4). Also wird

$g': \vec{x} = \begin{pmatrix} 4 \\ 0 \\ -4 \end{pmatrix} + \sigma \begin{pmatrix} 2 \\ -1 \\ 3 \end{pmatrix}$.

6.12 Die Bildpunkte sind a) B(3|−5), b) C(−3|5), c) D(11|5), d) E(−3|−5) und e) F(−5|−1).

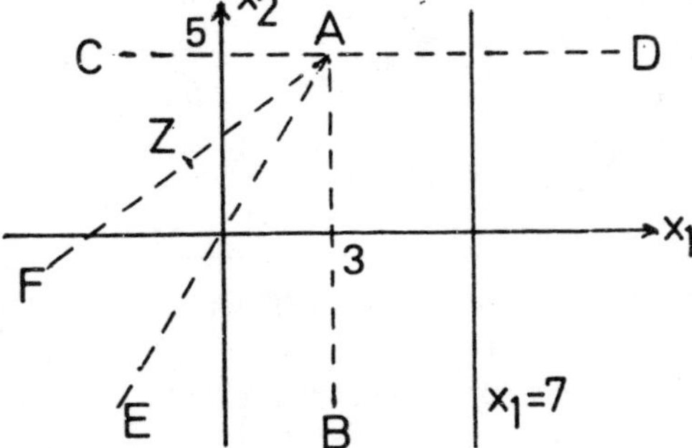

6.13

a) Achsensymmetrisch zur y-Achse.
b) Punktsymmetrisch zum Nullpunkt.
c) Achsensymmetrisch zur y-Achse.
d) Diese Parabel hat keine der beiden Symmetrieeigenschaften.
e) Punktsymmetrisch zum Nullpunkt.
f) Es wird $f(-x) = \frac{2(-x)}{(-x)^2 + 1} = -\frac{2x}{x^2 + 1} = -f(x)$. Also ist die Kurve punktsymmetrisch zum Nullpunkt.

6.14 Die Asymptoten schneiden sich in Z(−1|2). Mit

$x = -1 + x', y = 2 + y'$

wird die Kurvengleichung

$$2 + y' = \frac{-2 + 2x' + 3}{-1 + x' + 1} = 2 + \frac{1}{x'}$$

oder $y' = \frac{1}{x'}$. Damit ist die Kurve punktsymmetrisch zu Z.

6.15 Mit $x = 3 + x', y = y'$ wird die Kurvengleichung $y' = (3 + x')^2 - 6(3 + x') + 8 = x'^2 - 1$. Damit ist die Kurve symmetrisch zur Geraden $x' = 0$ oder $x = 3$.

7.1 a) $|\vec{a}| = \sqrt{9 + 16} = 5$, also $\vec{a}^0 = \frac{1}{5}\begin{pmatrix}3\\4\end{pmatrix} = \begin{pmatrix}0{,}6\\0{,}8\end{pmatrix}$.

b) $|\vec{a}| = \sqrt{41}, \vec{a}^0 = \frac{1}{\sqrt{41}}\begin{pmatrix}-5\\4\end{pmatrix}$.

c) $\vec{a}^0 = \frac{1}{3}\begin{pmatrix}1\\-2\\2\end{pmatrix}$, d) $\vec{a}^0 = \frac{1}{\sqrt{58}}\begin{pmatrix}-7\\0\\3\end{pmatrix}$, e) $\vec{a}^0 = \frac{1}{8}\begin{pmatrix}-8\\0\\0\end{pmatrix} = \begin{pmatrix}-1\\0\\0\end{pmatrix}$.

7.2

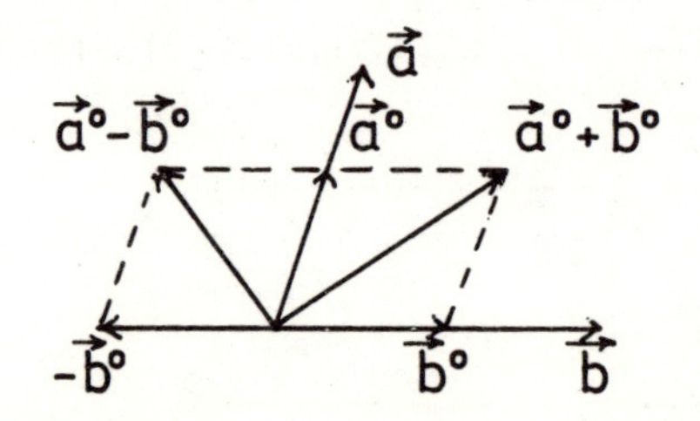

Da $\vec{a}^0$ und $\vec{b}^0$ gleich lang sind, sind die Parallelogramme der Vektoraddition Rauten. Die Winkel einer Raute werden aber von ihren Diagonalen halbiert.

7.3 Der Schnittpunkt der Geraden ist A(3|0|0). Die Einheitsvektoren zu ihren Richtungsvektoren sind $\frac{1}{\sqrt{50}}\begin{pmatrix}1\\0\\7\end{pmatrix}$ und $\frac{1}{\sqrt{50}}\begin{pmatrix}-4\\5\\3\end{pmatrix}$, Richtungsvektoren der Winkelhalbierenden werden deshalb $\frac{1}{\sqrt{50}}\left[\begin{pmatrix}1\\0\\7\end{pmatrix} \pm \begin{pmatrix}-4\\5\\3\end{pmatrix}\right]$ oder auch $\begin{pmatrix}1\\0\\7\end{pmatrix} \pm \begin{pmatrix}-4\\5\\3\end{pmatrix}$, also

$\begin{pmatrix}-3\\5\\10\end{pmatrix}$ bzw. $\begin{pmatrix}5\\-5\\4\end{pmatrix}$. $w: \vec{x} = \begin{pmatrix}3\\0\\0\end{pmatrix} + \lambda\begin{pmatrix}-3\\5\\10\end{pmatrix}$, $w': \vec{x} = \begin{pmatrix}3\\0\\0\end{pmatrix} + \lambda\begin{pmatrix}5\\-5\\4\end{pmatrix}$.

$\begin{pmatrix}-3\\5\\10\end{pmatrix} \cdot \begin{pmatrix}5\\-5\\4\end{pmatrix} = 0$, also w senkrecht w'.

7.4 Normaleneinheitsvektoren von E und E': $\frac{1}{9}\begin{pmatrix}4\\-7\\4\end{pmatrix}$ und $\frac{1}{3}\begin{pmatrix}1\\-2\\-2\end{pmatrix}$.

Normalenvektoren von W und W': $\frac{1}{9}\left[\begin{pmatrix}4\\-7\\4\end{pmatrix} \pm \begin{pmatrix}3\\-6\\-6\end{pmatrix}\right]$ oder das 9fache davon.

Da E und E' durch 0 gehen, enthalten auch W und W' den Nullpunkt. Also wird

W: $7x_1 - 13x_2 - 2x_3 = 0$, W': $x_1 - x_2 + 10x_3 = 0$.

Das Produkt der Normalenvektoren ist 0.

7.5 a) Division durch $\sqrt{25 + 144} = 13$ gibt $\frac{5}{13}x_1 - \frac{12}{13}x_2 - 2 = 0$.

b) Division durch $-\sqrt{58}$ liefert $-\frac{7}{\sqrt{58}}x_1 - \frac{3}{\sqrt{58}}x_2 - \frac{1}{2}\sqrt{58} = 0$.

c) $-\frac{2}{7}x_1 + \frac{6}{7}x_2 + \frac{3}{7}x_3 - 2 = 0$.

d) $\frac{4}{9}x_1 + \frac{7}{9}x_2 - \frac{4}{9}x_3 = 0$ oder $-\frac{4}{9}x_1 - \frac{7}{9}x_2 + \frac{4}{9}x_3 = 0$; hier liegt das Vorzeichen nicht fest, da das konstante Glied fehlt.

Die Gerade b) hat wegen $\frac{1}{2}\sqrt{58} > 2$ den größeren Abstand von 0 als die Gerade a).

7.6 Hessesche Normalform: $-\frac{2}{3}x_1 + \frac{2}{3}x_2 - \frac{1}{3}x_3 - 4 = 0$.

Den Abstand 2 haben von 0 die parallelen Ebenen

$-\frac{2}{3}x_1 + \frac{2}{3}x_2 - \frac{1}{3}x_3 - 2 = 0$ und $\frac{2}{3}x_1 - \frac{2}{3}x_2 + \frac{1}{3}x_3 - 2 = 0$.

Nach Multiplikation mit 3 sind ihre Gleichungen

$-2x_1 + 2x_2 - x_3 - 6 = 0$ und $2x_1 - 2x_2 + x_3 - 6 = 0$.

7.7 Hessesche Normalform von E: $\frac{3}{7}x_1 - \frac{2}{7}x_2 + \frac{6}{7}x_3 - 3 = 0$.

Abstand von A: $\frac{2}{7}$, von B: $-\frac{40}{7}$, von C: $-\frac{3}{7}$.

AB und AC schneiden E, weil A auf der anderen Seite von E liegt wie B und C.

7.8 Hessesche Normalform: $\frac{4}{9}x_1 - \frac{7}{9}x_2 - \frac{4}{9}x_3 - \frac{c}{9} = 0$.

Abstand vom Kugelmittelpunkt: $3 - \frac{c}{9}$. Aus $\left|3 - \frac{c}{9}\right| < r = 9$ ergibt sich

$-54 < c < 108$. Tangentialebenen erhält man für $c = -54$ und $c = 108$.

7.9 Die hesseschen Normalformen erhält man durch Division mit $-\sqrt{26}$. Deshalb muß p den Gleichungen

$$\frac{1}{\sqrt{26}}(-p_1 + 3p_2 + 4p_3 - 7) = \pm \frac{1}{\sqrt{26}}(-5p_1 + p_3 - 8)$$

oder nach Multiplikation mit $\sqrt{26}$ und Zusammenfassen

$4p_1 + 3p_2 + 3p_3 + 1 = 0$ bzw. $-6p_1 + 3p_2 + 5p_3 - 15 = 0$

genügen. Da P auf den winkelhalbierenden Ebenen W oder W′ liegen muß, haben diese die Gleichungen

$4x_1 + 3x_2 + 3x_3 + 1 = 0$ bzw. $-6x_1 + 3x_2 + 5x_3 - 15 = 0$.

7.10 a) g: $\frac{1}{\sqrt{65}}(x_1 - 8x_2) = 0$, g′: $\frac{1}{\sqrt{65}}(-4x_1 - 7x_2 - 13) = 0$.

w: $5x_1 - x_2 + 13 = 0$, w′: $-3x_1 - 15x_2 - 13 = 0$.

b) g: $x_2 - 5 = 0$, g′: $0{,}6x_1 - 0{,}8x_2 = 0$.

w: $-0{,}6x_1 + 1{,}8x_2 - 5 = 0$ oder $-3x_1 + 9x_2 - 25 = 0$.

w′: $0{,}6x_1 + 0{,}2x_2 - 5 = 0$ oder $3x_1 + x_2 - 25 = 0$.

7.11 Hilfsebene E: $\begin{pmatrix} 0 \\ 1 \\ 1 \end{pmatrix} \left[\vec{x} - \begin{pmatrix} 5 \\ 4 \\ -4 \end{pmatrix} \right] = 0$ oder $x_2 + x_3 = 0$.

Berechnung von F: $(5 + \lambda) + (5 + \lambda) = 0$, $\lambda = -5$, F(3|0|0).

Abstand = $|PF| = \sqrt{4 + 16 + 16} = 6$.

7.12 Im Gleichungssystem für die Berechnung gemeinsamer Punkte

$$\begin{aligned} -1 + \sigma &= 3 + \tau \\ -1 \quad &= -2\tau \\ -\sigma &= 0 \end{aligned}$$

liefert die dritte Gleichung $\sigma = 0$ und die zweite $\tau = \frac{1}{2}$. Beides zusammen widerspricht der ersten Gleichung. Da außerdem die Richtungsvektoren nicht kollinear sind, sind die Geraden windschief.

E: $\vec{x} = \begin{pmatrix} -1 \\ -1 \\ 0 \end{pmatrix} + \sigma \begin{pmatrix} 1 \\ 0 \\ -1 \end{pmatrix} + \tau \begin{pmatrix} 1 \\ -2 \\ 0 \end{pmatrix}$ oder $-2x_1 - x_2 - 2x_3 - 3 = 0$,

hessesche Normalform: $-\frac{2}{3}x_1 - \frac{1}{3}x_2 - \frac{2}{3}x_3 - 1 = 0$.

Der Abstand von g und g′ ist gleich dem Abstand eines beliebigen Punktes der Geraden g′, etwa (3|0|0) von E, also 3.

7.13 Gemeinsamer Lotvektor ist $\begin{pmatrix} -4 \\ 0 \\ 0 \end{pmatrix}$ oder auch $\begin{pmatrix} 1 \\ 0 \\ 0 \end{pmatrix}$. Damit erhält man wie im vorgerechneten Beispiel die Gleichungen

$$\begin{aligned} 5 &= \nu \\ 3\lambda &= \mu \\ 4\lambda &= 0 \end{aligned}$$

und daraus $\lambda = \mu = 0$, $\nu = 5$. Die Schnittpunkte mit der gemeinsamen Lotgeraden sind also P(5|0|0) und Q(0|0|0). Der Abstand ist 5.

7.14 Gemeinsamer Lotvektor ist $\begin{pmatrix} 1 \\ -2 \\ 0 \end{pmatrix}$. Das Gleichungssystem

$$\begin{aligned} -5 + 2\sigma &= 1 + \nu \\ \sigma &= 3 - 2\nu \\ 2\sigma &= \tau \end{aligned}$$

liefert $\sigma = 3$, $\nu = 0$, $\tau = 6$. Der Abstand von g und g′ wird 0, die Geraden schneiden sich in (1|3|6). Die Gleichung der Lotgeraden ist $\vec{x} = \begin{pmatrix} 1 \\ 3 \\ 6 \end{pmatrix} + \lambda \begin{pmatrix} 1 \\ -2 \\ 0 \end{pmatrix}$.

8.1 Einheitsvektoren: $\vec{a}^0 = \frac{1}{5\sqrt{2}} \begin{pmatrix} -5 \\ 3 \\ 4 \end{pmatrix}$, $\vec{b}^0 = \frac{1}{5\sqrt{5}} \begin{pmatrix} 11 \\ -2 \\ 0 \end{pmatrix}$, $\vec{c}^0 = \frac{1}{\sqrt{194}} \begin{pmatrix} 7 \\ 12 \\ 1 \end{pmatrix}$.

Winkel zwischen $\vec{a}$ und $\vec{b}$: $\cos\alpha = \vec{a}^0\,\vec{b}^0 = \dfrac{-55-6}{25\sqrt{10}} = -0{,}7716$, $\alpha = 140{,}5°$.

Winkel zwischen $\vec{a}$ und $\vec{c}$: $\cos\beta = \vec{a}^0\,\vec{c}^0 = \dfrac{-35+36+4}{5\sqrt{388}} = 0{,}0508$, $\beta = 87{,}1°$.

Winkel zwischen $\vec{b}$ und $\vec{c}$: $\cos\gamma = \vec{b}^0\,\vec{c}^0 = \dfrac{77-24}{5\sqrt{970}} = 0{,}3403$, $\gamma = 70{,}1°$.

8.2 Richtungseinheitsvektoren: $\frac{1}{5}\begin{pmatrix} 3 \\ 4 \end{pmatrix}$, $\frac{1}{13}\begin{pmatrix} -5 \\ 12 \end{pmatrix}$.

Schnittwinkel: $\cos\varphi = \left|\dfrac{-15+48}{5 \cdot 13}\right| = 0{,}5077$, $\varphi = 59{,}5°$.

8.3 Das Gleichungssystem

$$\begin{aligned} -1+\lambda &= 4+\mu \\ -\lambda &= 1+\mu \\ 4-2\lambda &= 3+\mu \end{aligned}$$

hat die Lösung $\lambda = 2$, $\mu = -3$. Also schneiden sich g_1 und g_2 in $S(1|-2|0)$.

Schnittwinkel: $\cos\varphi = \left|\dfrac{1-1-2}{\sqrt{6}\cdot\sqrt{3}}\right| = 0{,}4714$, $\varphi = 61{,}9°$.

8.4

$$\cos\alpha = \overrightarrow{AB}^{\circ}\cdot\overrightarrow{AC}^{\circ} = \frac{1}{18}\begin{pmatrix}6\\12\\12\end{pmatrix}\cdot\frac{1}{15}\begin{pmatrix}11\\10\\-2\end{pmatrix} = 0{,}6,\ \alpha = 53{,}1°.$$

$$\cos\beta = \overrightarrow{BA}^{\circ}\cdot\overrightarrow{BC}^{\circ} = \frac{1}{18}\begin{pmatrix}-6\\-12\\-12\end{pmatrix}\cdot\frac{1}{15}\begin{pmatrix}5\\-2\\-14\end{pmatrix} = 0{,}6,\ \beta = 53{,}1°.$$

$$\cos\gamma = \overrightarrow{CA}^{\circ}\cdot\overrightarrow{CB}^{\circ} = \frac{1}{15}\begin{pmatrix}-11\\-10\\2\end{pmatrix}\cdot\frac{1}{15}\begin{pmatrix}-5\\2\\14\end{pmatrix} = 0{,}28,\ \gamma = 73{,}7°.$$

8.5 a) $\tan\alpha = 2$, $\alpha = 63{,}4°$, b) $\tan\alpha = -\dfrac{1}{3}$, $\alpha = 161{,}6°$,

c) $\tan\alpha = 1{,}5$, $\alpha = 56{,}3°$, d) $\tan\alpha = 0$, $\alpha = 0°$.

8.6 g: $y = \dfrac{2}{3}x + \dfrac{5}{3}$, $\tan\alpha = \dfrac{2}{3}$, $\alpha = 33{,}7°$.

g': $y = -0{,}8\,x$, $\tan\alpha' = -0{,}8$, $\alpha' = 141{,}3°$.

$\alpha' - \alpha = 107{,}7°$, spitzer Winkel $= 180° - 107{,}7° = 72{,}3°$.

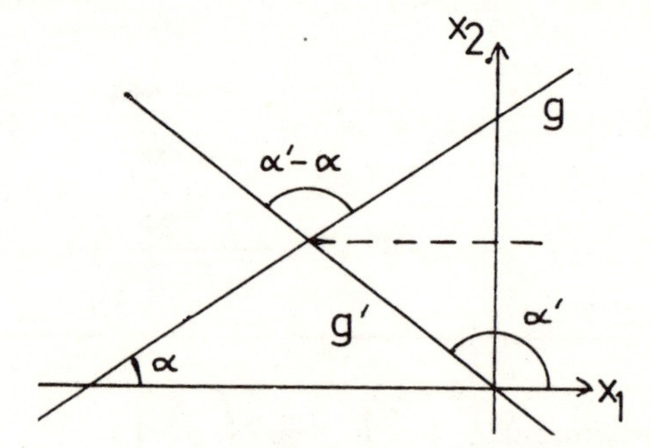

8.7 a) $\cos\varphi = \left|\dfrac{1}{3}\begin{pmatrix}2\\-1\\2\end{pmatrix}\cdot\dfrac{1}{7}\begin{pmatrix}2\\3\\-6\end{pmatrix}\right| = 0{,}5238$, $\varphi = 58{,}4°$.

b) $\cos\varphi = \left| \frac{1}{\sqrt{50}} \begin{pmatrix} 5 \\ 3 \\ -4 \end{pmatrix} \cdot \begin{pmatrix} 0 \\ 1 \\ 0 \end{pmatrix} \right| = 0{,}4243,\ \varphi = 64{,}9°.$

c) $E_1: -x_1 + 2x_2 + 2x_3 + 3 = 0,$

$$\cos\varphi = \left| \frac{1}{3} \begin{pmatrix} -1 \\ 2 \\ 2 \end{pmatrix} \cdot \frac{1}{\sqrt{2}} \begin{pmatrix} 1 \\ 0 \\ -1 \end{pmatrix} \right| = 0{,}7071,\ \varphi = 45°.$$

8.8 Ebene BCD: $15x_1 - 9x_2 + 8x_3 - 39 = 0$,
Ebene ACD: $x_1 - x_2 - 1 = 0$,
Ebene ABD: $x_3 = 0$,
Ebene ABC: $x_1 + x_2 - 1 = 0$.
Winkel zwischen BCD und ACD: 28,1°,
Winkel zwischen BCD und ABD: 65,4°,
Winkel zwischen BCD und ABC: 77,3°,
Winkel zwischen ACD und ABD: 90°,
Winkel zwischen ACD und ABC: 90°,
Winkel zwischen ABD und ABC: 90°.

8.9 Ebene ABE: $3x_1 + 3x_2 + 2x_3 - 6 = 0$,
Ebene BCE: $3x_1 - 3x_2 - 2x_3 + 6 = 0$,
Ebene ABF: $3x_1 + 3x_2 - 2x_3 - 6 = 0$.

Weil ABCD ein Quadrat ist, und aus Symmetriegründen kommen nur zwei verschiedene Winkel vor:

Winkel zwischen ABE und BCE: 79,5°,
Innenwinkel zwischen ABE und ABF: 129,5°.

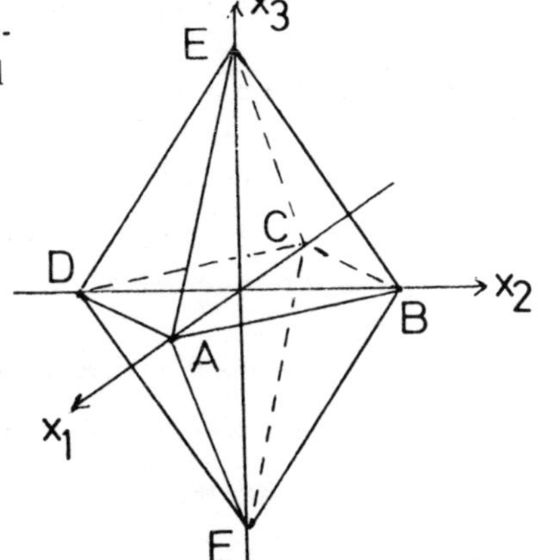

8.10 E bildet mit allen Würfelflächen denselben spitzen Winkel φ

mit $\cos\varphi = \frac{1}{\sqrt{3}}$, also $\varphi = 54{,}7°$.

Die Schnittfigur hat die sechs Ecken A(1|−1|0), B(1|0|−1), C(0|1|−1), D(−1|1|0), E(−1|0|1) und F(0|−1|1). Sie ist ein regelmäßiges Sechseck mit den Innenwinkeln 120°.

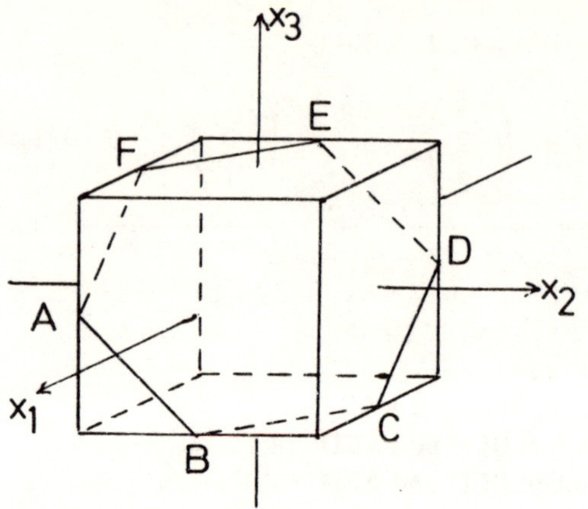

8.11 a) $\sin\varphi = \left| \frac{1}{7}\begin{pmatrix}-3\\-6\\2\end{pmatrix} \cdot \frac{1}{9}\begin{pmatrix}4\\-7\\4\end{pmatrix} \right| = 0{,}6032,\ \varphi = 37{,}1°.$

b) E: $x_1 - 2x_2 - 2x_3 = 0$, $\sin\varphi = 1$, $\varphi = 90°$.

8.12 Neigungswinkel

gegen die x_1x_2-Ebene $x_3 = 0$: $\sin\alpha = \frac{2}{7}$, $\alpha = 16{,}6°$,

gegen die x_1x_3-Ebene $x_2 = 0$: $\sin\beta = \frac{3}{7}$, $\beta = 25{,}4°$

gegen die x_2x_3-Ebene $x_1 = 0$: $\sin\gamma = \left|\frac{-6}{7}\right|$, $\gamma = 59{,}0°$.

Winkel mit der x_1-Achse $\vec{x} = \lambda\begin{pmatrix}1\\0\\0\end{pmatrix}$: $\cos\alpha' = \frac{6}{7}$, $\alpha' = 31{,}0°$.

Ebenso Winkel mit der x_2-Achse: 64,6°, mit der x_3-Achse: 73,4°.

8.13 Ebene ABC: $4x_1 + 3x_2 - 5x_3 = 0$.

$\overrightarrow{AS} = \begin{pmatrix}1\\7\\-5\end{pmatrix}$, $\overrightarrow{BS} = \begin{pmatrix}0\\5\\-7\end{pmatrix}$, $\overrightarrow{CS} = \begin{pmatrix}4\\3\\-5\end{pmatrix}$.

Neigungswinkel von AS: 54,7°, von BS: 55,3°, von CS: 90°.

9.1 a) $f'(x) = -\frac{6}{x^3}$, $D_f = D_{f'} = \{ x | x \neq 0 \}$;

b) $f'(x) = \frac{1}{2\sqrt{x}}$, $D_f = \{ x|x \geq 0 \}$, $D_{f'} = \{ x|x > 0 \}$;

c) $f(x) = x^{-\frac{1}{3}}$, $f'(x) = -\frac{1}{3} x^{-\frac{4}{3}} = -\frac{1}{3\sqrt[3]{x^4}}$, $D_f = D_{f'} = \{ x|x > 0 \}$.

9.2 a) $f'(x) = -e^x$; b) $f'(x) = -2 \sin x$.

9.3 a) $f'(x) = -\frac{2a}{x^3} - \frac{b}{x^2}$; b) $f'(x) = \frac{1}{2\sqrt{x}} - \frac{1}{\sqrt{x^3}}$;

c) $f'(x) = 2 \cos x - 3 \sin x$; d) $f'(x) = e^x$.

9.4 a) $f(x) = \ln 5 + 2 \ln|x|$, $f'(x) = \frac{2}{x}$, $D_f = D_{f'} = \{ x|x \neq 0 \}$;

b) $f(x) = \ln 2 + 3 \ln x$, $f'(x) = \frac{3}{x}$, $D_f = D_{f'} = \{ x|x > 0 \}$;

c) $f(x) = \frac{1}{x} - \frac{2}{x^3} + \frac{1}{x^4}$, $f'(x) = -\frac{1}{x^2} + \frac{6}{x^4} - \frac{4}{x^5}$, $D_f = D_{f'} = \{ x|x \neq 0 \}$.

9.5 a) $f'(x) = 2x\sqrt{x} + \frac{x^2 + 1}{2\sqrt{x}} = \frac{5x^2 + 1}{2\sqrt{x}}$;

b) $f'(x) = (2x + 2) \cdot \cos x - (x^2 + 2x) \cdot \sin x$;

c) $f'(x) = \frac{e^x}{x} + e^x \ln|x| = e^x \left(\frac{1}{x} + \ln|x| \right)$.

9.6 a) $f(x) = 2 \sin x \cdot \cos x$, $f'(x) = 2 (\cos^2 x - \sin^2 x)$;

b) $f(x) = x \ln x$, $f'(x) = \ln x + x \cdot \frac{1}{x} = \ln x + 1$;

c) $f(x) = e^x e^x$, $f'(x) = e^x e^x + e^x e^x = 2 e^{2x}$.

9.7 a) $f'(x) = \frac{1 \cdot (x^2 - 1) - x \cdot 2x}{(x^2 - 1)^2} = \frac{-x^2 - 1}{(x^2 - 1)^2}$, $D_f = D_{f'} = \{ x \mid x \neq \pm 1 \}$;

b) $f'(x) = \frac{a(x-a) - ax \cdot 1}{(x - a)^2} = \frac{-a^2}{(x - a)^2}$, $D_f = D_{f'} = \{ x \mid x \neq a \}$;

c) $f'(x) = \frac{-\sin x (1 + x) - \cos x}{(1 + x)^2}$, $D_f = D_{f'} = \{ x \mid x \neq -1 \}$;

d) $f'(x) = \frac{ke^x (k - e^x) + ke^x e^x}{(k - e^x)^2} = \frac{k^2 e^x}{(k - e^x)^2}$; $D_f = D_{f'} = \{ x \mid x \neq \ln k \}$.

9.8 a) $f(x) = \dfrac{\sin x}{\cos x}$, $f'(x) = \dfrac{\cos^2 x + \sin^2 x}{\cos^2 x} = \dfrac{1}{\cos^2 x}$;

b) $f(x) = \dfrac{1}{e^x}$, $f'(x) = \dfrac{-1 \cdot e^x}{(e^x)^2} = -\dfrac{1}{e^x} = -e^{-x}$;

c) $f(x) = \dfrac{\sin x - \cos x}{e^x}$, $f'(x) = \dfrac{(\cos x + \sin x) \cdot e^x - (\sin x - \cos x)\, e^x}{e^{2x}}$

$= \dfrac{2\, e^x \cos x}{e^{2x}} = \dfrac{2 \cos x}{e^x}$.

9.9 a) $f'(x) = \dfrac{\frac{1}{x} \cdot x - \ln|x|}{x^2} = \dfrac{1 - \ln|x|}{x^2}$;

b) $f'(x) = \dfrac{\frac{1}{x}(1-x^2) + \ln|x| \cdot 2x}{(1-x^2)^2} = \dfrac{\frac{1}{x} - x + 2x \ln|x|}{(1-x^2)^2}$;

c) $f'(x) = \dfrac{e^x \sqrt{x} - \dfrac{e^x}{2\sqrt{x}}}{x} = \dfrac{2x\, e^x - e^x}{2x\sqrt{x}} = \dfrac{(2x-1) \cdot e^x}{2x\sqrt{x}}$.

9.10 $f'(x) = \dfrac{(k+2x)(1-kx^2) - (kx+x^2) \cdot (-2kx)}{(1-kx^2)^2} = \dfrac{k^2x^2 + 2x + k}{(1-kx^2)^2}$;

Für $k > 0$: $D_f = D_{f'} = \left\{ x \mid x \neq \dfrac{1}{\sqrt{k}} \wedge x \neq \dfrac{1}{-\sqrt{k}} \right\}$.

Für $k < 0$ ist $D_f = D_{f'} = \mathbb{R}$.

9.11 a) $y' = 3 \cdot (x^2 - 2x + 3)^2 \cdot (2x - 2) = 6 \cdot (x^3 - 3x^2 + 5x - 3)$; [handschriftlich: $6 \cdot (x^5 - 5x^4 + 11x^3 - 22x^2 + 21x - 9)$ falsch]

b) $y' = \dfrac{2x - 2}{2\sqrt{x^2 - 2x}} = \dfrac{x-1}{\sqrt{x^2-2x}}$;

c) $y' = \dfrac{2 \cdot \cos 2x}{2 \cdot \sqrt{\sin 2x}} = \dfrac{\cos 2x}{\sqrt{\sin 2x}}$;

d) $y' = \dfrac{2x}{x^2 - 1}$.

9.12 $y' = \dfrac{2 \cdot (x^2-3)^2 - (2x+1) \cdot 2\,(x^2-3) \cdot 2x}{(x^2-3)^4} = \dfrac{2(x^2-3) - (2x+1) \cdot 4x}{(x^2-3)^3} =$

$$\frac{-6x^2-4x-6}{(x^2-3)^3};$$

b) $$y' = \frac{\cos x\,(3-x)^3 - \sin x \cdot 3 \cdot (3-x)^2 \cdot (-1)}{(3-x)^6} = \frac{(3-x)\cdot\cos x + 3\sin x}{(3-x)^4}.$$

9.13

a) $$y' = \frac{x^2-1-x\cdot 2x}{(x^2-1)^2} = \frac{-x^2-1}{(x^2-1)^2};$$

$$y'' = \frac{-2x\,(x^2-1)^2 + (x^2+1)\cdot 2\,(x^2-1)\cdot 2x}{(x^2-1)^4} = \frac{-2x\,(x^2-1)+(x^2+1)\cdot 4x}{(x^2-1)^3} =$$

$$\frac{2x^3+6x}{(x^2-1)^3};$$

b) $$y' = \frac{(2x-2)(x+1)-(x^2-2x)}{(x+1)^2} = \frac{x^2+2x-2}{(x+1)^2};$$

$$y'' = \frac{(2x+2)(x+1)^2-(x^2+2x-2)\cdot 2\cdot(x+1)}{(x+1)^4} =$$

$$\frac{(2x+2)(x+1)-2\cdot(x^2+2x-2)}{(x+1)^3} = \frac{6}{(x+1)^3}.$$

9.14

a) $y' = 2\,w\cdot\cos w\,x - 3\,w\cdot\sin w\,x$,

$y'' = -2\,w^2\sin w\,x - 3\,w^2\cos w\,x$.

Die Gleichung

$y + ky'' = 2\sin w\,x + 3\cos w\,x - 2\,kw^2\sin w\,x - 3\,k\,w^2\cos w\,x = 0$

ist für $k = \frac{1}{w^2}$ erfüllt.

b) $y = e^{-kx}$, $y' = -ke^{-kx}$.

Die Gleichung lautet

$ky + y' = 0$.

9.15

a) $$y' = \frac{\frac{e^x}{2\sqrt{e^x-1}}\cdot e^x - \sqrt{e^x-1}\,e^x}{e^{2x}} = \frac{2-e^x}{2e^x\sqrt{e^x-1}},$$

$D_y = \{\,x \mid x \geq 0\,\}$; $D_{y'} = \{\,x \mid x > 0\,\}$;

b) $y = (x \ln ax)^{-1}$, $y' = -\dfrac{\ln ax + x \cdot \frac{1}{ax}}{(x \ln ax)^2} = -\dfrac{\ln ax + \frac{1}{a}}{(x \ln ax)^2}$, falsch?

$$D_y = D_{y'} = \begin{cases} x > 0 \text{ für } a > 0 \\ x < 0 \text{ für } a < 0. \end{cases}$$

9.16 $y' = \dfrac{b}{\sqrt{1-(\frac{x}{b}-1)^2}} \cdot \dfrac{1}{b} = \dfrac{b}{\sqrt{2xb - x^2}}$.

Da der Sinus zwischen -1 und 1 liegt, muß $-1 \leq \frac{x}{b} - 1 \leq 1$

gelten. Daraus folgt

$D_y = \{ x \mid 0 \leq x \leq 2b \}$, $D_{y'} = \{ x \mid 0 < x < 2b \}$.

9.17

$$f'(x) = \frac{2\sqrt{1+4x^2} - \dfrac{2x \cdot 8x}{2 \cdot \sqrt{1+4x^2}}}{\sqrt{1 - \dfrac{4x^2}{1+4x^2}} \cdot (1+4x^2)} = \frac{\dfrac{2 \cdot (1+4x^2) - 8x^2}{\sqrt{1+4x^2}}}{\dfrac{1}{\sqrt{1+4x^2}} \cdot (1+4x^2)} = \frac{2}{1+4x^2} = g'(x).$$

Da f(x) und g(x) die gleiche Ableitung haben, können sie sich nur um eine Konstante unterscheiden. Da jedoch $f(0) = g(0) = 0$ ist, ist diese Konstante Null. f(x) und g(x) sind also identisch.

10.1

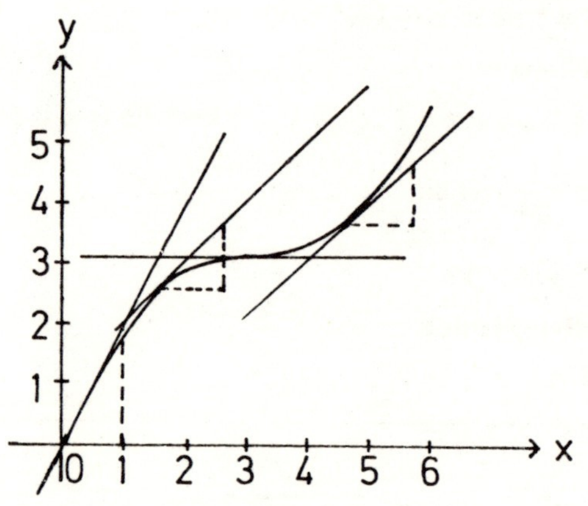

$y' = 1 + \cos x$,

$y'(0) = 2$, $y'\left(\frac{\pi}{2}\right) = 1$, $y'(\pi) = 0$, $y'\left(\frac{3}{2}\pi\right) = 1$.

Bei $x = \pi$ liegt eine horizontale Wendetangente vor.

10.2 $y' = \frac{2x(1-x^2) + x^2 \cdot 2x}{(1-x^2)^2} = \frac{2x}{(1-x^2)^2}$;

$y'(2) = \tan\alpha = \frac{4}{9} \Rightarrow \alpha = 24{,}0°$.

10.3 $y' = \frac{e^x(e^{2x}+1) - e^x \cdot 2e^{2x}}{(e^{2x}+1)^2} = \frac{-e^{3x} + e^x}{(e^{2x}+1)^2}$;

$y'(0) = 0$. Die Kurventangente verläuft für $x = 0$ parallel zur x-Achse; die Kurve schneidet also die y-Achse unter 90°.

10.4 Wo die Kurven parallel verlaufen, müssen ihre Ableitungen übereinstimmen:

$f'(x) = -\frac{e^x}{(e^x+1)^2} = g'(x) = 1 + \frac{2e^x}{1+e^x}$;

$-e^x = 1 + 2e^x + e^{2x} + 2e^x(1+e^x)$, $3e^{2x} + 5e^x + 1 = 0$. Das ist wegen $e^x > 0$ unmöglich. Also gibt es keine Stelle, an der die Tangenten parallel verlaufen.

10.5 $y' = 2kx = m \Rightarrow x_k = \frac{m}{2k}$, $y_k = \frac{m^2+4}{4k}$. $P_k\left(\frac{m}{2k} \,\middle|\, \frac{m^2+4}{4k}\right)$.

Tangentenschar: $y - \frac{m^2+4}{4k} = m\left(x - \frac{m}{2k}\right)$ oder $y = mx + \frac{4-m^2}{4k}$.

10.6 $f'(x) = -\frac{6}{t^2}x + \frac{4}{t}$; $y_T = f(t) = 1$; $f'(t) = -\frac{2}{t}$.

Gleichung der Tangente in T (t/1);

$\frac{y-1}{x-t} = -\frac{2}{t}$, $y = -\frac{2}{t}x + 3$.

Schnittpunkt zweier beliebiger Tangenten:

$-\frac{2}{t_1}x + 3 = -\frac{2}{t_2}x + 3$; S (0/3).

10.7 $f'_k(x) = 1 - \frac{k}{x^2} = \frac{x^2-k}{x^2}$.

Tangentengleichung in $P\left(t \,\middle|\, t + \frac{k}{t}\right)$:

$$\frac{y-t-\frac{k}{t}}{x-t} = \frac{t^2-k}{t^2}.$$

$$x = 0 \Rightarrow y = \frac{2k}{t}.$$

$$\Rightarrow \text{Fläche } A = \frac{2\,k}{t} \cdot \frac{t}{2} = k.$$

A ist von t unabhängig.

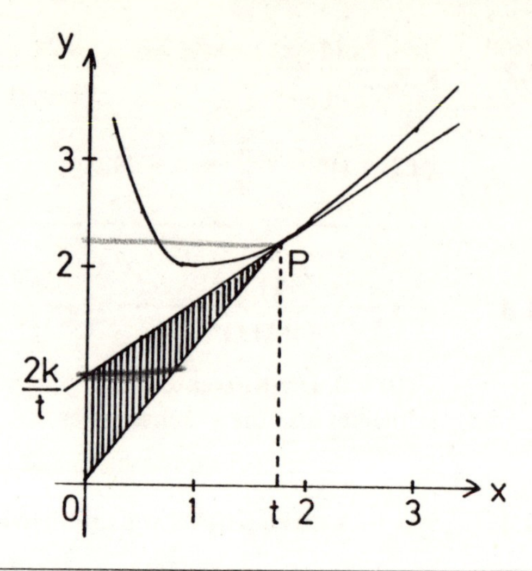

10.8 Die Kurvensteigung muß gleich der Geradensteigung sein:

$$\frac{1}{2}\,e^{\frac{x}{2}} = \frac{2}{3}\,,\ x = 2\ln\frac{4}{3} = 0{,}575,\ y = e^{\ln\frac{4}{3}} = \frac{4}{3},\ y' = \frac{2}{3}.$$

Gleichung der Tangente:

$$\frac{y-\frac{4}{3}}{x-0{,}575} = \frac{2}{3}\ ;\ \frac{y-1{,}333}{x-0{,}575} = 0{,}667 \text{ oder } y = 0{,}667x + 0{,}950.$$

10.9 $y(1) = 0{,}917,$

$$y' = \frac{\cos x}{2\sqrt{\sin x}}\,,\ y'(1) = 0{,}295.$$

$$\frac{y-0{,}917}{x-1} = -\frac{1}{0{,}295} = -3{,}39,\quad y = -3{,}39\,x + 4{,}31.$$

10.10 Die Kurvennormale muß die Richtung + 1, die Tangente also die Richtung − 1 haben:

$$y' = 3x^2 - 2\,kx = -1.$$

Diese Gleichung ist lösbar für

$$(2\,k)^2 - 12 \geq 0, \text{ d.h. } k \leq -\sqrt{3} \text{ oder } k \geq \sqrt{3}.$$

10.11 Schnittpunkte mit der positiven x-Achse:

$k\sqrt{x} = x \Rightarrow (x = 0) \vee x = k^2$.

$$y' = \frac{k}{2\sqrt{x}} - 1,\ y'(k^2) = -\frac{1}{2}.$$

Normale:

$$\frac{y-0}{x-k^2} = 2 \text{ oder } y = 2x - 2k^2.$$

Alle Normalen haben die Steigung 2, sind also parallel.

10.12 Im Berührpunkt müssen die Funktionswerte und die Ableitungen beider Funktionen gleich sein:

$$\frac{1}{2}x^2 + x - 4 = 3 \cdot \ln(x-1), \quad x + 1 = \frac{3}{x-1}.$$

Aus der zweiten Gleichung folgt $x = \pm 2$.
Da der Logarithmand positiv sein muß, kommt nur $x = 2$ in Frage. Die Probe zeigt, daß dieser Wert auch Lösung der ersten Gleichung ist. Der Berührpunkt ist (2/0).

10.13 Schnittstelle:

$$\alpha x + \frac{\beta}{x^2} = \beta x + \frac{\alpha}{x^2}, \quad (\alpha - \beta)x = \frac{\alpha - \beta}{x^2} \quad \Rightarrow \quad x = 1 \ (\alpha \neq \beta).$$

Richtungen der Kurventangenten an der Stelle $x = 1$:

$$f'_{\alpha,\beta} = \alpha - \frac{2\beta}{x^3}, \quad f'_{\beta,\alpha} = \beta - \frac{2\alpha}{x^3};$$

$f'_{\alpha,\beta}(1) = \alpha - 2\beta$, $f'_{\beta,\alpha}(1) = \beta - 2\alpha$.

Orthogonalitätsbedingung:

$(\alpha - 2\beta)(\beta - 2\alpha) = -1$ oder $5\alpha\beta - 2\alpha^2 - 2\beta^2 = -1$.

Es muß also die Beziehung

$5\alpha\beta - 2\alpha^2 - 2\beta^2 = -1$ gelten.

10.14 Schnittpunkt:

$2e^{ax} = 2e^{-ax} \Rightarrow ax = -ax \Rightarrow x = 0$.

Ableitungen:

$y' = 2a\,e^{ax}$ und $y' = -2a e^{-ax}$.

Tangentensteigungen bei $x = 0$:

$2a$ und $-2a$.

Bedingung für senkrechtes Schneiden:

$$2a \cdot (-2a) = -1 \Rightarrow a = \pm \frac{1}{2}.$$

10.15 Da beide Graphen symmetrisch zur y-Achse verlaufen, genügt die Untersuchung der Stelle $x = 1$.

$f(1) = 0, g(1) = 0$.

$$f'(x) = -\frac{4x}{(1+x^2)^2}; f'(1) = -1.$$

$$g'(x) = \frac{1}{\sqrt{1-[f(x)]^2}} \cdot f'(x); \quad g'(1) = \frac{1}{\sqrt{1-0^2}} \cdot (-1) = -1.$$

In den Punkten (1/0) und (−1/0) haben die Kurven gemeinsame Tangenten. Da der Betrag eines von Null verschiedenen Winkels stets größer ist als der Betrag des Sinus des Winkels, gilt

$\arcsin f(x) > f(x)$ für $f(x) > 0$
und $\arcsin f(x) < f(x)$ für $f(x) < 0$.

Die Kurven durchdringen sich also in den Schnittpunkten mit der x-Achse, und es gibt keine weiteren Schnittpunkte.

11.1 $F(x) = -2\cos x - \sin x + C$,

$F(0) = -2 + C = 1 \Rightarrow C = 3$,

$F(x) = -2\cos x - \sin x + 3$.

11.2

$$F(x) = \int \left(x^{\frac{1}{3}} + x^{-\frac{1}{3}}\right) dx = \frac{x^{\frac{4}{3}}}{\frac{4}{3}} + \frac{x^{\frac{2}{3}}}{\frac{2}{3}} + C,$$

$$F(x) = \frac{3}{4}\sqrt[3]{x^4} + \frac{3}{2}\sqrt[3]{x^2} + C.$$

$f(x)$ und diese Funktionen sind für $x > 0$ definiert.

11.3 $\int \left(x - \frac{1}{x} \right) dx = \frac{x^2}{2} - \ln|x| + C.$

11.4 $F(x) = e^2 \int e^x dx = e^2 \cdot (e^x + C) = e^2 e^x + \overline{C}$,

$F(0) = e^2 + \overline{C} = 0 \Rightarrow \overline{C} = -e^2$;

$F(x) = e^{2+x} - e^2$.

11.5 $F(x) = 2 \text{ arc sin } x + C$;

$F(1) = 2 \text{ arc sin } 1 + C = 1 \Rightarrow C = 1 - 2 \text{ arc sin } 1 = 1 - \pi = -2,14$;

$F(x) = 2 \text{ arc sin } x - 2,14$.

11.6 $\int \frac{a}{x^2 + 4} dx = \frac{a}{4} \int \frac{dx}{1 + (\frac{x}{2})^2}$,

$u = \frac{x}{2}, \frac{du}{dx} = \frac{1}{2}, dx = 2\, du,$

$\frac{a}{2} \int \frac{du}{1 + u^2} = \frac{a}{2} \text{ arc tan } u + C = \frac{a}{2} \text{ arc tan } \frac{x}{2} + C.$

11.7 $u = 2^x, \frac{du}{dx} = 2^x \cdot \ln 2, dx = \frac{du}{2^x \ln 2}$;

$F(x) = \int \frac{2^x}{\sqrt{1-4^x}} dx = \frac{1}{\ln 2} \int \frac{du}{\sqrt{1-u^2}} = \frac{\text{arc sin } 2^x}{\ln 2} + C.$

$F(-1) = \frac{\text{arc sin } 0{,}5}{\ln 2} + C = 0 \Rightarrow C = -0{,}76;$

$F(x) = \frac{\text{arc sin } 2^x}{\ln 2} - 0{,}76.$

11.8 $u = 1 - 4^x, \frac{du}{dx} = -\ln 4 \cdot 4^x, dx = -\frac{du}{\ln 4 \cdot 4^x}$;

$\int \frac{4^x}{1-4^x} dx = -\frac{1}{\ln 4} \int \frac{du}{u} = -\frac{1}{\ln 4} \ln|u| + C. = -\frac{1}{\ln 4} \ln|1-4^x| + C.$

11.9 $u = \ln x,\ \frac{du}{dx} = \frac{1}{x},\ dx = x \cdot du;$

$$F(x) = \int \frac{dx}{x \ln x} = \int \frac{du}{u} = \ln|u| + C = \ln|\ln x| + C.$$

$$D_F = \{ x | 0 < x < 1 \vee x > 1 \}.$$

11.10 $u = x^2 + 3x,\ \frac{du}{dx} = 2x + 3,\ dx = \frac{du}{2x+3}.$

$$F(x) = \int \frac{2x+3}{x^2+3x}\, dx = \int \frac{du}{u} = \ln|u| + C = \ln|x^2 + 3x| + C.$$

11.11 $\int \left(a - \frac{a^2}{x+a} \right) dx = ax - a^2 \ln|x + a| + C,$

$-a^2 \ln|a| + C = 0 \Rightarrow C = a^2 \ln|a|,$

$$F(x) = ax - a^2 \ln|x + a| + a^2 \ln|a| = ax - a^2 \ln \frac{|x+a|}{|a|}.$$

11.12 $\int \left(x + 3 - \frac{2}{x+1} \right) dx = \frac{x^2}{2} + 3x - 2 \ln|x + 1| + C.$

11.13 $u = x,\ v' = a^x,\ u' = 1,\ v = \frac{a^x}{\ln a};$

$$\int x\, a^x\, dx = \frac{x\, a^x}{\ln a} - \int \frac{a^x}{\ln a}\, dx = \frac{a^x}{\ln a} \left(x - \frac{1}{\ln a} \right) + C.$$

11.14 $u = -\sqrt{x},\ \frac{du}{dx} = -\frac{1}{2\sqrt{x}},\ dx = -2\sqrt{x}\, du = 2u\, du;$

$2 \int e^u \cdot u\, du = 2 (e^u \cdot u - \int e^u\, du) = 2 (e^u \cdot u - e^u) + C = 2 e^{-\sqrt{x}} (-\sqrt{x} - 1) + C =$

$-2 e^{-\sqrt{x}} (\sqrt{x} + 1) + C.$

11.15 $\int x e^{-x}\, dx = -e^{-x} (x + 1) + C_1;$

$\int \sin x \cdot e^x\, dx = -\cos x \cdot e^x + \int \cos x \cdot e^x\, dx =$

$-\cos x \cdot e^x + \sin x \cdot e^x - \int \sin x \cdot e^x\, dx$, also

$2 \int \sin x \cdot e^x\, dx = -\cos x \cdot e^x + \sin x \cdot e^x + C_2,$

$$F(x) = -e^{-x}(x+1) + \frac{e^x}{2}(\sin x - \cos x) + C,$$

$$F(1) = -0{,}74 + 1{,}36 \cdot 0{,}30 + C = 1 \Rightarrow C = 1{,}33;$$

$$F(x) = -e^{-x}(x+1) + \frac{e^x}{2}(\sin x - \cos x) + 1{,}33.$$

12.1 a) $y' = \frac{1}{(x+2)^2} > 0$ für $x \neq -2$.

y ist nicht überall monoton, läßt sich jedoch in zwei monoton wachsende Teilfunktionen zerlegen:

$$y = \begin{cases} 1 - \frac{1}{x+2} & \text{für } x < -2. \\ 1 - \frac{1}{x+2} & \text{für } x > -2. \end{cases}$$

b) $y' = \frac{2x(x+3)}{(2x+3)^2}$ für $x \neq -1{,}5$.

x	y'
$x < -3$	> 0
$-3 < x < -1{,}5$	< 0
$-1{,}5 < x < 0$	< 0
$x > 0$	> 0

y ist nicht monoton.

$y_1 = \frac{x^2}{2x+3}$ für $x \leq -3$ wächst monoton,

$y_2 = \frac{x^2}{2x+3}$ für $-3 \leq x < -\frac{3}{2}$ nimmt monoton ab,

$y_3 = \frac{x^2}{2x+3}$ für $-\frac{3}{2} < x \leq 0$ nimmt monoton ab,

$y_4 = \frac{x^2}{2x+3}$ für $x \geq 0$ wächst monoton.

c) $y' = e^{-\frac{1}{2}x^2} > 0$ für alle x.

y wächst überall monoton.

12.2 $J(x)$ ist für $x > 0$ definiert.

$$J'(x) = \frac{e^x}{\sqrt{e^x - 1}} > 0 \text{ für alle } x > 0.$$

Also wächst $J(x)$ überall in D_J monoton.

12.3 $g(x) = (x - b)(\ln x - \ln b) - (x - a)(\ln x - \ln a)$

$= x \ln x - x \ln b - b \ln x + b \ln b - x \ln x + x \ln a + a \ln x - a \ln a$

$= x(\ln a - \ln b) + \ln x (a - b) + b \ln b - a \ln a.$

$$g'(x) = \ln \frac{a}{b} + \frac{a-b}{x}.$$

Wegen $a < b$ und $x > 0$ ist $g'(x) < 0$; $g(x)$ fällt also im Bereich $a < x < b$ monoton.

Wegen $g(a) = (a-b) \ln \frac{a}{b} > 0$ und $g(b) = (a-b) \ln \frac{b}{a} < 0$ liegt zwischen a und b genau eine Nullstelle von $g(x)$, d.h. eine Stelle, für die $f_a(x) = f_b(x)$ ist.

12.4

$$f(x) = \begin{cases} x + 2 \arctan x & \text{für } x \geq 0 \\ -x + 2 \arctan x & \text{für } x < 0, \end{cases}$$

$$f'(x) = \begin{cases} 1 + \dfrac{2}{1 + x^2} & \text{für } x > 0 \\ -1 + \dfrac{2}{1 + x^2} & \text{für } x < 0. \end{cases}$$

Für $x > 0$ ist $f'(x)$ stets positiv. Also kommt nur die untere Zeile in Betracht.

Für $\frac{2}{1 + x^2} < 1$ oder $x < -1$ ist $f'(x) < 0$,

$f(x)$ also monoton abnehmend.
Aus $f(-2{,}5) = 0{,}12$ und $f(-2) = -0{,}21$ folgt die Existenz genau einer Nullstelle.

12.5 $f'(x) = e^x + e^{-x} > 0$, $f(0) = 0$, $f(1) = e - \frac{1}{e} = 2{,}35$.

Da sie monoton wächst, nimmt die stetige Funktion jeden Wert zwischen 0 und 2,35, also auch den Wert 1 genau einmal an.

12.6 $f': y' = (2 - e^x)(-e^x)$.

Im Innern von D_f ist $e^x < 2$, der erste Faktor also > 0, der zweite < 0. Somit ist $y' < 0$, die Funktion also umkehrbar.

$$y = \frac{1}{2}(2 - e^x)^2 \Rightarrow 2 - e^x = \pm\sqrt{2y} \Rightarrow e^x = 2 \pm \sqrt{2y} \Rightarrow x = \ln(2 \pm \sqrt{2y}).$$

W_f ergibt sich aus $f(\ln 2) = 0$ und $\lim\limits_{x \to -\infty} f(x) = 2$ zu $W_f = \{ y | 0 \leq y < 2 \}$.

Also ist $f^{-1}: y = \ln(2 - \sqrt{2x})$.

$D_{f^{-1}} = \{ x \mid 0 \leq x < 2 \}$, $W_{f^{-1}} = \{ y \mid y \leq \ln 2 \}$.

12.7

$$f': y' = \begin{cases} x + 1 \text{ für } -1 < x < 2 \\ \dfrac{3}{x-1} \text{ für } 2 < x. \end{cases}$$

Im Innern beider Teilintervalle ist die Ableitung stets positiv. Beide Kurvenzweige hängen bei $x = 2$ stetig zusammen. Also wächst f monoton und ist damit umkehrbar.

$f(-1) = -4{,}5$, $f(2) = 0 \Rightarrow W_{f_1} = \{ y | -4{,}5 \leq y \leq 0 \}$.

Umkehrung des 1. Zweiges:

$y = -1 + \sqrt{9 + 2x}$, $-4{,}5 \leq x \leq 0$.

Umkehrung des 2. Zweiges:

$y = e^{\frac{x}{3}} + 1$, $x > 0$.

$$f^{-1}: y = \begin{cases} -1 + \sqrt{9 + 2x} \text{ für } -4{,}5 < x \leq 0 \\ e^{\frac{x}{3}} + 1 \text{ für } x > 0. \end{cases}$$

12.8 $y' = -\dfrac{1}{2\sqrt{x}} e^{-\sqrt{x}} < 0$ für $x > 0$.

f nimmt monoton ab, ist also umkehrbar. Umkehrfunktion:

$f^{-1}: y = (\ln x)^2$.

Wegen $D_{f^{-1}} = W_f$ ist $D_{f^{-1}} = \{ x \mid 0 < x \leq 1 \}$.

Da Funktion und Umkehrfunktion das gleiche Monotonieverhalten haben, ist die Ableitung der Umkehrfunktion negativ.

12.9 Aus $a - e^{-x} > 0$ folgt $D_{f_a} = \{ x \mid x > -\ln a \}$.

Wegen $y' = -\dfrac{e^{-x}}{a-e^{-x}} < 0$ ist f_a in D_{f_a}

monoton und damit umkehrbar.

$f_a^{-1}: y = -\ln(a-e^{-x}) = f_a$.

Der Graph von f_a liegt symmetrisch zur Winkelhalbierenden des 1. Quadranten.

12.10 a) $-\frac{\pi}{2} \leq x \leq \frac{\pi}{2}$, b) $0 \leq x \leq \pi$, c) $-\frac{\pi}{2} < x < \frac{\pi}{2}$.

12.11 a) Wegen $f'(x) = \dfrac{1}{\sqrt{x(1-x)}} > 0$ in $\{ x \mid 0 < x < 1 \}$

wächst f(x) monoton und ist damit umkehrbar.

Umkehrfunktion:

$y = \arc\sin(2x - 1)$, $\sin y = 2x - 1$, $x = \dfrac{1 + \sin y}{2}$,

g: $y = \dfrac{\sin x + 1}{2}$, $-\frac{\pi}{2} \leq x \leq \frac{\pi}{2}$.

b) $\int_0^{\frac{1}{2}} \arcsin(2x - 1) = -\frac{1}{2} \int_{-\frac{\pi}{2}}^{0} (\sin x + 1)\, dx = -\frac{1}{2} [-\cos x + x]_{-\frac{\pi}{2}}^{0}$

$= \frac{1}{2} - \frac{\pi}{4}$.

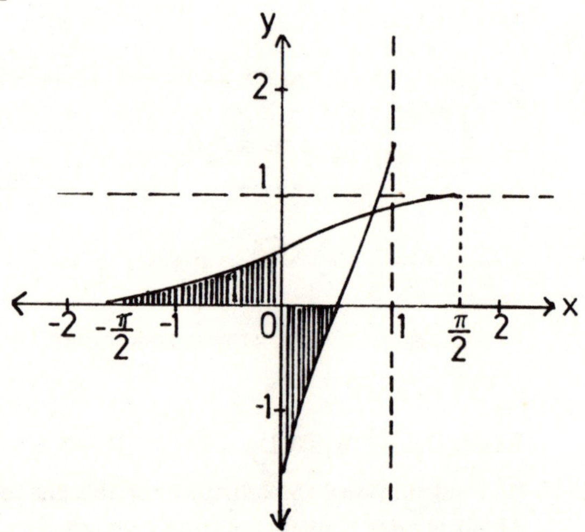

12.12 Für $x > 0$ gilt

$$y = \ln x, \; x = e^y .$$

$$\frac{dx}{dy} = e^y = x \Rightarrow \frac{dy}{dx} = \frac{1}{x} .$$

12.13 $y = \text{arc} \sin x, \; x = \sin y;$

$$\frac{dx}{dy} = \cos y = \sqrt{1 - \sin^2 y} = \sqrt{1 - x^2}.$$

$$\frac{dy}{dx} = \frac{1}{\sqrt{1-x^2}} .$$

13.1 Schnittpunkte mit der x-Achse: $x_1 = 0; x_2 = k$.

$$A = \int_0^k (-x^2 + k\,x)\,dx = \left[-\frac{x^3}{3} + \frac{k\,x^2}{2} \right]_0^k = -\frac{k^3}{3} + \frac{k^3}{2} = \frac{k^3}{6} .$$

13.2 $\int_a^b f(x)\,dx = F(b) - F(a) = -\,[F(a) - F(b)] = -\int_b^a f(x)\,dx.$

13.3 Die obere Intergrationsgrenze ist die positive Nullstelle von $f(x)$, also $x = 1$.

$$A = \int_0^1 \frac{x^2-1}{x^2+1}\,dx = \int_0^1 1\,dx - \int_0^1 \frac{2\,dx}{1+x^2} ,$$

$$A = [x]_0^1 - [2 \text{ arc} \tan x]_0^1 = 1 - \frac{\pi}{2} = -\,0{,}57.$$

A ist negativ, da die Fläche unter der x-Achse liegt. Der Betrag der Fläche ist 0,57.

13.4 $y' = -\,x\,e^{1-\frac{x^2}{2}} .$

Der Graph von y' schneidet die x-Achse bei $x = 0$. Also liegt die Fläche zwischen $x = 0$ und $x = 1$:

$$A = \int_0^1 y'\,dx = [y]_0^1 = \left[e^{1-\frac{x^2}{2}} \right]_0^1 = e^{\frac{1}{2}} - e = -\,1{,}07.$$

Der Betrag der Fläche ist 1,07. Sie liegt unter der x-Achse.

13.5 $\int_{-a}^{a} (1-x^2)\,dx = \left[x - \frac{x^3}{3}\right]_{-a}^{a} = 2a\left(1 - \frac{a^2}{3}\right) = 0;\ a = \sqrt{3}.$

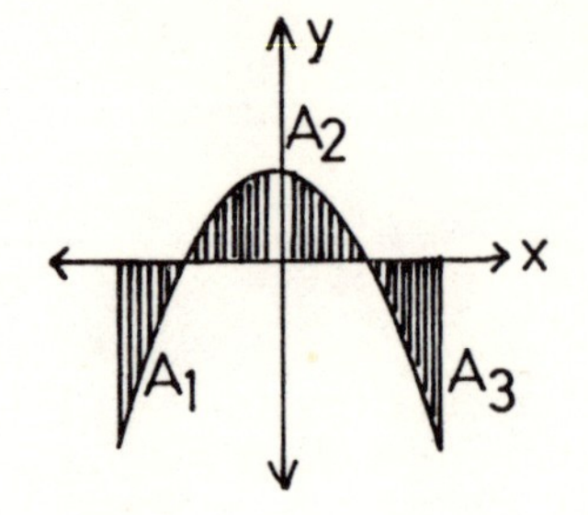

Die unterhalb der x-Achse liegenden Flächen A_1 und A_3 sind zusammen ebenso groß wie die oberhalb der x-Achse liegende Fläche A_2.

13.6 Aus $0 \leq \sin x \leq 1$ folgt

$$\int_0^{\pi} \frac{x^2 + 5\sin x}{5 + 0{,}5\sin x}\,dx \geq \int_0^{\pi} \frac{x^2 + 5\sin x}{5{,}5}\,dx =$$

$$\frac{1}{5{,}5}\left[\frac{x^3}{3} - 5\cos x\right]_0^{\pi} = \frac{1}{5{,}5}\left[\frac{\pi^3}{3} + 5 + 5\right] = 3{,}70.$$

13.7 $\int_0^{0{,}5} (x - x^2)\,dx \leq \int_0^{0{,}5} f(x)\,dx \leq \int_0^{0{,}5} (x + x^2)\,dx,$

$$\left[\frac{x^2}{2} - \frac{x^3}{3}\right]_0^{0{,}5} \leq \int_0^{0{,}5} f(x)\,dx \leq \left[\frac{x^2}{2} + \frac{x^3}{3}\right]_0^{0{,}5},$$

$$\frac{1}{12} \leq \int_0^{0{,}5} f(x)\,dx \leq \frac{1}{6}.$$

13.8 Wegen der Symmetrie zur y-Achse ist

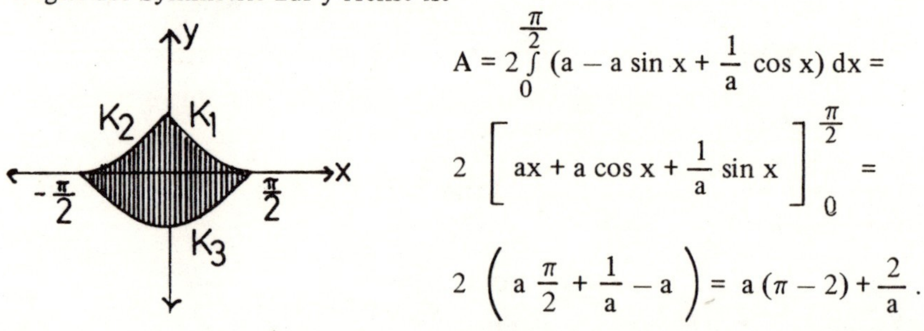

$$A = 2\int_0^{\frac{\pi}{2}} \left(a - a\sin x + \frac{1}{a}\cos x\right) dx =$$

$$2\left[ax + a\cos x + \frac{1}{a}\sin x\right]_0^{\frac{\pi}{2}} =$$

$$2\left(a\frac{\pi}{2} + \frac{1}{a} - a\right) = a(\pi - 2) + \frac{2}{a}.$$

13.9 $F'(x) = \frac{2}{1-x}(-1) - 2 = \frac{-2-2+2x}{1-x} = \frac{2x-4}{1-x} = f(x).$

$$A = \int_{-2}^{0} \left(x - \frac{2x-4}{x-1} \right) dx = \left[\frac{1}{2} x^2 - \ln (1-x)^2 + 2x \right]_{-2}^{0} =$$

$-2 + \ln 9 + 4 = 4{,}20.$

13.10 $y' = t \cdot \cos x,\ y'(0) = t,\ y'(\pi) = -t.$

Gleichungen der Normalen: $y = -\frac{1}{t} x;\ \ y = \frac{1}{t}(x - \pi).$

Normalenschnittpunkt: $-\frac{1}{t} x = \frac{1}{t} x - \frac{\pi}{t},\ S\left(\frac{\pi}{2} \,\middle|\, -\frac{\pi}{2t} \right).$

Die Normalen bilden mit der x-Achse ein Dreieck mit dem Inhalt $A_1 = \frac{\pi^2}{4t}$.

Die Kurve umschließt mit der x-Achse die Fläche

$$A_2 = \int_0^{\pi} t \sin x \, dx = \Big[-t \cos x \Big]_0^{\pi} = 2t.$$

Die Bedingung

$A_1 = A_2$ liefert $\frac{\pi^2}{4t} = 2t$ oder $t = \frac{\pi}{2\sqrt{2}}$.

13.11 a) $\int_{1,5}^{3} \frac{x^4 - 3x^2}{(x^2-1)^2} dx = \left[\frac{x^3}{x^2-1} \right]_{1,5}^{3} = 3{,}375 - 2{,}7 = 0{,}675.$

b) Da y' bei $x = \sqrt{3} = 1{,}73$ das Vorzeichen wechselt, stellt das Integral nicht den Inhalt der beschriebenen Fläche dar.

13.12 $G'(x) = 3\,[\ln (x-1) - 1] + 3\,(x-1).\ \frac{1}{x-1} \cdot 1 = 3 \ln (x-1) = g(x).$

Durch Einsetzen ganzzahliger Werte findet man, daß sich Kurve und Gerade bei $x = 3$ schneiden. Die Kurve trifft die x-Achse bei $x = 2$, die Gerade trifft sie bei $x = 3\,(1 + \ln 2)$. Die Fläche zwischen der Geraden $y = -x + 3\,(1 + \ln 2)$, der Geraden $x = 3$ und der x-Achse ist ein gleichschenklig rechtwinkliges Dreieck.

$$A = \int_2^3 3 \ln (x-1)\, dx + \frac{1}{2}(3 \ln 2)^2$$

$$= 3\,(x-1) \Big[\ln (x-1) - 1 \Big]_2^3 + \frac{9}{2} (\ln 2)^2.$$

$$= 6(\ln 2 - 1) + 3 + \frac{9}{2} \cdot (\ln 2)^2$$

$$= 6 \ln 2 + \frac{9}{2} (\ln 2)^2 - 3 = 3{,}32.$$

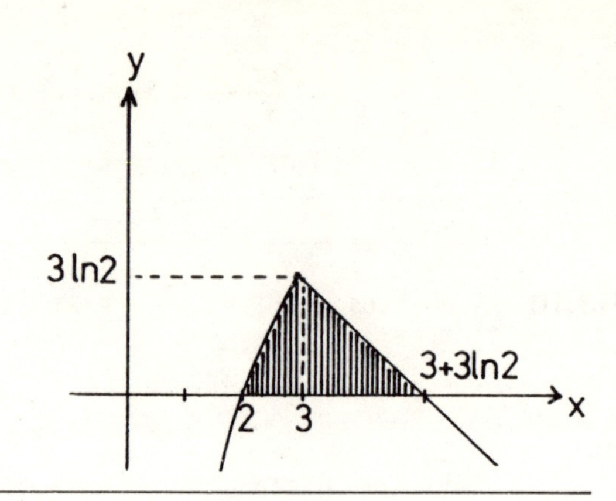

13.13 $y' = \dfrac{2x}{x^2 + c}$, $y'' = \dfrac{2c - 2x^2}{(x^2 + c)^2}$.

Wendepunkte bei $(\pm\sqrt{c} \,|\, \ln 2c)$.
Da $(0 \mid \ln c)$ ein Minimum ist, sind die Integrationsgrenzen ln c und ln 2c.

$x^2 = e^y - c$,

$$V = \pi \int_{\ln c}^{\ln 2c} (e^y - c)\, dy = \pi \left[e^y - c\,y\right]_{\ln c}^{\ln 2c} =$$

$$\pi (2c - c \ln 2c - c + c \ln c) = \pi c (1 - \ln 2c + \ln c) = \pi c (1 - \ln 2).$$

13.14 a) $V = \pi \int_0^a y^2\, dx = \pi \int_0^a 4(6-a)(a-x)\, dx = 4\pi (6-a) \left[a x - \frac{x^2}{2}\right]_0^a =$

$2\pi a^2 (6-a)$.

b) Gerade und Parabel berühren sich, wenn es einen x-Wert gibt, für den die Funktionswerte und die Ableitungen übereinstimmen:

Ableitungen gleich: $-\dfrac{\sqrt{6-a}}{\sqrt{a-x}} = -1 \Rightarrow x = 2a - 6$;

Funktionswert der Parabel: $\sqrt{4(6-a) \cdot (a - 2a + 6)} = 2(6-a)$,

Funktionswert der Geraden: $6 - 2a + 6 = 2(6-a)$.

$$V_1 = \pi \int_0^{2a-6} y^2\, dx = 4\pi (6-a) \left[a x - \frac{x^2}{2}\right]_0^{2a-6} = 4\pi (6-a)(6a - 18).$$

Aus $V_1 = \frac{1}{2} V$ folgt

$$4\pi(6-a)(6a-18) = \pi a^2 (6-a),$$

$$a = 6(2-\sqrt{2}).$$

13.15 V_1 sei das Volumen des durch $\widehat{AB}$, x-Achse und y-Achse definierten Drehkörpers. V_2 sei das Volumen des Kegels, der durch Rotation der Tangente entsteht. Dann gilt $V = V_1 - V_2$.

Berechnung von V_1:

$$y = 4 - 2\sqrt{x} \Rightarrow x = \frac{1}{4}(y-4)^2.$$

$$V_1 = \frac{\pi}{16}\int_0^4 (y-4)^4\,dy = \frac{\pi}{16}\left[\frac{(y-4)^5}{5}\right]_0^4 = \frac{64}{5}\pi.$$

Berechnung von V_2:

Die Tangente in A (4|0)

$$\frac{y-0}{x-4} = -\frac{1}{2}$$

schneidet die y-Achse bei $y = 2$. Der Kegel hat daher die Höhe 2 und den Radius 4. Also ist

$$V_2 = \frac{\pi}{3} \cdot 16 \cdot 2 = \frac{32}{3}\pi.$$

$$V = V_1 - V_2 = \left(\frac{64}{5} - \frac{32}{3}\right)\pi = \frac{32}{15} \cdot \pi = 6{,}70.$$

14.1 Für $x = k$ sind Zähler und Nenner Null. Nach L'Hospital gilt:

$$\lim_{x \to k} \frac{x-k}{x^2 - 3kx + 2k^2} = \lim_{x \to k} \frac{1}{2x - 3k} = \frac{1}{-k} = -\frac{1}{k}.$$

14.2

$$\lim_{x \to 0} \frac{\sin x}{x} = \lim_{x \to 0} \frac{\cos x}{1} = 1.$$

14.3 a) $f'(x) = \lim\limits_{h \to 0} \dfrac{f(x+h) - f(x)}{h}$.

b) $f'(x) = \lim_{h \to 0} \frac{\sqrt{x+h} - \sqrt{x}}{h} =$

$$\lim_{h \to 0} \frac{(\sqrt{x+h} - \sqrt{x})(\sqrt{x+h} + \sqrt{x})}{h(\sqrt{x+h} + \sqrt{x})} =$$

$$\lim_{h \to 0} \frac{x+h-x}{h(\sqrt{x+h} + \sqrt{x})} = \lim_{h \to 0} \frac{1}{\sqrt{x+h} + \sqrt{x}} = \frac{1}{2\sqrt{x}}.$$

14.4 $\lim_{x \to 0} \frac{\ln x}{\frac{1}{x}} =$

$$\lim_{x \to 0} \frac{\frac{1}{x}}{-\frac{1}{x^2}} = \lim_{x \to 0} (-x) = 0.$$

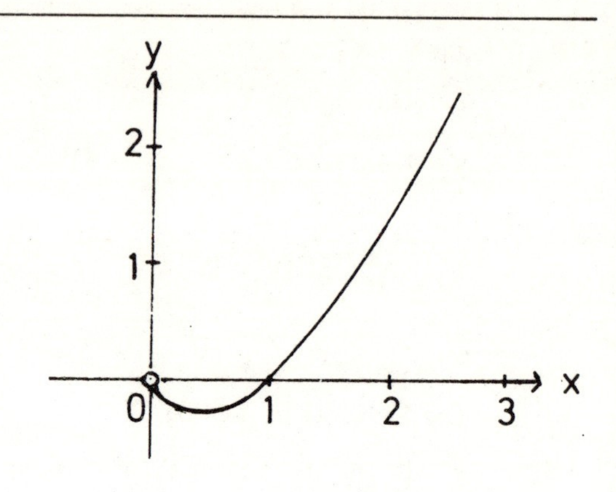

14.5 $\lim_{x \to 0} \frac{e^x - e^{-x}}{x} = \lim_{x \to 0} \frac{e^x + e^{-x}}{1} = 2.$

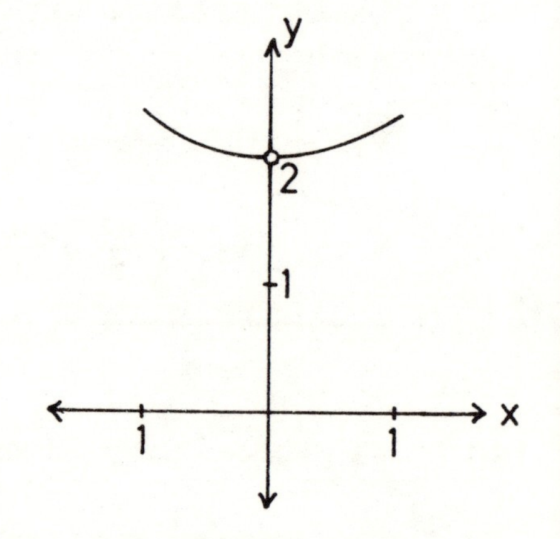

14.6 Wegen $\lim_{x \to 0} (x \ln x) = 0$ wird

$$\lim_{x \to 0+0} \frac{k \cdot x \ln x + 1 - k}{x} = \lim_{x \to 0+0} \frac{0 + 1 - k}{x} = \begin{cases} +\infty \text{ für } k < 1 \\ -\infty \text{ für } k > 1. \end{cases}$$

Die Funktion hat bei $x = 0$ eine senkrechte Asymptote.

14.7 Da für $x = a$ Zähler und Nenner Null sind, läßt sich die l'Hospitalsche Regel anwenden:

$$\lim_{x \to a} \frac{\ln \frac{x}{a}}{x - a} = \lim_{x \to a} \frac{\frac{1}{x}}{1} = \frac{1}{a}.$$

Die Funktion hat bei $x = a$ einen endlichen Grenzwert, also keine vertikale Asymptote.

14.8 $\frac{x^2 - 1}{x^2 + 1} = 1 - \frac{2}{x^2 + 1}$,

$$\lim_{x \to \pm\infty} \left(1 - \frac{2}{x^2 + 1}\right) = 1.$$

Der Unterschied zwischen Funktion und Asymptote $y = 1$ ist der Betrag des Restglieds:

$$\left| -\frac{2}{x^2 + 1} \right| = \frac{2}{x^2 + 1}.$$

$$\frac{2}{x^2 + 1} < 0{,}1 \Rightarrow 2 < 0{,}1\,x^2 + 0{,}1 \Rightarrow 1{,}9 < 0{,}1\,x^2 \Rightarrow x^2 > 19.$$

Die gesuchten Intervalle sind $x < -\sqrt{19}$ und $x > \sqrt{19}$.

14.9 $\lim_{x \to \infty} \frac{x}{e^x} = \lim_{x \to \infty} \frac{1}{e^x} = 0$; $\lim_{x \to -\infty} \frac{x}{e^x} = \lim_{x \to -\infty} (x \cdot e^{-x}) = -\infty$.

14.10 $$\lim_{x \to \infty} (x - a)\, e^{2 - \frac{x}{a}} = e^2 \lim_{x \to \infty} \frac{x - a}{e^{\frac{x}{a}}} = e^2 \lim_{x \to \infty} \frac{1}{\frac{1}{a}\, e^{\frac{x}{a}}} = 0,$$

$\lim_{x \to -\infty} (x - a)\, e^{2 - \frac{x}{a}} = -\infty$, da beide Faktoren unbeschränkt sind.

14.11 $$\lim_{x \to \pm\infty} \left(\frac{2}{1 + x^2} - 1\right) = -1, \quad \lim_{x \to \pm\infty} \arcsin \left(\frac{2}{1 + x^2} - 1\right) = -\frac{\pi}{2}.$$

$y = -\frac{\pi}{2}$ ist Asymptote.

Der Graph liegt für alle x oberhalb der Asymptote.

14.12 $\lim\limits_{x\to\infty} \dfrac{k\,e^x}{k-e^x} = \lim\limits_{x\to\infty} \dfrac{k\,e^x}{-e^x} = -k, \quad \lim\limits_{x\to-\infty} \dfrac{k\,e^x}{k-e^x} = 0.$

14.13 $\lim\limits_{x\to\infty} \dfrac{e^x-1}{e^x+1} = 1, \quad \lim\limits_{x\to-\infty} \dfrac{e^x-1}{e^x+1} = -1.$

$y = 1$ ist rechtseitige, $y = -1$ linksseitige Asymptote.

$$\left|\frac{e^x-1}{e^x+1} - 1\right| < 0{,}1 \Rightarrow -0{,}1 < \frac{2}{e^x+1} < 0{,}1 \Rightarrow e^x > 19 \Rightarrow x > 2{,}94.$$

14.14 $(3x^3 - 2x^2 + 3x - 4) : (2x^2 + 5x - 7) = \frac{3}{2}x - \frac{19}{4}$

$$\frac{3x^3 + \frac{15}{2}x^2 - \frac{21}{2}x}{-\frac{19}{2}x^2 \ldots}$$

$y = \frac{3}{2}x - \frac{19}{4}$ ist die Asymptote.

14.15 Für $x > 1$: $f(x) = \dfrac{x^2-1}{x} = x - \dfrac{1}{x}$,

für $x < -1$: $f(x) = \dfrac{x^2-1}{-x} = -x + \dfrac{1}{x}$.

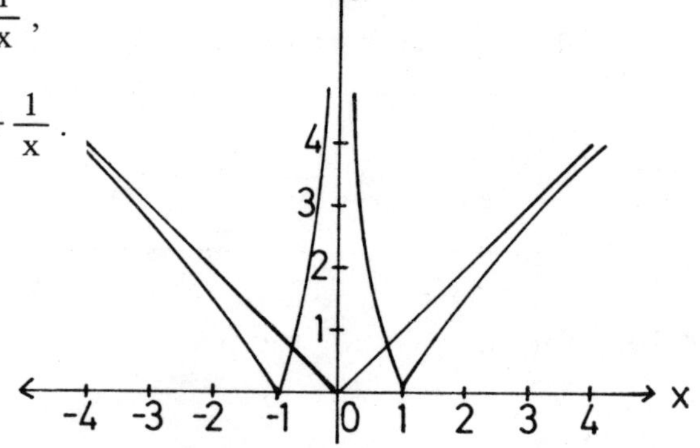

Schräge Asymptoten: rechtsseitig $y = x$ und linksseitig $y = -x$;
vertikale Asymptote: $x = 0$.

14.16 $\lim\limits_{x\to\infty} \ln(1 + e^{-x}) = 0 \Rightarrow y = 0$ ist rechtsseitige Asymptote.

$$\lim_{x\to-\infty} [\ln(1+e^{-x}) - (-x)] = \lim_{x\to-\infty} [\ln(1+e^{-x}) + x] =$$

$$\lim_{x\to-\infty} [\ln(1+e^{-x}) + \ln e^x] = \lim_{x\to-\infty} \ln(1+e^{-x})\cdot e^x = \lim_{x\to-\infty} \ln(e^x+1) = \ln 1 = 0.$$

Also ist $y = -x$ rechtsseitige Asymptote.

14.17 Wir ersetzen für große positive x den Term $\ln(e^x + 1)$ durch $\ln e^x = x$ und vermuten, daß $y = -x + 2x = x$ Asymptote ist.

Probe:

$$\lim_{x\to\infty} [-x + 2\ln(e^x + 1) - x] =$$

$$\lim_{x\to\infty} [2\ln(e^x + 1) - 2\ln e^x] = 2\lim_{x\to\infty} \ln\frac{e^x + 1}{e^x} = 2\cdot\ln 1 = 0.$$

Also ist $y = x$ rechtsseitige Asymptote.
Für $x \to -\infty$ strebt $2\ln(e^x + 1)$ gegen Null. Also ist $y = -x$ linksseitige Asymptote.

14.18 $$\int_b^c \left(\frac{1}{x^2} + x^2 + \frac{1}{x^2} - x^2\right) dx = 2\int_b^c \frac{dx}{x^2} = \left[\frac{-2}{x}\right]_b^c = -\frac{2}{c} + \frac{2}{b},$$

$$\lim_{c\to\infty}\left(\frac{2}{b} - \frac{2}{c}\right) = \frac{2}{b};\ \lim_{b\to 0}\left(\frac{2}{b} - \frac{2}{c}\right) = \infty.$$

Der Grenzwert für $c \to \infty$ existiert, der für $b \to 0$ nicht.

14.19 $$\lim_{x\to-\infty} (e^x - t)^2 = t^2,$$

Linksseitige Asymptote: $y = t^2$.

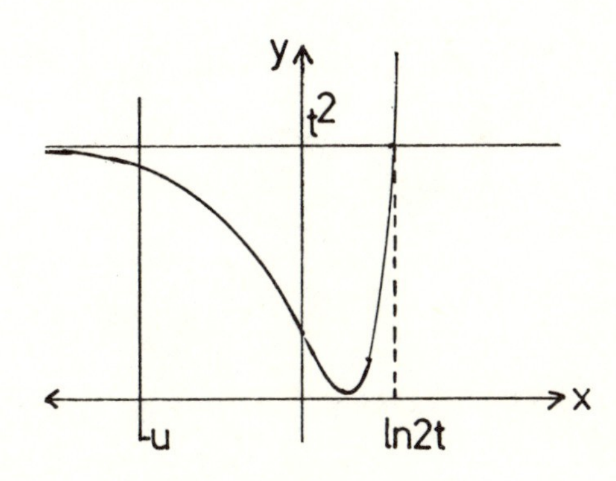

Schnitt der Kurve mit ihrer Asymptote: $(e^x - t)^2 = t^2 \Rightarrow x = \ln 2t$.

$$A = \int_{-u}^{\ln 2t} [t^2 - (e^{2x} - 2t\,e^x + t^2)]\,dx =$$

$$\int_{-u}^{\ln 2t} (-e^{2x} + 2t\,e^x)\,dx = \left[-\frac{1}{2}e^{2x} + 2t\,e^x\right]_{-u}^{\ln 2t} =$$

$$\left[-\frac{1}{2}\,4\,t^2 + 2\,t \cdot 2\,t\right] - \left[-\frac{1}{2}\,e^{-2u} + 2\,t\,e^{-u}\right] =$$

$$2\,t^2 + \frac{e^{-2u}}{2} - 2\,t\,e^{-u},$$

$$\lim_{u \to \infty} A = 2\,t^2.$$

14.20 a)

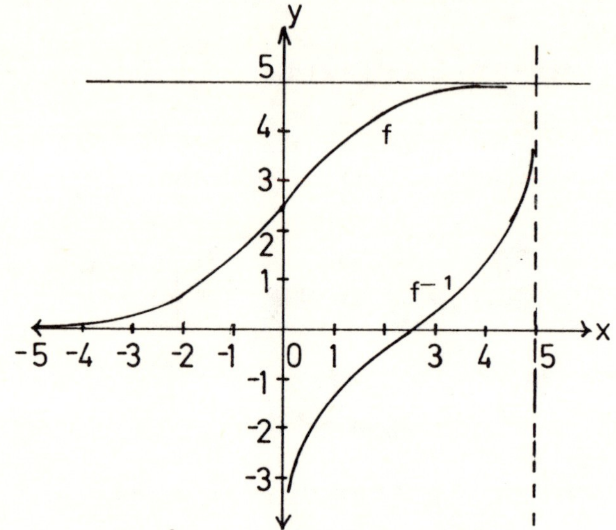

b) $$\int_0^{2,5} \ln \frac{x}{5-x}\,dx = -\int_{-\infty}^{0} \frac{5\,e^x}{1+e^x}\,dx =$$

$$-\lim_{a \to -\infty} 5\,[\ln(1+e^x)]_a^0 =$$

$$-\lim_{a \to -\infty} 5\,[\ln 2 - \ln(1+e^a)] = -5 \ln 2.$$

14.21 a) Wegen $e^x > 0$ und $1 + e^x > e^x$ ist

$$\frac{1}{1+e^x} > 0 \text{ und } \frac{1}{1+e^x} < \frac{1}{e^x}.$$

$$I = \int_0^{\infty} \frac{dx}{1+e^x} < \int_0^{\infty} e^{-x}\,dx = \lim_{a \to \infty} [-e^{-x}]_0^a = \lim_{a \to \infty} [-e^{-a} + e^0] = 1.$$

b) $$\int_0^{\infty} \frac{1}{1+e^x}\,dx = \int_0^{\infty} \left(1 - \frac{e^x}{1+e^x}\right) dx = \lim_{a \to \infty} [x - \ln(1+e^x)]_0^a$$

$$= \lim_{a\to\infty} [a - \ln(1 + e^a) + \ln 2] = \lim_{a\to\infty} \left[\ln \frac{e^a}{1 + e^a} + \ln 2 \right] = \ln 2.$$

14.22 Für $0 < x < 1$ gilt

$$\sqrt{1 - x^2} = \sqrt{(1 - x)(1 + x)} \geq \sqrt{1 - x} \geq 1 - x \mid : x,$$

$$\frac{\sqrt{1 - x^2}}{x} \geq \frac{1}{x} - 1.$$

$$\lim_{a\to 0} \int_a^1 \frac{\sqrt{1 - x^2}}{x}\, dx \geq \lim_{a\to 0} \int_a^1 \left(\frac{1}{x} - 1 \right) dx = \lim_{a\to 0} \left[-1 - \ln a + a \right] = \infty.$$

Der Flächeninhalt ist nicht begrenzt.

15.1 $f(0) = \frac{\pi}{2}$, $\lim_{x\to 0-0} \frac{\pi}{2} = \frac{\pi}{2}$;

$$\lim_{y\to \frac{\pi}{2}-0} \tan y = \infty \Rightarrow \lim_{x\to 0+0} \arctan \frac{1}{x} = \frac{\pi}{2}.$$

15.2 $f(0) = 0$, $\lim_{x\to 0+0} (x^2 e^{\lambda x}) = 0$, $\lim_{x\to 0-0} (-x^2 e^{\lambda x}) = 0$.

Die Limites sind für jedes λ gleich dem Funktionswert an der Stelle 0. Also gibt es kein λ, für das die Funktion unstetig ist.

15.3 Einen endlichen Grenzwert gibt es nur, wenn für $x = 2$ der Zähler Null wird:

$4 + 6 + \lambda = 0 \Rightarrow \lambda = -10.$

$$\lim_{x\to 2\pm 0} \frac{x^2 + 3x - 10}{x - 2} = \lim_{x\to 2\pm 0} \frac{2x + 3}{1} = 7.$$

Die stetig ergänzte Funktion heißt

$$g(x) = \left\{ \begin{array}{ll} \frac{x^2 + 3x - 10}{x - 2} & \text{für } x \neq 2 \\ 7 & \text{für } x = 2 \end{array} \right\} = x + 5.$$

15.4 Mit $z = e^x$, $\frac{dz}{dx} = e^x$, $dx = \frac{dz}{e^x}$ wird

$$F(x) = \int \frac{e^x}{1 + e^{2x}}\, dx = \int \frac{dz}{1 + z^2} = \text{arc tan } z + C = \text{arc tan } e^x + C.$$

$$g(x) = \begin{cases} \frac{e^x}{1 + e^{2x}} & \text{für } x < 0 \\ \text{arc tan } e^x + C \text{ für } x > 0. \end{cases}$$

$$\lim_{x \to 0-0} \frac{e^x}{1 + e^{2x}} = \frac{1}{2}, \quad \lim_{x \to 0+0} (\text{arc tan } e^x + C) = \text{arc tan } 1 + C = \frac{\pi}{4} + C.$$

$$\frac{1}{2} = \frac{\pi}{4} + C \Rightarrow C = \frac{2 - \pi}{4} \quad .$$

$g(x)$ ist stetig ergänzbar mit der Stammfunktion

$$F(x) = \text{arc tan } e^x + \frac{2 - \pi}{4} \quad \text{für } x \geq 0.$$

15.5

$$\lim_{x \to 1+0} \text{arc tan } \frac{x}{1-x^2} = \text{arc tan } \lim_{x \to 1+0} \frac{x}{1-x^2} = \text{arc tan } (-\infty) = -\frac{\pi}{2},$$

$$\lim_{x \to 1-0} \text{arc tan } \frac{x}{1-x^2} = \text{arc tan } \lim_{x \to 1-0} \frac{x}{1-x^2} = \text{arc tan } \infty = \frac{\pi}{2}.$$

Da die beiden Limites nicht übereinstimmen, ist $f(x)$ bei $x = 1$ nicht stetig ergänzbar.

15.6

$$\lim_{h \to 0 \pm 0} \varphi(h) = \lim_{h \to 0 \pm 0} \frac{x - (x + h)}{(x + h) \cdot x \cdot h} = \lim_{h \to 0 \pm 0} \frac{-h}{(x + h) \cdot x \cdot h}$$

$$= \lim_{h \to 0 \pm 0} \frac{-1}{(x + h)\, x} = -\frac{1}{x^2}.$$

$\varphi(0) = -\frac{1}{x^2}$ ist die Steigung der Kurventangente in P_0.

15.7

$$f(x) = \begin{cases} x^3 - x^2 \text{ für } x \geq 1 \\ x^2 - x^3 \text{ für } x < 1 \end{cases}, \quad f'(x) = \begin{cases} 3x^2 - 2x \text{ für } x > 1 \\ 2x - 3x^2 \text{ für } x < 1. \end{cases}$$

Bei $x = 0$ stimmt $f(x)$ mit der ganzrationalen Funktion $f_1(x) = x^2 - x^3$ überein und ist deshalb dort differenzierbar.

$$f(1) = 0;\ \lim_{x \to 1 \pm 0} |x^2 (x-1)| = 0 \Rightarrow f(x) \text{ ist stetig bei } x = 1.$$

$$\lim_{x \to 1+0} (3x^2 - 2x) = 1,\quad \lim_{x \to 1-0} (2x - 3x^2) = -1.$$

$\Rightarrow$ f(x) ist bei x = 1 nicht differenzierbar.

15.8

$$f(x) = \begin{cases} \dfrac{ax}{a+x} & \text{für } x \geq 0 \\[2ex] \dfrac{ax}{a-x} & \text{für } x < 0 \end{cases},\quad f'(x) = \begin{cases} \dfrac{a^2}{(a+x)^2} & \text{für } x > 0 \\[2ex] \dfrac{a^2}{(a-x)^2} & \text{für } x < 0, \end{cases}$$

$$f''(x) = \begin{cases} \dfrac{-2a^2}{(a+x)^3} & \text{für } x > 0 \\[2ex] \dfrac{2a^2}{(a-x)^3} & \text{für } x < 0. \end{cases}$$

Stetigkeit an der Stelle x = 0:

$$f(0) = 0,\quad \lim_{x \to 0 \pm 0} \frac{ax}{a + |x|} = 0.$$

Differenzierbarkeit an der Stelle x = 0:

$$\lim_{x \to 0+0} \frac{a^2}{(a+x)^2} = \lim_{x \to 0-0} \frac{a^2}{(a-x)^2} = 1.$$

Wegen der Gleichheit der beiden Grenzwerte ist f(x) an der Stelle x = 0 differenzierbar mit f'(0) = 1.
Zweite Ableitung:

$$\lim_{x \to 0+0} \frac{-2a^2}{(a+x)^3} = -\frac{2}{a},\quad \lim_{x \to 0-0} \frac{2a^2}{(a-x)^3} = \frac{2}{a}.$$

Wegen der Verschiedenheit der beiden Grenzwerte existiert f''(0) nicht.

15.9

$$f(x) = \begin{cases} x\,e^{1-x} & \text{für } x \geq 0 \\ x\,e^{1+x} & \text{für } x < 0 \end{cases},\quad f'(x) = \begin{cases} (1-x)e^{1-x} & \text{für } x > 0 \\ (1+x)\,e^{1+x} & \text{für } x < 0. \end{cases}$$

Für $x \neq 0$ ist f(x) stetig und differenzierbar.

$$f(0) = \lim_{x \to \pm 0} x\,e^{1-|x|} = 0 \Rightarrow f(x) \text{ ist bei } x = 0 \text{ stetig.}$$

$$\lim_{x \to 0+0} (1-x)\,e^{1-x} = e, \quad \lim_{x \to 0-0} (1+x)\,e^{1+x} = e \Rightarrow$$

f(x) ist bei x = 0 differenzierbar.

Wegen $(1-x)\,e^{1-x} = (1-|x|)\,e^{1-|x|}$ für $x \geq 0$ und

$$(1+x)\,e^{1+x} = (1-|x|)\,e^{1-|x|} \text{ für } x < 0$$

ist $f'(x) = (1-|x|)\,e^{1-|x|}$ für alle x.

15.10

$$f(x) = \begin{cases} \dfrac{1}{x-2} & \text{für } 2 < x \leq 3 \\ \ln(x-2) + C & \text{für } x > 3\,. \end{cases}$$

$$f(3) = 1, \quad \lim_{x \to 3-0} \frac{1}{x-2} = 1, \quad \lim_{x \to 3+0} [\ln(x-2) + C] = C.$$

f(x) ist stetig für C = 1.

$F(x) = \ln(x-2) + 1.$

$$f'(x) = \begin{cases} -\dfrac{1}{(x-2)^2} & \text{für } 2 < x < 3 \\ \dfrac{1}{x-2} & \text{für } x > 3. \end{cases}$$

$$\lim_{x \to 3-0} f'(x) = -1 \neq \lim_{x \to 3+0} f'(x) = 1.$$

Also ist f(x) nicht differenzierbar.

15.11 Außer bei x = 1 ist f(x) für alle a und b differenzierbar.

$$f'(x) = \begin{cases} \dfrac{a}{(x+1)^2} & \text{für } x > 1 \\ 2x - b & \text{für } x < 1. \end{cases}$$

$$f(1) = \frac{a}{2}, \quad \lim_{x \to 1+0} \frac{a\,x}{x+1} = \frac{a}{2}, \quad \lim_{x \to 1-0} (x^2 - b\,x) = 1 - b.$$

f(x) ist stetig für $\frac{a}{2} = 1 - b$.

$$\lim_{x \to 1+0} \frac{a}{(x+1)^2} = \frac{a}{4}, \quad \lim_{x \to 1-0} (2\,x - b) = 2 - b.$$

f(x) ist differenzierbar für $\frac{a}{2} = 1 - b$ und $\frac{a}{4} = 2 - b$, also für $a = -4$, $b = 3$.

15.12 $f(1) = \lim\limits_{x \to 1+0} (a\,e^{-x} + b) = \frac{a}{e} + b, \quad \lim\limits_{x \to 1-0} \ln x = 0.$

f(x) ist stetig für $\frac{a}{e} + b = 0$.

$$f'(x) = \begin{cases} -a\,e^{-x} & \text{für } x > 1 \\ \frac{1}{x} & \text{für } 0 < x < 1. \end{cases}$$

$$\lim_{x \to 1+0} (-a\,e^{-x}) = -\frac{a}{e}, \quad \lim_{x \to 1-0} \frac{1}{x} = 1.$$

f(x) ist differenzierbar für $\frac{a}{e} + b = 0$ und $-\frac{a}{e} = 1$, also für $a = -e$ und $b = 1$.

15.13

$$F(x) = \begin{cases} \sin x + C_1 & \text{für } x \leq 1 \\ \cos x + C_2 & \text{für } x > 1; \end{cases}$$

$F(2) = \cos 2 + C_2 = -0{,}416 + C_2 = 0 \Rightarrow C_2 = 0{,}416,$

$\sin 1 + C_1 = \cos 1 + 0{,}416 = 0{,}956$

$\Rightarrow C_1 = 0{,}956 - \sin 1 = 0{,}115.$

$$F(x) = \begin{cases} \sin x + 0{,}115 & \text{für } x \leq 1 \\ \cos x + 0{,}416 & \text{für } x > 1. \end{cases}$$

15.14 Die Richtungsfaktoren von g und p sind $-\frac{1}{2}$ und $2x$. g und p schneiden sich senkrecht

für $-\frac{1}{2} \cdot 2x = -1$

oder $x = 1$.

Aus $x = 1$, $y = 1$ ergibt sich $a = \frac{3}{2}$.

Integriert wird also über

$$f(x) = \begin{cases} x^2 & \text{für } 0 \leq x \leq 1 \\ -\frac{x}{2} + \frac{3}{2} & \text{für } 1 < x \leq 3. \end{cases}$$

$$F(s) = \begin{cases} \frac{s^3}{3} + C_1 & \text{für } 0 \leq s \leq 1 \\ -\frac{s^2}{4} + \frac{3}{2} s + C_2 & \text{für } 1 < s \leq 3. \end{cases}$$

Wegen $F(0) = 0$ ist $C_1 = 0$.

Wegen $F(1) = \frac{1}{3} = -\frac{1}{4} + \frac{3}{2} + C_2$ ist

$$C_2 = \frac{1}{3} + \frac{1}{4} - \frac{3}{2} = -\frac{11}{12}.$$

$$F(s) = \begin{cases} \frac{s^3}{3} & \text{für } 0 \leq s \leq 1 \\ -\frac{s^2}{4} + \frac{3}{2} s - \frac{11}{12} & \text{für } 1 < s \leq 3. \end{cases}$$

$$F'(s) = \begin{cases} s^2 & \text{für } 0 < s < 1 \\ -\frac{s}{2} + \frac{3}{2} & \text{für } 1 < s < 3. \end{cases}$$

$$\lim_{s \to 1-0} F'(s) = 1 = \lim_{s \to 1+0} F'(s) = 1.$$

Also ist F in $0 < s < 2a$ differenzierbar.

16.1 $f'(x) = 4x^3 - 3x^2 = x^2(4x - 3)$;

$f'(x) = 0 \Rightarrow x = 0 \vee x = \frac{3}{4}$.

Bereich	Ableitung	Kurve	Folgerung
$x < 0$	–	fällt	kein Extremum bei $x = 0$.
$0 < x < \frac{3}{4}$	–	fällt	
$x > \frac{3}{4}$	+	steigt	Minimum bei $x = \frac{3}{4}$.

$(0{,}75 \mid -0{,}105)$ ist ein globales Minimum, da die Funktion für $x \leq 0{,}75$ monoton fällt und für $x \geq 0{,}75$ monoton steigt.

16.2 $y' = 3x^2\, e^x + x^3\, e^x = x^2\, e^x\, (3 + x)$;

$y' = 0 \Rightarrow x = 0 \vee x = -3$.

Bereich	Ableitung	Kurve	Folgerung
$x < -3$	–	fällt	Minimum bei $x = -3$.
$-3 < x < 0$	+	steigt	
$x > 0$	+	steigt	Kein Extremum bei $x = 0$.

Das Minimum $(-3/-1{,}34)$ ist global.

16.3 $f_a'(x) = e^{1-\frac{x}{a}} - \frac{(x-a)}{a}\, e^{1-\frac{x}{a}} = \frac{2a - x}{a}\, e^{1-\frac{x}{a}}$;

Nullstelle von f_a': $x = 2a$.

Bereich	Ableitung	Kurve	Folgerung
$x < 2a$	+	steigt	Maximum bei $x = 2a$.
$x > 2a$	–	fällt	

Globales Maximum: $\left(2a \,\middle|\, \frac{a}{e}\right)$.

16.4 Da Exponentialfunktionen immer positiv sind, ist $y < 0$ für $x < 0$ und $y > 0$ für $x > 0$. Die Kurve liegt also im I. und III. Quadranten.

$y' = (1 - x^2)\, e^{-\frac{x^2}{2}}$;

$y' = 0 \Rightarrow x = -1 \vee x = 1$.

Bereich	Ableitung	Kurve	Folgerung
$x < -1$	–	fällt	Minimum bei $x = -1$.
$-1 < x < 1$	+	steigt	Maximum bei $x = 1$.
$x > 1$	–	fällt	

Da die Kurve im III. Quadranten links von -1 überall fällt und rechts davon überall steigt und alle Punkte des I. Quadranten höher liegen als die des III., ist das Minimum global. Ebenso erweist sich das Maximum als global.

16.5 $f_a'(x) = 1 - \frac{a}{x^2}$.

Nullstellen: $x + \frac{a}{x} = 0 \Rightarrow x = \pm\sqrt{-a}.$

Für $a < 0$ gibt es Schnittpunkte und der x-Achse.

Extrema: $1 - \frac{a}{x^2} = 0 \Rightarrow x = \pm\sqrt{a}.$

Für $a > 0$ gibt es Extrema.

Bereich	Ableitung	Kurve	Folgerung
$0 < x < \sqrt{a}$	$-$	fällt	Minimum bei $x = \sqrt{a}.$
$\sqrt{a} < x$	$+$	steigt	

Da der Graph symmetrisch zum Nullpunkt ist, liegt bei $x = -\sqrt{a}$ ein Maximum. Diese Extrema sind nur relativ.

16.6 $I'(x) = x^2 - 3x + 2 = (x-1)(x-2);$

$I'(x) = 0 \Rightarrow x = 1 \vee x = 2.$

Bereich	Ableitung	Kurve	Folgerung
$x < 1$	$+$	steigt	Maximum bei $x = 1$,
$1 < x < 2$	$-$	fällt	Minimum bei $x = 2$.
$x > 2$	$+$	steigt	

16.7 $I'(x) = x^2 e^{-x} = 0 \Rightarrow x = 0.$

Bereich	Ableitung	Kurve	Folgerung
$x < 0$	$+$	steigt	kein Extremum bei $x = 0$.
$x > 0$	$+$	steigt	

16.8

$$f(x) = \begin{cases} x + 2 \arctan x & \text{für } x \geq 0 \\ -x + 2 \arctan x & \text{für } x < 0, \end{cases} \qquad f'(x) = \begin{cases} 1 + \dfrac{2}{1+x^2} & \text{für } x > 0 \\ -1 + \dfrac{2}{1+x^2} & \text{für } x < 0. \end{cases}$$

Da $f'(x)$ für $x > 0$ stets positiv ist, kann es nur für $x < 0$ und eventuell bei $x = 0$, wo $f(x)$ nicht differenzierbar ist, Extrema geben.

$$f'(x) = 0 \Rightarrow -1 + \frac{2}{1+x^2} = \frac{1-x^2}{1+x^2} = 0 \Rightarrow x = -1.$$

Bereich	Ableitung	Kurve	Folgerung
$x < -1$	$-$	fällt	Minimum bei $x = -1$.
$-1 < x < 0$	$+$	steigt	
$x > 0$	$+$	steigt	kein Extremum bei $x = 0$.

Da auch für $x > 0$ die Kurve monoton steigt, ist $(-1/-0{,}57)$ ein globales Minimum.

16.9 $f(-x) = \dfrac{1}{-x \ln |x|} = -\dfrac{1}{x \ln |x|} = -f(x).$

Die Kurve ist symmetrisch zum Nullpunkt. Es genügt also die Untersuchung für positive x. Dort ist

$$f'(x) = -\frac{\ln x + 1}{x^2 (\ln x)^2}.$$

$$f'(x) = 0 \Rightarrow \ln x = -1, x = \frac{1}{e}.$$

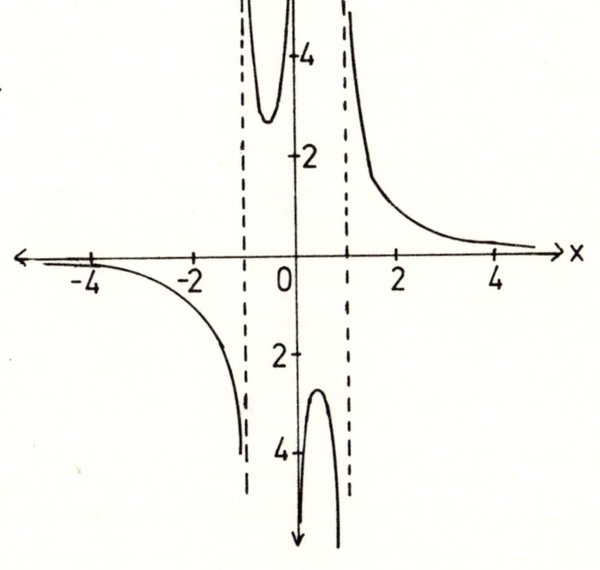

Bereich	Ableitung	Kurve	Folgerung
$0 < x < \frac{1}{e}$	+	steigt	Maximum bei $x = \frac{1}{e}$.
$\frac{1}{e} < x < 1$	–	fällt	
$x > 1$	–	fällt	

$\left(\frac{1}{e} \middle| -e\right)$ ist ein Maximum. Aus Symmetriegründen ist $\left(-\frac{1}{e} \middle| e\right)$ ein Minimum. Beide Extrema sind nicht global.

16.10 Es ist zu zeigen, daß

$$-1 \leq 1 - 2e\,\frac{\ln(1+|x|)}{1+|x|} \leq 1$$

für alle $x \in \mathbb{R}$ gilt. Subtraktion von 1 und Multiplikation mit $-\frac{1}{2e}$ ergibt

$$0 \leq \frac{\ln(1+|x|)}{1+|x|} \leq \frac{1}{e}.$$

Da $z = \frac{\ln(1+|x|)}{1+|x|}$ nicht negativ wird, ist nur noch $z \leq \frac{1}{e}$ zu zeigen. Wegen der Symmetrie zur y-Achse kann man sich auf $x \geq 0$ beschränken. Hierfür ist

$$z'(x) = \frac{\frac{1}{1+x}(1+x) - \ln(1+x)}{(1+x)^2} = \frac{1-\ln(1+x)}{(1+x)^2}.$$

$z'(x) = 0 \Rightarrow x = e - 1.$

Bereich	Ableitung	Kurve	Folgerung
$0 \leq x < e-1$	+	steigt	Maximum bei $x = e - 1$.
$x > e - 1$	–	fällt	

$$z(e-1) = \frac{\ln e}{e} = \frac{1}{e}.$$

Da das Maximum für $x \geq 0$ globales Maximum ist, ist die Ungleichung für alle x erfüllt. Daraus folgt: Die Definitionsmenge von f(x) ist die Menge der reellen Zahlen.

16.11 $y' = \frac{2}{\pi} - \frac{2}{\pi} \cos 2x = \frac{2}{\pi}(1 - \cos 2x) = 0 \Rightarrow \cos 2x = 1$ mit $0 < x < 2\pi$

$\Rightarrow x = \pi$.

Bereich	Ableitung	Kurve	Folgerung
$0 < x < \pi$	+	steigt	Sattelpunkt bei $x = \pi$.
$\pi < x < 2\pi$	+	steigt	

16.12 $y' = 2x \sin x + x^2 \cos x = x(2 \sin x + x \cos x)$.

Bei $x = 0$ ist $y' = 0$.

Da $y'(-x) = y'(x)$ ist, wechselt $y'(x)$ bei $x = 0$ des Vorzeichen nicht. Also liegt bei $x = 0$ ein Sattelpunkt.

16.13 $y' = \frac{1}{1 + x^2} - 1 = -\frac{x^2}{1 + x^2} = 0 \Rightarrow x = 0$.

Bereich	Ableitung	Kurve	Folgerung
$x < 0$	–	fällt	Sattelpunkt bei $x = 0$.
$x > 0$	–	fällt	

16.14 $f'(x) = 4 + \frac{1}{x^2} - \frac{4}{x} = \frac{(2x - 1)^2}{x^2} \geq 0$,

$f'(x) = 0 \Rightarrow (2x - 1)^2 = 0 \Rightarrow x = \frac{1}{2}$.

Wegen $f' \geq 0$ steigt die Kurve überall, hat also genau einen Sattelpunkt und zwar bei $x = \frac{1}{2}$.

16.15 $F'(x) = \frac{x^2}{1 + x^2} > 0$ im Inneren von $D_F \Rightarrow F(x)$ monoton wachsend.

$F(x)$ hat das Randminimum (0/0). Da das Intervall nach rechts offen ist, gibt es kein Randmaximum.

16.16 $f'(x) = \frac{2x}{x^2+1} > 0$ im Innern von D_f.

Also Randminimum (0/0), Randmaximum (2/ln 5).

16.17 $f'(x) = -\frac{x}{\sqrt{4-x^2}}$.

Bereich	Ableitung	Kurve	Folgerung
$-2 < x < 0$	+	steigt	Bei x = – 2 Randminimum.
$0 < x < 2$	–	fällt	Bei x = 2 Randminimum.

Die Kurve stellt einen Halbkreis dar. An beiden Rändern des Definitionsbereiches liegen Randminima.

17.1 $y' = -\frac{2x}{(1+x^2)^2}$, $y'' = \frac{6(x^2 - \frac{1}{3})}{(1+x^2)^3}$.

Bereich	Ableitung	Krümmung
$x < -\sqrt{\frac{1}{3}}$	+	konkav
$-\sqrt{\frac{1}{3}} < x < \sqrt{\frac{1}{3}}$	–	konvex
$x > \sqrt{\frac{1}{3}}$	+	konkav

17.2 Die Lücken der Definitionsmenge liegen bei $x = \pm 1$.

$y' = \frac{2x}{(1-x^2)^2}$, $y'' = \frac{6x^2+2}{(1-x^2)^3}$.

Bereich	2. Ableitung	Krümmung
$x < -1$	–	konvex
$-1 < x < 1$	+	konkav
$x > 1$	–	konvex

17.3 a) $y' = \frac{1}{x-1}$, $y'' = \frac{-1}{(x-1)^2} < 0$ in $D_y = \{ x \mid x > 1 \}$.

Die Kurve ist überall konvex.

b) $y' = 4\,e^{-2x} > 0$ in D_y.

Die Kurve ist überall konkav.

17.4 $f_a' = \frac{a\,x^4 - 3\,a^2\,x^2}{(x^2 - a)^2}$, $f_a'' = \frac{2\,a^2\,x\,(x^2 + 3\,a)}{(x^2 - a)^3}$.

Für $-\sqrt{a} < x < 0$ ist $2\,a^2\,x < 0$, $x^2 + 3\,a > 0$ und $(x^2 - a)^3 < 0$, der gesamte Bruch also positiv. Der Graph ist demnach linksgekrümmt.
Für $0 < x < \sqrt{a}$ ist $2\,a^2\,x > 0$, $x^2 + 3a > 0$ und $(x^2 - a)^3 < 0$, der gesamte Bruch also negativ; der Graph ist rechtsgekrümmt.

17.5 $y' = \frac{4\,x}{(x^2 + 1)^2}$, $y'' = \frac{-12\,x^2 + 4}{(x^2 + 1)^3}$.

$y' = 0 \Rightarrow x = 0$, $y''(0) = 4 > 0 \Rightarrow (0/-1)$ ist Minimum.

17.6 $f'(x) = -\frac{2\ln|x| + 1}{x^3}$, $f''(x) = \frac{6\ln|x| + 1}{x^4}$.

$f'(x) = 0 \Rightarrow x = \pm\, e^{-\frac{1}{2}} = \pm\frac{1}{\sqrt{e}}$.

$f''\left(\pm\frac{1}{\sqrt{e}}\right) = -\,2e^2 < 0 \Rightarrow \left(\pm\frac{1}{\sqrt{e}}\middle|\frac{e}{2}\right)$ sind Maxima.

17.7 $y' = \frac{k}{x} - \frac{(1-k)}{x^2}$, $y'' = \frac{2\,(1-k) - k\,x}{x^3}$;

$y' = 0 \Rightarrow x = \frac{1-k}{k}$.

Wegen $y''\left(\frac{1-k}{k}\right) = \frac{k^3}{(1-k)^2} > 0$ ist $\left(\frac{1-k}{k}\,\middle|\, k\ln\frac{1-k}{k} + k\right)$

das einzige Extremum und ein Minimum.

17.8 $I'(x) = (1 - x)\,e^x$, $I''(x) = -\,x\,e^x$.

Extrema: $I'(x) = 0 \Rightarrow x = 1$. Wegen $I''(1) = -\,e < 0$ liegt bei $x = 1$ ein Maximum mit

dem Wert I(1) = 0.
Wendepunkte: $I''(x) = 0 \Rightarrow x = 0$.

Bereich	2. Ableitung	Kurve	Folgerung
$x < 0$	+	konkav	Bei x = 0 Wendepunkt.
$x > 0$	–	konvex	

17.9 $D_I = \{ x \mid x > -1 \}$, $I'(x) = \dfrac{x^2}{1+x}$, $I''(x) = \dfrac{x(x+2)}{(1+x)^2}$.

Extrema: $I'(x) = 0 \Rightarrow x = 0$.

Bereich	1. Ableitung	Kurve	Folgerung
$-1 < x < 0$	+	steigt	Sattelpunkt bei x = 0.
$0 < x$	+	steigt	

Es gibt keine Extrema.
Wendepunkte: $I''(x) = 0 \Rightarrow x = 0 \vee x = -2$. Da $x = -2$ außerhalb von D_I liegt, ist der Sattelpunkt bei x = 0 der einzige Wendepunkt.

17.10 $y' = \dfrac{-2e^x}{(1+e^x)^2}$, $y'' = \dfrac{2e^x(e^x - 1)}{(1+e^x)^3}$;

$y'' = 0 \Rightarrow 2e^x(e^x - 1) = 0 \Rightarrow e^x = 1 \Rightarrow x = 0$.

Bereich	2. Ableitung	Kurve	Folgerung
$x < 0$	–	konvex	Wendepunkt bei x = 0.
$x > 0$	+	konkav	

W (0/1) ist zugleich Symmetriepunkt:

$$g(x) = f(x) - 1 = \frac{2}{1+e^x} - 1 = \frac{1-e^x}{1+e^x};$$

$$g(-x) = \frac{1-e^{-x}}{1+e^{-x}} = \frac{e^x - 1}{e^x + 1} = -\frac{1-e^x}{1+e^x} = -g(x).$$

17.11 $G_a'(x) = \dfrac{\ln x}{x^2}$, $G_a''(x) = \dfrac{1 - 2\ln x}{x^3}$;

$G_a'(x) = 0 \Rightarrow x = 1$, $G_a''(1) = 1 \Rightarrow$ Minimum.

Das Minimum liegt in D für $a \leq 1$. Für $a < 1$ liegt außerdem bei $x = a$ ein Randmaximum.

$G_a''(x) = 0 \Rightarrow x = \sqrt{e}$.

Bei $x = \sqrt{e}$ wechselt G_a'' das Vorzeichen. Also liegt dort ein Wendepunkt, wenn $\sqrt{e}$ im Innern von D liegt. Das ist der Fall für $a < \sqrt{e}$.

17.12 $f_k'(x) = \dfrac{k^2\, e^x}{(k - e^x)^2}$, $f_k''(x) = \dfrac{k^2 e^x\,(k + e^x)}{(k - e^x)^3}$.

Für positive k gibt es keinen Wendepunkt, da der Zähler von $f_k''(x) \neq 0$ ist. Für $k = 0$ gibt es keinen Wendepunkt, da $f_0 = 0$ ist.
Für negative k gibt es Wendepunkte bei $x = \ln(-k)$. Da beim Durchgang durch die Stelle $x = \ln(-k)$ der Faktor $(k + e^x)$ des Vorzeichen wechselt, die Faktoren k^2, e^x und der Nenner $(k - e^x)^3$ dagegen nicht, wechselt die zweite Ableitung ihr Vorzeichen.

17.13 a) $y' = 1 - 3x^2$, $y'' = -6\,x$.

Wendepunkt: (0/0).

Gleichung der Wendetangente: $y = x$.

b) Die Ordinatendifferenz zwischen Kurve und Wendetangente ist $-x^3$. Sie ist positiv für $x < 0$ und negativ für $x > 0$. Die Kurve liegt also für $x < 0$ über, für $x > 0$ unter der Wendetangente.

17.14 $y' = \dfrac{2\,a - x}{a}\, e^{1-\frac{x}{a}}$, $y'' = \dfrac{(x - 3\,a)}{a^2} \cdot e^{1-\frac{x}{a}}$.

y'' ist bei $x = 3\,a$ gleich 0 und wechselt das Vorzeichen.

$y'(3\,a) = \dfrac{2a - 3a}{a}\, e^{-2} = -e^{-2}$.

Alle Wendetangenten haben die Steigung $-e^{-2}$, sind also parallel.

18.1 Nullstellen von g(x): $x_1 = 0$; $x_2 = 3$.

$f(0) = 0 \Rightarrow c = 0$;

$f(3) = 0 \Rightarrow 9 + 3\,b = 0 \Rightarrow b = -3$.

$f(x) = x^2 - 3\,x$.

18.2 $f'(x) = 3a\,x^2 + 2\,b\,x + c.$

$f(2) = 0 \Rightarrow 8\,a + 4\,b + 2\,c + d = 0,$

$f'(2) = 0 \Rightarrow 12\,a + 4\,b + c = 0,$

$f'(0) = \tan 45^\circ = 1 \Rightarrow c = 1.$

$$\begin{array}{ll} 8\,a + 4\,b + d = -2 & \\ 12\,a + 4\,b \quad = -1 & \Rightarrow b = -3\,a - \frac{1}{4}, \\ \hline -4\,a \quad + d = -1 & \Rightarrow d = 4\,a - 1. \end{array}$$

$$f(x) = a\,x^3 - \left(3\,a + \frac{1}{4}\right) x^2 + x + 4\,a - 1.$$

18.3 a) $f(x) = a\,x^3 + b\,x^2 + c\,x + d,\ f'(x) = 3\,a\,x^2 + 2\,b\,x + c,$

$f''(x) = 6\,a\,x + 2\,b.$

$f''(3) = 0 \Rightarrow 18\,a + 2\,b = 0 \Rightarrow b = -9\,a,$

$f'(3) = 1 \Rightarrow 27\,a + 6\,b + c = 1 \Rightarrow c = 27\,a + 1.$

$f(x) = a\,x^3 - 9\,a\,x^2 + (27\,a + 1)\,x + d \quad (a \neq 0).$

b) $d = 1 \Rightarrow f(x) = a\,x^3 - 9\,a\,x^2 + (27\,a + 1)\,x + 1 \quad (a \neq 0).$

18.4 a) $f(x) = a\,x^3 + b\,x^2 + c\,x + d,\ f'(x) = 3\,a\,x^2 + 2\,b\,x + c.$

$f'(1) = 0 \Rightarrow 3\,a + 2\,b + c = 0,$

$f(0) = 0 \Rightarrow d = 0,$

$f'(0) = -1 \Rightarrow c = -1.$

$3\,a + 2\,b - 1 = 0 \Rightarrow b = \frac{1}{2} - \frac{3}{2}\,a.$

$$f(x) = a\,x^3 + \left(\frac{1}{2} - \frac{3}{2}\,a\right) x^2 - x.$$

b) $f'(x) = 3\,a\,x^2 + (1 - 3\,a)\,x - 1;\ f''(x) = 6\,a\,x + (1 - 3\,a).$

$f''(1) = 1 + 3\,a < 0 \Rightarrow a < -\frac{1}{3}.$

Die Funktionen

$$f(x) = a\,x^3 + \left(\frac{1}{2} - \frac{3}{2}\,a\right) x^2 - 1, \quad a < -\frac{1}{3}$$

haben bei $x = 1$ ein Maximum.

18.5 $f'(x) = \dfrac{-k\,m - 1}{(x-m)^2}$.

Die Gerade schneidet die y-Achse bei y = – 2.

$f(0) = -2 \Rightarrow m = \dfrac{1}{2}$.

$f'(0) = 6 \Rightarrow \dfrac{-k\,m - 1}{m^2} = 6$ oder $k\,m = -6\,m^2 - 1$.

$k = -5$.

$f(x) = \dfrac{-5\,x + 1}{x - \frac{1}{2}}$.

18.6 $f'(x) = -\dfrac{b}{x^2}$.

$f(1) = 1 \Rightarrow a + b = 1$.

$f'(1) = -\dfrac{1}{2} \Rightarrow b = \dfrac{1}{2} \Rightarrow a = \dfrac{1}{2}$.

$f(x) = \dfrac{x+1}{2\,x}$.

18.7 $f(1) = 1 \Rightarrow a \ln 2 + c = 1$.

$f'(x) = \dfrac{a}{x+1}$.

$f'(1) = -1 \Rightarrow \dfrac{a}{2} = -1 \Rightarrow a = -2$.

$c = 1 + 2 \ln 2 = 2{,}39$.

$f(x) = -2 \ln (x+1) + 2{,}39$.

18.8 Für $x > 0$ ist

$f(x) = \dfrac{1}{3}(a\,x^3 - 9\,x^2 + b\,x + c)$.

$f'(x) = \dfrac{1}{3}(3\,a\,x^2 - 18\,x + b)$.

$y' = -\dfrac{4}{x^3}$, $y'(1) = -4$.

$f(-1) = 2 \Rightarrow \dfrac{1}{3}(a - 9 - b + c) = 2$ **(I)**,

$f(1) = 2 \Rightarrow \frac{1}{3}(a - 9 + b + c) = 2$ (II),

$f'(1) = -4 \Rightarrow \frac{1}{3}(3a - 18 + b) = -4$ (III).

(I) – (II) $\Rightarrow b = 0$, (III) $\Rightarrow a = 2$, (I) $\Rightarrow c = 13$.

$f(x) = \frac{1}{3}(2|x|^3 - 9x^2 + 13)$.

18.9 a) Vertikale Asymptote bei $x = 0 \Rightarrow d = 0$.

$f(x) = ax + b + \frac{c}{x}$,

$f'(x) = a - \frac{c}{x^2}$.

$f(1) = 1 \Rightarrow a + b + c = 1$,

$y' = 3x^2 - 4x$, $y'(1) = -1 \Rightarrow f'(1) = 1 \Rightarrow a - c = 1$.

$c = a - 1, b = 2 - 2a$.

$$f(x) = \frac{ax^2 + (2 - 2a)x + a - 1}{x}.$$

b) Horizontale Tangenten für

$$f'(x) = 0 \Rightarrow \frac{ax^2 - a + 1}{x^2} = 0 \Rightarrow x_1 = \pm\sqrt{\frac{a-1}{a}}.$$

Der Ausdruck existiert für $a < 0$ und $a \geq 1$.

x_1 muß in der Definitionsmenge liegen, also $\neq 0$ sein. Horizontale Tangenten gibt es also nur für $a < 0$ und $a > 1$.

18.10 $f(x) = ax^4 + bx^2 + c$, $f'(x) = 4ax^3 + 2bx$.

$f(0) = 0 \Rightarrow c = 0$,

$f(1) = 2 \Rightarrow a + b = 2$,

$f'(1) = 0 \Rightarrow 4a + 2b = 0 \Rightarrow b = -2a$.

$a = -2, b = 4$.

$f(x) = -2x^4 + 4x^2$.

Da $f''(1) = -16 \neq 0$ ist, liegt bei $x = 1$ tatsächlich ein Extremum vor.

18.11 $f(x) = ax^3 + bx$, $f'(x) = 3ax^2 + b$.

$f'(0) = 1 \Rightarrow b = 1$.

$f(x) = a\,x^3 + x.$

$$\int_0^1 (a\,x^3 + x)\,dx = \left[\frac{a\,x^4}{4} + \frac{x^2}{2}\right]_0^1 = \frac{a}{4} + \frac{1}{2} = 1 \Rightarrow a = 2.$$

$f(x) = 2\,x^3 + x.$

18.12 a) $f_1(x) = \dfrac{a\,x^2 + c}{d\,x^3 + f\,x}$ oder $f_2(x) = \dfrac{b\,x}{e\,x^2 + g}$.

b) $f_1(x) = 1 \Rightarrow a + c = d + f;$ $f_2(1) = 1 \Rightarrow b = e + g.$

Vertikale Asymptote bei $x = 2$:

$8\,d + 2\,f = 0 \Rightarrow f = -4\,d;$ $4\,e + g = 0 \Rightarrow g = -4\,e.$

$a + c = -3\,d \Rightarrow c = -a - 3\,d;$ $b = -3\,e.$

$f_1(x) = \dfrac{a\,x^2 - a - 3\,d}{d\,x^3 - 4\,d\,x}$, $f_2(x) = \dfrac{-3\,x}{x^2 - 4}$.

18.13 Vertikale Asymptote bei $x = 1 \Rightarrow c = -b.$

$y = \dfrac{a\,x^2}{b\,(x-1)}$, mit $d = \dfrac{a}{b}$: $y = \dfrac{d\,x^2}{x-1}$.

$d\,x^2 : (x - 1) = d\,x + d$ + Restglied

$\underline{dx^2 - dx}$

$dx\ldots$

Vergleich mit $y = -\dfrac{1}{2}\,x - \dfrac{1}{2}$ ergibt $d = -\dfrac{1}{2}$.

$y = \dfrac{-x^2}{2\,(x-1)}$.

Die Lösung ist eindeutig.

18.14 Wegen $\lim\limits_{x\to\infty} e^{-x} = 0$ spielt dieses Glied für die Asymptotenberechnung keine Rolle.

Aus $\dfrac{x^2}{c\,x + d} = \dfrac{1}{c}\,x - \dfrac{d}{c^2}$ + Restglied folgt

$c = -1$ und $d = -1.$

19.1 a) $x = t,\ y = t^3$; b) $x = \sin\dfrac{t}{2}$, $y = \cos t$.

19.2 a) Für $-1 \leq t \leq 1$.

b)

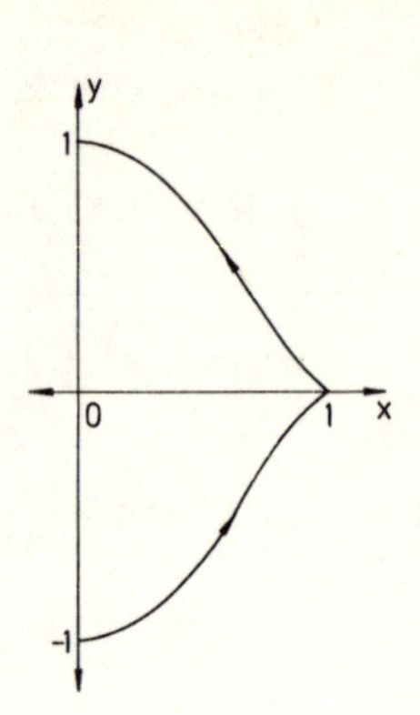

c) Nein, da es zu jedem x mit $0 < x < 1$ zwei y-Werte gibt.

19.3 a) $B = \{ t \mid t > 0 \}$, $D_f = \mathbb{R}$, $W_f = \mathbb{R}^+$.

b)

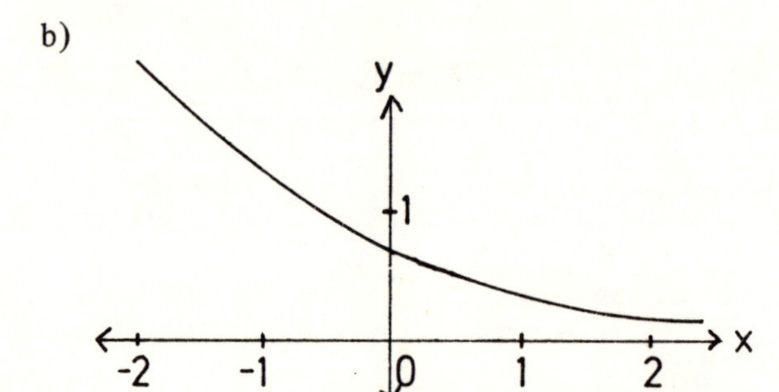

c) $t = e^x$, $y = f(x) = \ln(1 + e^{-x})$.

19.4 $y' = \frac{a - 2x}{(x^2 - ax + 1)^2}$, $y'' = \frac{6x^2 - 6ax + 2a^2 - 2}{(x^2 - ax + 1)^3}$.

$y' = 0 \Rightarrow x = \frac{a}{2}$; $y''\left(\frac{a}{2}\right) \neq 0$ für $a \neq \pm 2$;

$a = 2x$:

Ortslinie:

$$y = \frac{1}{x^2 - 2x^2 + 1} = \frac{1}{1 - x^2} \quad \text{für } x \neq \pm 1.$$

19.5 $y' = -\frac{2a}{x^3} + \frac{2x}{a^2}$, $y'' = \frac{6a}{x^4} + \frac{2}{a^2}$;

$y' = 0 \Rightarrow a^3 = x^4 \Rightarrow a = \sqrt[3]{x^4}$, $y'' > 0$.

$$y = \frac{\sqrt[3]{x^4}}{x^2} + \frac{x^2}{\sqrt[3]{x^8}} = \frac{2}{\sqrt[3]{x^2}}.$$

19.6 $f'_\lambda(x) = \dfrac{x^2 - 2x - 4 - \lambda}{(x-1)^2}$,

$f'_\lambda(x) = 0 \Rightarrow \lambda = x^2 - 2x - 4.$

Ortslinie: $y = \dfrac{2x^2 + 2x - 4}{x - 1} = 2x + 4, \quad (x \neq 1).$

19.7 $y' = \left(2 - \dfrac{x}{a}\right) e^{2-\frac{x}{a}}, \quad y'' = \left(-\dfrac{3}{a} + \dfrac{x}{a^2}\right) e^{2-\frac{x}{a}}$

$y' = 0 \Rightarrow x = 2a \Rightarrow a = \dfrac{x}{2}, \quad y''(2a) = -\dfrac{1}{a} \neq 0.$

Alle Punkte mit horizontaler Tangente sind Extrema.

$y = \dfrac{x}{2} e^{2-2} = \dfrac{x}{2}.$

Wegen $a > 0$ sind die Punkte mit $x \leq 0$ nicht Extrempunkte des Graphen.

19.8 $f_a'(x) = \dfrac{2}{x}$;

$\dfrac{\ln(ax^2) - k}{x} = \dfrac{2}{x} \Rightarrow \ln(a x^2) = 2 + k \Rightarrow a = \dfrac{e^{2+k}}{x^2}$;

Ortslinie: $y = \ln\left(\dfrac{e^{2+k}}{x^2} \cdot x^2\right) = 2 + k, x > 0$ (Parallele zur x-Achse).

19.9 $f_a'(x) = \dfrac{a}{(1+x)^2}; \quad \dfrac{\frac{ax}{1+x}}{x+1} = \dfrac{a}{(1+x)^2} \Rightarrow a x = a \Rightarrow x = 1.$

Die Berührpunkte der Tangenten liegen auf der Parallelen zur y-Achse im Abstand 1.

20.1 $A(s) = \int_s^{2s} (-x^2 + 2x)\,dx = \left[-\dfrac{x^3}{3} + x^2\right]_s^{2s} = 3s^2 - \dfrac{7}{3}s^3$;

$A'(s) = 6s - 7s^2; A''(s) = 6 - 14s;$

$A'(s) = 0 \Rightarrow s = \dfrac{6}{7}$ wegen $0 < s < 1$.

$A''\left(\dfrac{6}{7}\right) = -6 < 0 \Rightarrow$ Max.

20.2 $A(s) = \int_s^1 x^2\,dx + \int_1^{s+1} (-2x+3)\,dx = -\frac{s^3}{3} - s^2 + s + \frac{1}{3}$,

$A'(s) = -s^2 - 2s + 1,\ A''(s) = -2s - 2.$

$A'(s) = 0 \Rightarrow s = \sqrt{2} - 1,\ A''(s) = -2\sqrt{2} < 0 \Rightarrow$ Max.

20.3 Hypotenusenquadrat $d^2 = p^2 + \frac{k^4}{p^2}$,

$(d^2)' = 2p - \frac{2k^4}{p^3},\ (d^2)'' = 2 + \frac{6k^4}{p^4}.$

$(d^2)' = 0 \Rightarrow p^4 = k^4 \Rightarrow p = k.$

$(d^2)''(k) > 0 \Rightarrow$ Minimum.

20.4 $\sqrt{e^x - 1} = t \Rightarrow x_1 = \ln(1+t^2);\ \ e^x - 1 = t \Rightarrow x_2 = \ln(1+t).$

$x_2 > x_1$ für $0 < t < 1 \Rightarrow s = \ln(1+t) - \ln(1+t^2)$,

$$s' = \frac{1 - 2t - t^2}{(1+t)(1+t^2)}\ .$$

$s' = 0 \Rightarrow t = -1 \pm \sqrt{2}.$

$$s' = -\frac{(t+1-\sqrt{2})(t+1+\sqrt{2})}{(1+t)(1+t^2)}\ .$$

Bereich	Ableitung	Funktion	Folgerung
$0 \leq t < \sqrt{2}-1$	+	steigt	Maximum bei $t = \sqrt{2}-1$.
$t > \sqrt{2}-1$	–	fällt	

20.5 Tangente in $P\left(t \,\middle|\, t + \frac{a^2-2a}{t}\right)$: $\frac{y - t - \frac{a^2-2a}{t}}{x - t} = 1 - \frac{a^2-2a}{t^2}.$

Schnittpunkt mit der y-Achse:

$$y = 2\,\frac{a^2 - 2a}{t}\ .$$

Dreiecksfläche:

$$A = \left|\frac{t}{2} \cdot \frac{2(a^2-2a)}{t}\right| = |a^2 - 2a|.$$

A ist unabhängig von t.

$$A(a) = \begin{cases} a^2 - 2a \text{ für } a \leq 0 \lor a \geq 2 \\ 2a - a^2 \text{ für } 0 < a < 2, \end{cases}$$

$$A'(a) = \begin{cases} 2a - 2 & \text{für } a < 0 \lor a > 2 \\ 2 - 2a & \text{für } 0 < a < 2, \end{cases}$$

$$A''(a) = \begin{cases} 2 & \text{für } a < 0 \lor a > 2 \\ -2 & \text{für } 0 < a < 2. \end{cases}$$

$A'(a) = 0 \Rightarrow a = 1,$

$A''(1) = -2 < 0 \Rightarrow$ Max für A.

20.6 $D_y = \{ x \mid 0 < x \leq a \}$.

$$y' = -\frac{a}{x\sqrt{a\,x - x^2}}.$$

Die Tangente in P $\left(t \,\middle|\, 2\sqrt{\frac{a-t}{t}} \right)$

$$\frac{y - 2\sqrt{\frac{a-t}{t}}}{x - t} = -\frac{a}{t\sqrt{a\,t - t^2}}$$

schneidet die x-Achse in

$$y = 0,\ x = \frac{3\,a\,t - 2\,t^2}{a}.$$

$$x' = \frac{3\,a - 4\,t}{a},\ x'' = -\frac{4}{a}.$$

$$x' = 0 \Rightarrow t = \frac{3}{4}a,\ x'' = -\frac{4}{a} < 0 \Rightarrow \text{Max.}$$

Tangentengleichung:

$16\,x + 3\sqrt{3}\,a\,y - 18\,a = 0$.

20.7 $$f_t'(x) = -\frac{\sin x}{2\sqrt{t + \cos x}}.$$

Normale: $\dfrac{y - \sqrt{t + \cos u}}{x - u} = \dfrac{2\sqrt{t + \cos u}}{\sin u}$,

$y = 0 \Rightarrow x_s = \dfrac{2u - \sin u}{2}$.

Projektion PS: $\varphi(u) = |u - x_s| = \left|\dfrac{\sin u}{2}\right|$.

$u > 0$:

$\varphi'(u) = \dfrac{\cos u}{2} = 0 \Rightarrow u = \dfrac{\pi}{2}$.

$\varphi''\left(\dfrac{\pi}{2}\right) = -\dfrac{\sin \frac{\pi}{2}}{2} < 0 \Rightarrow$ Maximum.

Wegen $\sin(-u) = -\sin u$ liegt bei $u = -\dfrac{\pi}{2}$ ein weiteres Maximum. Die senkrechte

Projektion kann höchstens die Länge $\dfrac{\sin \frac{\pi}{2}}{2} = \dfrac{1}{2}$ haben.

Aus $t + \cos x > 0$ folgt für $x = \dfrac{\pi}{2}$ und $x = -\dfrac{\pi}{2}$, daß $t > 0$ sein muß. Die Maxima liegen nur für $0 < t \leq 1$ im Innern des Definitionsbereiches.

20.8 $A(t) = 2\,t\,e^{1 - t^2}$ mit $t > 0$, $A'(t) = 2 \cdot (1 - 2\,t^2)\,e^{1 - t^2}$.

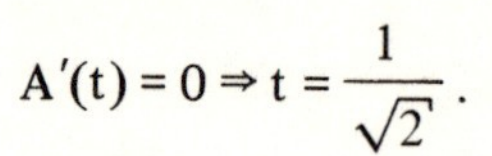

$A'(t) = 0 \Rightarrow t = \dfrac{1}{\sqrt{2}}$.

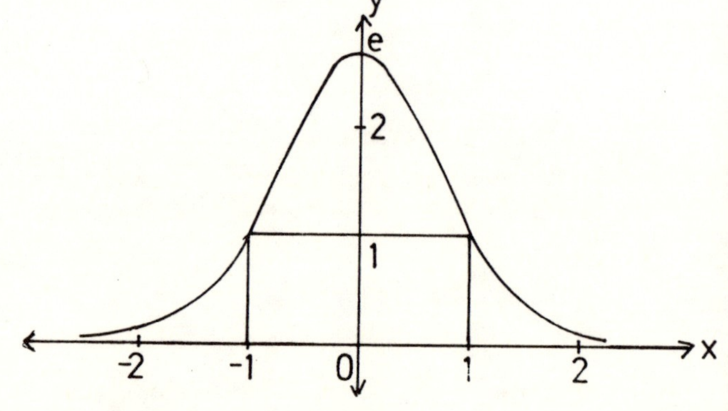

Bereich	Ableitung	Kurve	Folgerung
$0 < t < \dfrac{1}{\sqrt{2}}$	+	steigt	Maximum bei $t = \dfrac{1}{\sqrt{2}}$.
$t > \dfrac{1}{\sqrt{2}}$	–	fällt	

20.9 $A\left(t \,\middle|\, \frac{2}{5}(t^2-4)\right)$, $B\left(-t \,\middle|\, \frac{2}{5}(t^2-4)\right)$ mit $0 < t < 2$.

$$F(t) = \left| \frac{2}{5}(t^3 - 4t) \right| = \frac{2}{5}(4t - t^3),\; F'(t) = \frac{2}{5}(4 - 3t^2),\; F''(t) = -\frac{12}{5}t.$$

$$F'(t) = 0 \Rightarrow t = \frac{2}{\sqrt{3}},\; F''\left(\frac{2}{\sqrt{3}}\right) < 0 \Rightarrow \text{Max.}$$

$$A\left(\frac{2}{\sqrt{3}} \,\middle|\, -\frac{16}{15}\right),\; B\left(-\frac{2}{\sqrt{3}} \,\middle|\, -\frac{16}{15}\right).$$

20.10 Rechte obere Ecke $(t \mid \sqrt{1-t^2})$, $t > 0$.

$$u = 4t + 2\sqrt{1-t^2},\; u' = 4 - \frac{2t}{\sqrt{1-t^2}},\; u'' = -\frac{2}{(\sqrt{1-t^2})^3}.$$

$$u' = 0 \Rightarrow \sqrt{1-t^2} = \frac{1}{2}t \Rightarrow 1 - t^2 = \frac{1}{4}t^2 \Rightarrow 5t^2 = 4$$

$$\Rightarrow t = \frac{2}{\sqrt{5}},\; u''\left(\frac{2}{\sqrt{5}}\right) < 0 \Rightarrow \text{Max.}$$

Den größten Umfang hat das Rechteck mit den Seiten $\frac{4}{\sqrt{5}}$ und $\frac{1}{\sqrt{5}}$.

20.11 Die beiden parallelen Seiten des Trapezes sind die Funktionswerte für $x = a$ und $x = 2a$.

$f(a) = 3a^2 - a^3$, $f(2a) = 12a^2 - 8a^3$.

$$A(a) = \frac{3a^2 - a^3 + 12a^2 - 8a^3}{2} \cdot a = \frac{15a^3 - 9a^4}{2},$$

$$A'(a) = \frac{45a^2 - 36a^3}{2},\; A''(a) = \frac{90a - 108a^2}{2}.$$

$$A'(a) = 0 \Rightarrow \frac{9}{2}a^2(5 - 4a) = 0 \Rightarrow a = \frac{5}{4}.$$

$$A''\left(\frac{5}{4}\right) < 0 \Rightarrow \text{Maximum.}$$

21.1 a) Ja, denn es sind verschiedene Versuchsausgänge möglich.

b) 11,8 s.

c) $\Omega = \{ 0{,}1\ \text{s}, \ldots, 9{,}9\ \text{s}, 10{,}0\ \text{s}, 10{,}1\ \text{s}, \ldots \}$
Die ersten Elemente des Ergebnisraumes kommen jedoch als Versuchsausgänge nicht vor.

d) Beispiel: Die Laufzeit liegt unter 14,5 s.

21.2 Ein Stein wird hochgehoben und losgelassen. Es gibt nur ein Ergebnis: Er fällt.

21.3 a) $\{ x, y \}$.

b) $\Omega = \{ (x;x), (y;y), (x;y;y), (y;x;x), (x;y;x), (y;x;y) \}$.
Da Ω 6 Elemente hat, ist die Mächtigkeit des Ereignisraumes $P(\Omega)$ gleich $2^6 = 64$.

c)

Ergebnis	R	S	T	U	V
(x; x)	x			x	
(y; y)	x	x			
(x; y; y)		x	x		
(y; x; x)			x	x	
(x; y; x)			x		x
(y; x; y)		x	x		

In der Tabelle ist durch Ankreuzen dargestellt, welche der Ergebnisse jeweils zu den Ereignissen gehören. Als Lösung lesen Sie ab: α) T und V, β) S und V.

d) α) ja, β) nein, γ) ja.

21.4 a) $\Omega = \{ g, s \}^3 = \{ (g;g;g), (g;g;s), (g;s;g), (s;g;g), (g;s;s), (s;g;s), (s;s;g), (s;s;s) \}$.
(Hierbei bedeutet z.B. (s; g, g): Merkmal A wurde mit schlecht, die beiden anderen mit gut bewertet.)

b) Mächtigkeit des Ergebnisraumes: $2^3 = 8$.
Mächtigkeit des Ereignisraumes; $2^8 = 256$.

c) $\{ (g;g;s), (g;s;g), (s;g;g), (g;s;s), (s;g;s), (s;s;g) \}$.

d) Ja; denn die zu a, b und m gehörenden Ereignisse aus Ω bilden eine Zerlegung von Ω.

21.5 Das Komplement zum Komplement $\overline{A}$ von A ist wieder A: $\overline{\overline{A}} = A$.

21.6 a) $\overline{A} = \{ a, d \}$, $\overline{B} = \{ b, c, d \}$.

b) $|A| = 3$, $|B| = 2$, $|A \cup B| = |\{ a, b, c, e \}| = 4$, $|A \cap B| = |\{ e \}| = 1$.

c) Linke Seite: $B \cup C = \{a, c, d, e\}$; $A \cap (B \cup C) = \{c, e\}$,
rechte Seite: $A \cap B = \{e\}$, $A \cap C = \{c\}$; $(A \cap B) \cup (A \cap C) = \{c, e\}$.

21.7 a) Die Gleichung gilt, wenn A und B elementfremd (unvereinbar) sind.

b) $|A \cup B| = |A| + |B| - |A \cap B|$.

Elemente, die in $A \cap B$ liegen, werden sowohl bei $|A|$ als auch bei $|B|$, jedoch nur einmal bei $|A \cup B|$ gezählt.

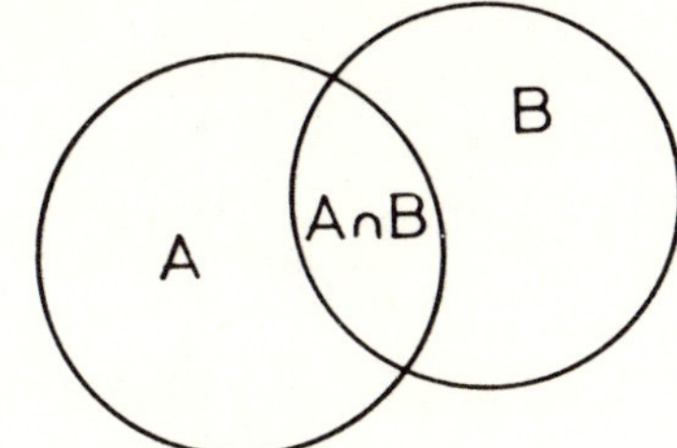

21.8 a) A = { Februar, September, Oktober, November, Dezember } = B.

b) Wegen A = B sind die Absorptionsgesetze anwendbar.
In beiden Fällen ergibt sich die Menge A.

21.9 a)

Voraussetzung		Folgerung				
$x \in A$	$x \in B$	$x \in \overline{A}$	$x \in \overline{B}$	$x \in \overline{A} \cup \overline{B}$	$x \in A \cap B$	$x \in (\overline{A \cap B})$
nein	nein	ja	ja	ja	nein	ja
nein	ja	ja	nein	ja	nein	ja
ja	nein	nein	ja	ja	nein	ja
ja	ja	nein	nein	nein	ja	nein

Die fünfte und siebte Spalte sind gleich.

22.1 Die Gesamtzahl der Befragten ist 500. Damit wird

$h_{500}(g) = \frac{23}{500} = 0{,}046$, $h_{500}(b) = \frac{285}{500} = 0{,}570$,

$h_{500}(s) = \frac{156}{500} = 0{,}312$, $h_{500}(k) = \frac{36}{500} = 0{,}072$.

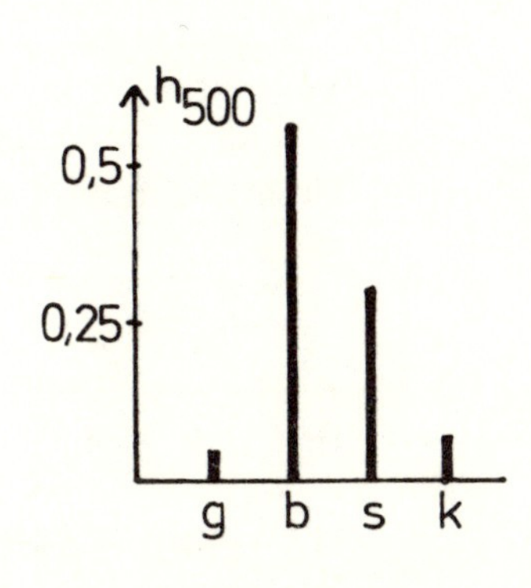

22.2 a) $h(\omega_1) = \frac{250}{800} = 0{,}3125$, $h(\omega_2) = \frac{130}{800} = 0{,}1625$,

$h(\omega_3) = \frac{271}{800} = 0{,}33875$, $h(\omega_4) = \frac{149}{800} = 0{,}18625$.

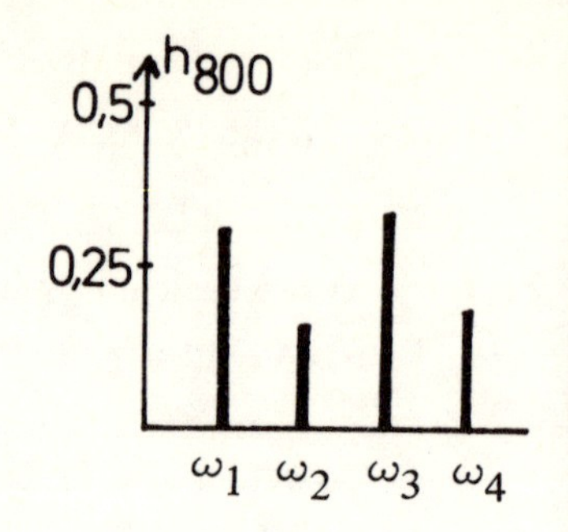

b) $h_{200}(\omega_3) = \frac{94}{200} = 0{,}47$, $h_{400}(\omega_3) = \frac{142}{400} = 0{,}355$,

$h_{600}(\omega_3) = \frac{199}{600} = 0{,}33167$, $h_{800}(\omega_3) = 0{,}33875$.

Der Wert stabilisiert sich anscheinend um 0,335 herum.

c) $h_{800}(w) = h_{800}(\omega_1) + h_{800}(\omega_3) = 0{,}65125$.

$h_{800}(s) = 1 - h_{800}(w) = 0{,}34875$.

d) Man denkt sich die Felder des ersten Würfels mit den Zahlen von 1 bis 6, die des zweiten mit den Buchstaben von a bis f beschriftet. Der Ergebnisraum ist dann

$\Omega = \{ (1; a), (1; b), \ldots, (6; f) \}$.

Er enthält 36 Elemente.

e) Tragen die roten Felder die Zahlen von 1 bis 3 und die weißen Felder die Buchstaben von a bis d, so sind von den 36 Ergebnissen aus Ω die Ergebnisse (1; a) bis (3; d) für das Ereignis $\omega_1 = (r; w)$ günstig. Dies sind $3 \cdot 4 = 12$. Also ist

$P(\omega_1) = \frac{12}{36} = \frac{1}{3}$. Entsprechend wird $P(\omega_2) = \frac{3 \cdot 2}{36} = \frac{1}{6}$,

$P(\omega_3) = \frac{3 \cdot 4}{36} = \frac{1}{3}$ und $P(\omega_4) = \frac{3 \cdot 2}{36} = \frac{1}{6}$.

22.3

	A	B	C	D	E	F	G	H	J	K
V =	2,8	2,1	4,2	2,5	3,3	1,2	2,3	3,5	3,5	2,4
Urteil	A_3	A_2	A_4	A_2	A_3	A_1	A_2	A_3	A_3	A_2

	A_1	A_2	A_3	A_4	A_5
$H(A_i)$	1	4	4	1	0
$h(A_i)$	0,1	0,4	0,4	0,1	0,0

22.4 Man kann sich die Karten nacheinander gezogen denken. Ist die erste Karte gezogen, so bleiben für die zweite 31 Möglichkeiten, von denen 7 auf die Farbe der ersten Karte fallen.

Also ist die Wahrscheinlichkeit $\frac{7}{31} = 0{,}2258$.

22.5 a) Den Elementen A, B, C und D aus Ω' sind die Ereignisse $\{1, 4, 9\}$, $\{2, 3, 5, 7, 11, 13\}$, $\{6, 10, 14, 15\}$ bzw. $\{8, 12\}$ aus Ω zugeordnet. Da diese eine Zerlegung von Ω bilden, liegt eine Vergröberung vor.

b)

ω'	A	B	C	D
$P(\omega')$	$\frac{3}{15}$	$\frac{6}{15}$	$\frac{4}{15}$	$\frac{2}{15}$

c) $\mathfrak{A}$ wird erzeugt durch die Zerlegung A, B, C und D von Ω, hat deshalb $2^4 = 16$ Elemente.

X	ϕ	A	B	C	D	$\overline{A}$	$\overline{B}$	$\overline{C}$	$\overline{D}$	$A \cup B$	$C \cup D$	$A \cup C$
P(X)	0	$\frac{3}{15}$	$\frac{6}{15}$	$\frac{4}{15}$	$\frac{2}{15}$	$\frac{12}{15}$	$\frac{9}{15}$	$\frac{11}{15}$	$\frac{13}{15}$	$\frac{9}{15}$	$\frac{6}{15}$	$\frac{7}{15}$

X	$B \cup D$	$A \cup D$	$B \cup C$	Ω
P(X)	$\frac{8}{15}$	$\frac{5}{15}$	$\frac{10}{15}$	1

22.6 a) Wegen $\phi \cap \Omega = \phi$ und $\phi \cup \Omega = \Omega$ folgt nach dem dritten Kolmogorowschen Axiom

$$P(\phi \cup \Omega) = P(\phi) + P(\Omega),$$
$$1 = P(\phi) + 1,$$
$$P(\phi) = 0.$$

b) Wegen $(A \cap B) \cap (A \cap \overline{B}) = \phi$ gilt

$$P[(A \cap B) \cup (A \cap \overline{B})] = P(A \cap B) + P(A \cap \overline{B}).$$

Andererseits folgt aus einem der distributiven Gesetze

$$(A \cap B) \cup (A \cap \overline{B}) = A \cap (B \cup \overline{B}) = A \cap \Omega = A.$$

Also ist $P(A \cap B) + P(A \cap \overline{B}) = P(A)$ oder

$$P(A \cap B) = P(A) - P(A \cap \overline{B}).$$

22.7 Da die Ereignisse A, B und C eine Zerlegung bilden, sind sie paarweise unvereinbar. Also gilt:

$P(B) = 1 - P(A \cup C) = 1 - e.$

$P(C) = P(A \cup C) - P(A) = e - a.$

22.8

a) Es ist $P(A \cap B) < P(A)$, also A nicht Teilmenge von B. Ebenso folgt aus $P(\overline{A} \cap \overline{B}) < P(\overline{A}) = 0{,}59$, daß $\overline{A}$ nicht Teilmenge von $\overline{B}$ und damit B nicht Teilmenge von A ist. Somit ergibt sich das nebenstehende Mengendiagramm, aus dem Sie die Zerlegung ablesen können.

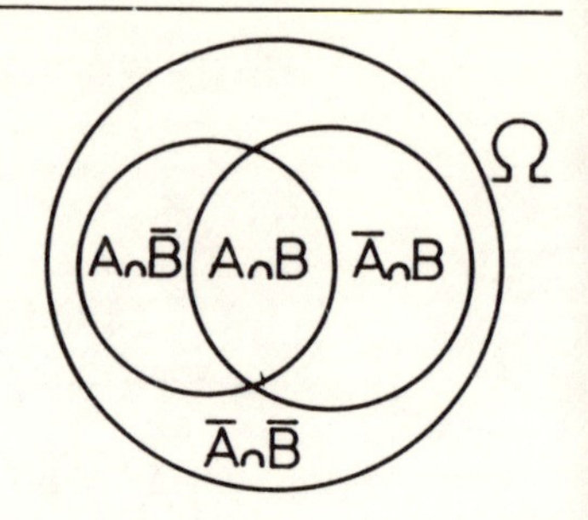

b) Sie tragen die Angaben in eine „Vierfeldertafel" ein (eingekreiste Zahlen). In den vier inneren Feldern stehen die Wahrscheinlichkeiten für die Durchschnitte von je zwei Mengen, an den Rändern die Zeilen- und Spaltensummen. Sie ergänzen die Tafel so, daß die Zeilen- und Spaltensummen stimmen, wobei die Randzeilensumme und Randspaltensumme 1 ergeben. Sie lesen ab:

$P(B) = 0{,}31, P(A \cap \overline{B}) = 0{,}24, P(A \cup \overline{B}) = 1 - P(\overline{A} \cap B) = 1 - 0{,}14 = 0{,}86.$

$\cap$	B	$\overline{B}$	
A	(0,17)	0,24	(0,41)
$\overline{A}$	0,14	(0,45)	0,59
	0,31	0,69	(1)

23.1

a)

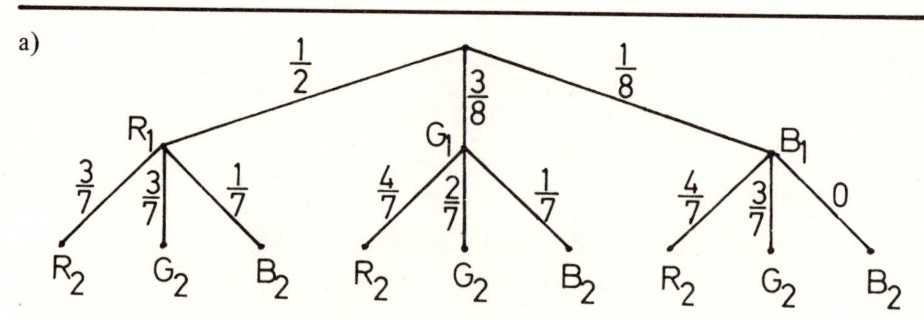

b) $P(G_2) = \frac{1}{2} \cdot \frac{3}{7} + \frac{3}{8} \cdot \frac{2}{7} + \frac{1}{8} \cdot \frac{3}{7} = \frac{12 + 6 + 3}{56} = \frac{3}{8}\ (= P(G_1)).$

c) $P(\text{gleichfarbig}) = P(R_1 \cap R_2) + P(G_1 \cap G_2) + P(B_1 \cap B_2)$

$$= \frac{1}{2} \cdot \frac{3}{7} + \frac{3}{8} \cdot \frac{2}{7} + \frac{1}{8} \cdot 0 = \frac{9}{28} = (P(G_1)).$$

23.2 a) Pasch = U, ungerade Zahlen = V, aufeinanderfolgende Zahlen = W.

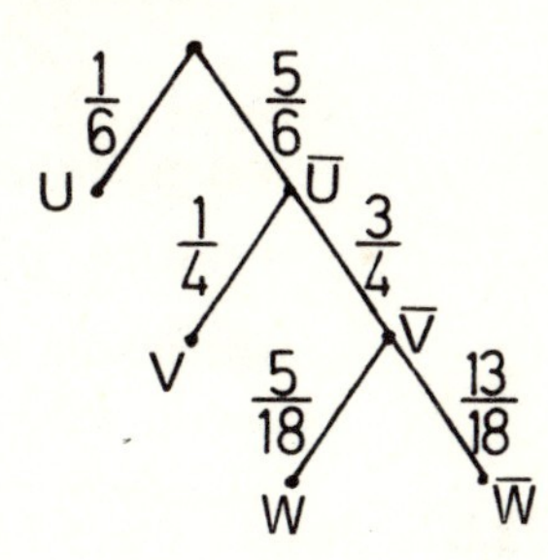

$P(U) = \frac{6}{36} = \frac{1}{6}$,

$P(V) = \frac{9}{36} = \frac{1}{4}$,

$P(W) = \frac{10}{36} = \frac{5}{18}$.

b) $P(n \leq 2) = \frac{1}{6} + \frac{5}{6} \cdot \frac{1}{4} = \frac{3}{8}$.

c) A hat im Durchschnitt den Gewinn

$\frac{5}{6} \cdot \frac{3}{4} \cdot \frac{13}{18} \cdot 6$ DPf = 2,71 DPf,

B den Gewinn

$\frac{1}{6} \cdot 5$ DPf $+ \frac{5}{6} \cdot \frac{1}{4} \cdot 4$ DPf $+ \frac{5}{6} \cdot \frac{3}{4} \cdot \frac{5}{18} \cdot 6$ DPf = 2,71 DPf

zu erwarten. Das Spiel ist fair.

23.3 Bekannt sind: $P(A) = 0{,}5$, $P(B) = 0{,}3$, $P(C) = 0{,}2$,

$P_A(M) = 0{,}04$, $P_B(M) = 0{,}07$, $P_C(M) = 0{,}15$ (M = Montagsgerät).

a) $P(M) = P(A) \cdot P_A(M) + P(B) \cdot P_B(M) + P(C) \cdot P_C(M)$
$= 0{,}5 \cdot 0{,}04 + 0{,}3 \cdot 0{,}07 + 0{,}2 \cdot 0{,}15 = 0{,}071$.

b) $P_M(B) = \frac{P(M \cap B)}{P(M)} = \frac{0{,}3 \cdot 0{,}07}{0{,}071} = 0{,}296$.

23.4 Am besten zeichnen Sie ein Baumdiagramm: Eingekreiste Zahlen sind gegeben, die anderen berechnet.
Außerdem ist
$P_A(C) = 0{,}5$
bekannt.

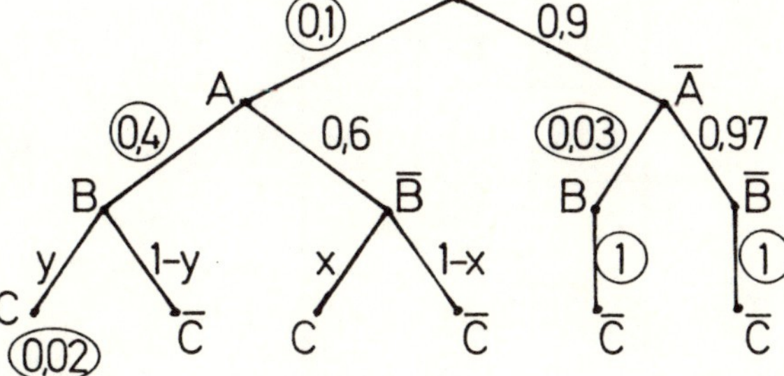

a) $y = P_{A \cap B}(C) = \frac{P(A \cap B \cap C)}{P(A \cap B)} = \frac{0{,}02}{0{,}1 \cdot 0{,}4} = 0{,}5$

oder nach dem Baumdiagramm $0{,}1 \cdot 0{,}4 \cdot y = 0{,}02$; $y = 0{,}5$.

b) $P_B(A) = \frac{P(A \cap B)}{P(A \cap B) + P(\bar{A} \cap B)} = \frac{0{,}1 \cdot 0{,}4}{0{,}1 \cdot 0{,}4 + 0{,}9 \cdot 0{,}03} = 0{,}597.$

c) Aus $P_A(C) = P_A(B \cap C) + P_A(\bar{B} \cap C)$ ergibt sich mit y = 0,5 und durch Einsetzen des gegebenen Wertes für $P_A(C)$

$0{,}5 = 0{,}4 \cdot 0{,}5 + 0{,}6\,x, \quad x = 0{,}5.$

Damit wird $P(A \cap \bar{B} \cap C) = 0{,}1 \cdot 0{,}6 \cdot 0{,}5 = 0{,}03.$

23.5 Bekannt sind die Pfadenden $P(A \cap B) = 0{,}2$ usw. sowie

$P(A) = 0{,}2 + 0{,}3 = 0{,}5$ usw.

Mit $P_A(B) = \frac{P(A \cap B)}{P(A)} = \frac{0{,}2}{0{,}5} = 0{,}4$

und $P_{\bar{A}}(B) = \frac{P(\bar{A} \cap B)}{P(\bar{A})} = \frac{0{,}4}{0{,}5} = 0{,}8$

ergeben sich die fehlenden Werte.

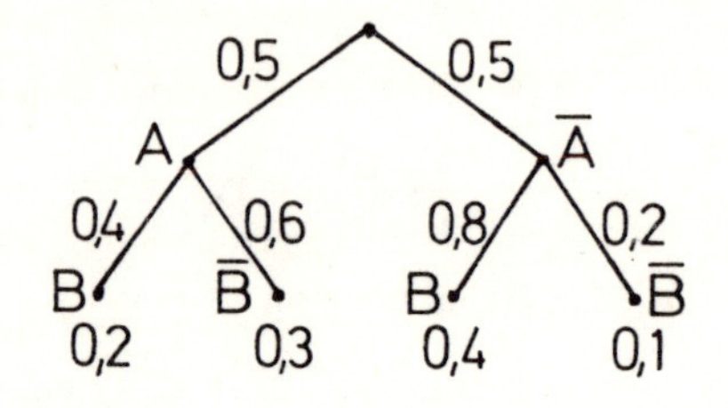

23.6 a) Gegeben sind $P(A) = 0{,}65$, $P_A(F) = 0{,}30$, $P_A(M) = 0{,}70$. Hieraus ergibt sich die erste Zeile der Vierfeldertafel:
$P(A \cap F) = 0{,}3 \cdot 0{,}65 = 0{,}195$
und $P(A \cap M) = 0{,}7 \cdot 0{,}65 = 0{,}455$.
Weiter ist $P(B \cap M) = 0{,}15$.
Damit läßt sich die Tafel vollständig ergänzen.

	M	F	
A	0,455	0,195	0,65
B	0,15	0,20	0,35
	0,605	0,395	1

b) $P_F(A) = \frac{P(A \cap F)}{P(F)} = \frac{0{,}195}{0{,}395} = 0{,}494.$

23.7 a)

	A	B	C	
D	0,16	0,16	0,08	0,4
$\bar{D}$	0,04	0,28	0,28	0,6
	0,20	0,44	0,36	1

b) $P_A(D) = \frac{P(A \cap D)}{P(A)} = \frac{0{,}16}{0{,}20} = 0{,}8,$

$P_D(C) = \frac{0{,}08}{0{,}4} = 0{,}2.$

$P_{A \cup B}(\bar{D}) = \frac{P(A \cap \bar{D}) + P(B \cap \bar{D})}{P(A) + P(B)}$

$= \frac{0{,}04 + 0{,}28}{0{,}20 + 0{,}44} = 0{,}5.$

23.8 $\Omega = \{ (1;1), (1;2), \ldots; (4;4) \}$, $|\Omega| = 16$,

$A = \{ (1;1), (1;3), (2;1), (2;3) \}$,

$B = \{ (1;2), (1;4), (2;1), (2;3), (3;2), (3;4), (4;1), (4;3) \}$,

$A \cap B = \{ (2;1), (2;3) \}$.

$$P(A) = \frac{4}{16} = \frac{1}{4};\ P(B) = \frac{8}{16} = \frac{1}{2};\ P(A \cap B) = \frac{2}{16} = \frac{1}{8} = P(A) \cdot P(B).$$

A und B sind unabhängig.

23.9 Sind A und B unabhängig, so gilt dies auch für A und $\overline{B}$, $\overline{A}$ und B sowie $\overline{A}$ und $\overline{B}$. In den vier Innenfeldern stehen deshalb die Produkte $P(A \cap B) = P(A) \cdot P(B)$ usw. aus den Randfeldern. Durch kleine Ziffern in den Feldern ist die Reihenfolge der Ergänzung gekennzeichnet.

	B	$\overline{B}$	
A	$_6$ 0,08	$_7$ 0,32	0,4
$\overline{A}$	$_3$ 0,12	0,48	$_2$ 0,6
	$_4$ 0,2	$_5$ 0,8	$_1$ 1

23.10 $$P_A(C) = \frac{P(A \cap C)}{P(A)} = \frac{P(A) \cdot P(C)}{P(A)} = P(C);\ \text{ebenso ist } P_B(C) = P(C).$$

$$P_{A \cap B}(C) = \frac{P(A \cap B \cap C)}{P(A) \cdot P(B)} = \frac{P(A) \cdot P(B) \cdot (P(C)}{P(A) \cdot P(B)} = P(C).$$

23.11 $A = \{ 1, 3, 5, 7 \}$, $B = \{ 1, 4 \}$, $C = \{ 3, 4, 5, 6 \}$.

$$P(A) = \frac{1}{2},\ P(B) = \frac{1}{4},\ P(C) = \frac{1}{2}.$$

a) $A \cap B = \{ 1 \} \Rightarrow P(A \cap B) = \frac{1}{8} = P(A) \cdot P(B)$,

$A \cap C = \{ 3, 5 \} \Rightarrow P(A \cap C) = \frac{1}{4} = P(A) \cdot P(C)$,

$B \cap C = \{ 4 \} \Rightarrow P(B \cap C) = \frac{1}{8} = P(B) \cdot P(C)$.

A, B und C sind paarweise unabhängig.

b) $A \cap B \cap C = \phi \Rightarrow P(A \cap B \cap C) = 0 \neq P(A) \cdot P(B) \cdot P(C) = \frac{1}{16}$.

A, B und C sind nicht unabhängig.

c) Wegen der Unabhängigkeit von A und B läßt sich das Baumdiagramm bis zur

B-Ebene aus $P(A) = \frac{1}{2}$ und $P(B) = \frac{1}{4}$ leicht zeichnen. Zur Fortsetzung werden

die bedingten Wahrscheinlichkeiten $P_{A \cap B}(C)$, $P_{A \cap \overline{B}}(C)$, $P_{\overline{A} \cap B}(C)$

und $P_{\overline{A} \cap \overline{B}}(C)$ benötigt. Aus

$A \cap B = \{ 1 \}$ und $A \cap B \cap C = \phi$ folgt $P_{A \cap B}(C) = 0$,

$A \cap \overline{B} = \{ 3, 5, 7 \}$ und $A \cap \overline{B} \cap C = \{ 3, 5 \}$ folgt $P_{A \cap \overline{B}}(C) = \frac{2}{3}$,

$\overline{A} \cap B = \{ 4 \}$ und $\overline{A} \cap B \cap C = \{ 4 \}$ folgt $P_{\overline{A} \cap B}(C) = 1$,

$\overline{A} \cap \overline{B} = \{ 2, 6, 8 \}$ und $\overline{A} \cap \overline{B} \cap C = \{ 6 \}$ folgt $P_{\overline{A} \cap \overline{B}}(C) = \frac{1}{3}$.

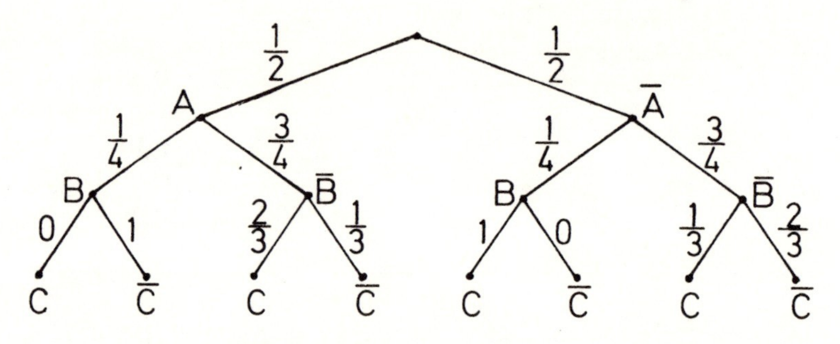

An den vier von B bzw. $\overline{B}$ nach C gehenden Pfaden müßten gleiche Zahlen stehen; denn bei Unabhängigkeit von A, B und C wären alle bedingten Wahrscheinlichkeiten von C gleich P(C).

23.12 Soll die Wahrscheinlichkeit, mindestens ein Gewinnlos zu ziehen, 80% betragen, so muß die Wahrscheinlichkeit, kein Gewinnlos zu ziehen, unter 20% liegen. Wegen der im allgemeinen großen Anzahl von Lotterielosen sind die Ereignisse, das i-te Los sei eine Niete ($i = 1, \ldots, n$), unabhängig. Also ist die Wahrscheinlichkeit, n Nieten nacheinander zu ziehen, gleich $0{,}9^n$.

Aus $0{,}9^n < 0{,}20$ ergibt sich $n \cdot \lg 0{,}9 < \lg 0{,}20$, $n > 15{,}3$.

Man muß mindestens 16 Lose ziehen.

24.1

$$\binom{153}{4} = \frac{153 \cdot 152 \cdot 151 \cdot 150}{1 \cdot 2 \cdot 3 \cdot 4} = 21947850,$$

$$\binom{38}{13} = \frac{38!}{13! \cdot 25!} = 5\,414\,950\,296.$$

24.2 a) $\binom{n}{k} = \frac{n!}{k!\,(n-k)!}$; $\binom{n}{n-k} = \frac{n!}{(n-k)!\,(n-(n-k))!} = \frac{n!}{(n-k!)\,k!} = \binom{n}{k}$.

b) Setzt man im Binomialsatz

$$(a+b)^n = \sum_{k=0}^{n} \binom{n}{k} a^k b^{n-k}$$

$a = b = 1$, so ergibt sich $2^n = \sum_{k=0}^{n} \binom{n}{k}$.

24.3 Es gibt 6! verschiedene Reihenfolgen für die sechs Zahlen. Nur die Reihenfolge 1, 2, 3, 4, 5, 6 ist günstiges Ergebnis. Also ist die Wahrscheinlichkeit

$$\frac{1}{6!} = \frac{1}{720} \, .$$

24.4 Die Anzahl der möglichen Anordnungen ist $26! = 4{,}03 \cdot 10^{26}$.

24.5 Bei jedem Zug gibt es 7 Möglichkeiten. Also sind $7^4 = 2401$ Ergebnisse möglich.

24.6 Für jede der 4 Stellen eines Wortes gibt es 26 Möglichkeiten. Die Wörter reichen für $26^4 = 456976$ Gegenstände.

24.7 Jeder der 26 Schüler hat 25 Wahlmöglichkeiten. Also gibt es $25^{26} = 2{,}22 \cdot 10^{36}$ verschiedene Soziogramme.

24.8 Für die Verteilung werden aus den 12 Urnen jeweils 7 ausgewählt. Dafür gibt es $\binom{12}{7} = 792$ Möglichkeiten.

24.9 $\binom{800}{6} = \frac{800 \cdot 799 \cdot 798 \cdot 797 \cdot 796 \cdot 795}{6!} = 3{,}57 \cdot 10^{14}$.

24.10 Die Anzahl der möglichen Ergebnisse für den Skat ergibt sich aus der Auswahl von zwei Karten aus 32; das sind $\binom{32}{2} = 496$.

Die Anzahl der günstigen Ergebnisse ergibt sich aus der Auswahl von zwei unter den vier Buben: $\binom{4}{2} = 6$.

Die Wahrscheinlichkeit ist also $\frac{6}{496} = 0{,}0121$.

24.11 a) Wären alle Kugeln verschieden, gäbe es 13! Möglichkeiten. Bei Beachtung der Gleichfarbigkeiten erhält man $\frac{13!}{5! \cdot 3! \cdot 4! \cdot 1!} = 360360$ Ergebnisse.

b) Um die Anzahl der günstigen Ergebnisse zu bestimmen, werden erst einmal die ersten vier Ziehungen mit verschiedenfarbigen Kugeln belegt. Dafür gibt es 4! = 24 Möglichkeiten. Zu jeder dieser Belegungen sind die nächsten neun Ziehungen mit vier weißen, zwei blauen und drei grünen Kugeln zu belegen. Dafür gibt es $\frac{9!}{4! \cdot 2! \cdot 3!} = 1260$ Möglichkeiten. Die Gesamtzahl der günstigen Ergebnisse ist somit $24 \cdot 1260 = 30240$. Also ist die Wahrscheinlichkeit, daß die ersten vier Ziehungen verschiedenfarbig ausfallen, $\frac{30240}{360360} = 0{,}0839$.

24.12 Insgesamt dürfen 12 von 18 Preisen ausgewählt werden. Sie denken sich noch eine Person E dazu, die die restlichen sechs Preise erhält. Nun drehen Sie den Spieß um: Jeder Preis wählt sich eine Person, wobei A fünfmal, B dreimal usw. gewählt (gezogen) werden darf. Die Anzahl der Möglichkeiten ist also $\frac{18!}{5! \cdot 3! \cdot 2! \cdot 2! \cdot 6!} =$ 3 087 564 480.

24.13 Die erste Dame kann von 12, die zweite dann von 11, die dritte von 10, . . ., die letzte von 4 Herren gewählt werden. Also gibt es $12 \cdot 11 \cdot 10 \cdot ... \cdot 4 = \frac{12!}{3!} =$ 79833600 Möglichkeiten.

24.14 Die Gesamtzahl der Ergebnisse ist $\binom{8}{5} \cdot 5! = \frac{8!}{3!} = 6720$.
Ist der erste Zug 1, der zweite 2, der dritte 3, so werden die beiden letzten Züge aus den restlichen fünf Zahlen getätigt. Dafür gibt es $\frac{5!}{3!} = 20$ Möglichkeiten. Günstig sind auch alle Ergebnisse, bei denen der zweite Zug 1, der dritte 2 und der vierte 3 oder der dritte 1, der vierte 2 und der fünfte 3 ist. Dies sind jeweils auch 20 Möglichkeiten. Also ist die Wahrscheinlichkeit $\frac{3 \cdot 20}{6720} = 0{,}00893$.

24.15 a) Vier Weinflaschen sind auf zwölf Personen mit Wiederholung zu verteilen. Also gibt es $\binom{12+4-1}{4} = \binom{15}{4} = 1365$ Verteilungsmöglichkeiten.

b) Bei den Variationen mit Wiederholung waren die Gewinne verschieden, hier sind sie gleich.

c) Bei den Kombinationen ohne Wiederholung erhielt jede Person höchstens einen „Gewinn", hier kann eine Person mehrere Gewinne erhalten.

d) Hat eine Person mehr als eine der verschiedenen Weinflaschen gewonnen, so führt nicht jeder Permutation der Weinflaschen zu einer neuen Verteilung.

24.16 a) 25 Brotstücke sind auf 17 Möven mit Wiederholung zu verteilen. Hierfür gibt es

$$\binom{17+25-1}{25} = \binom{41}{25} = 1{,}03 \cdot 10^{11} \text{ Möglichkeiten.}$$

b) Hier werden die Brotstücke auf 17 Möven und den Verlust verteilt. Also gibt es

$$\binom{18+25-1}{25} = \binom{42}{25} = 2{,}55 \cdot 10^{11} \text{ Möglichkeiten.}$$

24.17 Der Versuch besteht aus k Stufen, dem Ziehen einer ersten, einer zweiten, ..., einer k-ten Kugel. Für den ersten Versuch gibt es n, für den zweiten n–1, ..., für den k-ten n–k+1 Möglichkeiten, also insgesamt

$$n \cdot (n-1) \cdot \ldots \cdot (n-k+1) = \frac{n!}{(n-k)!} \quad .$$

24.18 a) Sie zerlegen den Versuch in zwei Teilversuche:

V_1: Verteilung der fünf roten Kugeln auf vier Urnen:

$$\binom{4+5-1}{5} = \binom{8}{5} = 56 \text{ Möglichkeiten .}$$

V_2: Verteilung der vier schwarzen Kugeln auf vier Urnen:

$$\binom{4+4-1}{4} = \binom{7}{4} = 35 \text{ Möglichkeiten.}$$

Die Versuche sind unabhängig, also gibt es insgesamt $56 \cdot 35 = 1960$ Möglichkeiten.

b) Die Kugeln werden der Reihe nach auf die vier Urnen verteilt. Für jeden der neun Versuche gibt es 4, insgesamt also $4^9 = 262144$ Möglichkeiten.

24.19 Hier handelt es sich um die Auswahl von 6 Elementen aus 49 ohne Wiederholung und ohne Beachtung der Reihenfolge (K_{oW}).

Die Gesamtzahl der Tippmöglichkeiten ist $\binom{49}{6}$.

Für k (≤ 6) richtige und 6 – k falsche Zahlen gibt es $\binom{6}{k} \cdot \binom{43}{6-k}$ Möglichkeiten.

Somit ist die Wahrscheinlichkeit für mindestens drei richtige Zahlen

$$p = \frac{1}{\binom{49}{6}} \sum_{k=3}^{6} \binom{6}{k} \cdot \binom{43}{6-k} = \frac{1}{1{,}398 \cdot 10^7} (24{,}68 \cdot 10^4 + 1{,}35 \cdot 10^4 + 258 + 1)$$

$= 0{,}0186.$

24.20 Auf der rechten Seite steht die Anzahl der Möglichkeiten, 7 Elemente aus 19 verschiedenen auszuwählen. Diesen Versuch kann man in eine Serie von fünf Versuchen aufteilen: Aus 15 der 19 Elemente werden 7–i, aus den restlichen 4 Elementen werden i ausgewählt mit i = 0, 1, ..., 4. Die Anzahl der Möglichkeiten für diese Serie steht auf der linken Seite.

24.21 a) Die Quersumme 8 (8 Kugeln) ist auf 5 Dezimalstellen (Urnen) beliebig zu verteilen. Hier liegen Kombinationen mit Wiederholung vor:

$$K_{mW}(5;8) = \binom{5+8-1}{8} = \binom{12}{8} = 495.$$

b) Wie bei Aufgabe a) werden 13 „Kugeln" auf 5 „Urnen" verteilt. Dafür gibt es $\binom{5+13-1}{13} = \binom{17}{13} = 2380$ Möglichkeiten. Hiervon sind alle Möglichkeiten abzuziehen, bei denen eine „Urne" mehr als neun „Kugeln" erhalten hat. Um diese Anzahl zu bestimmen, gibt man zunächst in eine „Urne" 10 „Kugeln"; dafür gibt es fünf Möglichkeiten. Dann verteilt man die restlichen drei „Kugeln" beliebig auf die fünf „Urnen", ergibt je

$\binom{5+3-1}{3} = 35$ Möglichkeiten. Somit haben $2380 - 5 \cdot 35 = 2205$ Zahlen unter 10^5 die Quersumme 13.

24.22 a) Die sechs Farben können auf 6! verschiedene Arten auf die sechs Mannschaften verteilt werden. Innerhalb jeder Mannschaft sind 11! Permutationen möglich. Also können die Trikots auf $6! \cdot (11!)^6 = 2{,}91 \cdot 10^{48}$ verschiedene Arten verteilt werden.

b) Erster Lösungsweg unter Benutzung von a): Für eine beliebige Verteilung der Trikots gibt es $66! = 5{,}44 \cdot 10^{92}$ Möglichkeiten. Die Wahrscheinlichkeit, daß alle Spieler einer jeden Mannschaft die gleiche Farbe erhalten, ist also $\frac{2{,}91 \cdot 10^{48}}{5{,}44 \cdot 10^{92}} = 5{,}35 \cdot 10^{-45}$.

Zweiter Weg: Die erste Mannschaft sucht sich aus 66 Trikots 11 willkürlich heraus. Die Wahrscheinlichkeit, daß diese die gleiche Farbe haben, ist $\frac{6}{\binom{66}{11}}$. Unter der Bedingung, daß die erste Mannschaft Trikots gleicher Farbe gewählt hat, ergibt sich für die zweite Mannschaft bei der Wahl von 11 Trikots aus 55 die Wahrscheinlichkeit $\frac{5}{\binom{55}{11}}$ für die Gleichfarbigkeit usw. Somit ist die gesuchte Wahrscheinlichkeit

$$\frac{6}{\binom{66}{11}} \cdot \frac{5}{\binom{55}{11}} \cdot \frac{4}{\binom{44}{11}} \cdot \frac{3}{\binom{33}{11}} \cdot \frac{2}{\binom{22}{11}} \cdot \frac{1}{\binom{11}{11}} = \frac{6! \cdot (11!)^6}{66!} = 5{,}35 \cdot 10^{-45}.$$

24.23 Die Wahrscheinlichkeit, daß der erste Spieler unter seinen zehn Karten zwei Buben erhält, ist $\frac{\binom{4}{2} \cdot \binom{28}{8}}{\binom{32}{10}}$. Hat der erste Spieler zwei Buben erhalten, so ist die bedingte Wahrscheinlichkeit für den zweiten Spieler, zwei Buben zu erhalten $\frac{\binom{2}{2} \cdot \binom{20}{8}}{\binom{22}{10}}$. Ebenso können der erste und dritte oder der zweite und dritte Spieler je zwei Buben erhalten. Somit ist die gesuchte Wahrscheinlichkeit

$$3 \cdot \frac{\binom{4}{2} \cdot \binom{28}{8} \cdot \binom{2}{2} \cdot \binom{20}{8}}{\binom{32}{10} \cdot \binom{22}{10}} = 0{,}169.$$

24.24 Es kommen folgende Wörter in Betracht: kvkvk oder vkvkv (k = Konsonant, v = Vokal). Für die Besetzung von k gibt es jeweils 20, für die von v 6 Möglichkeiten. Also lassen sich $20^3 \cdot 6^2 + 20^2 \cdot 6^3 = 374400$ solcher Wörter bilden.
Sollen die Buchstaben verschieden sein, so gibt es für die erste Art $20 \cdot 19 \cdot 18 \cdot 6 \cdot 5$ und für die zweite $20 \cdot 19 \cdot 6 \cdot 5 \cdot 4$, also insgesamt $20 \cdot 19 \cdot 6 \cdot 5 \cdot (18 + 4) =$ 250800 Wörter; dies sind rund 67%.

24.25 Die Anzahl der Möglichkeiten, 5 Personen auf die 7 Wochentage ohne Wiederholung zu verteilen, ist $K_{oW}(7; 5) = \binom{7}{5} = 21$.
Bei der Verteilung mit Wiederholung ergibt sich $K_{mW}(7; 5) = \binom{7 + 5 - 1}{5} = \binom{11}{5}$ $= 462$. Also ist die Wahrscheinlichkeit $p = \frac{21}{462} = 0{,}045$.

24.26 A sei das Ereignis „dreimal Spitze oben, aber nicht unmittelbar nacheinander",
B „dreimal Spitze oben und unmittelbar nacheinander",
C „dreimal Spitze oben".

Wegen $A \cap B = \phi$ und $A \cup B = C$ gilt $P(A) + P(B) = P(C)$.

Für das Ereignis B sind die 13 Ergebnisse „Spitze oben beim 1., 2. und 3. Wurf oder beim 2., 3. und 4. Wurf oder ... oder beim 13., 14. und 15. Wurf und sonst jeweils nicht" günstig. Die Wahrscheinlichkeit für jedes dieser Ergebnisse ist $0{,}37^3 \cdot 0{,}63^{12} = 1{,}98 \cdot 10^{-4}$. Somit ist $P(B) = 13 \cdot 1{,}98 \cdot 10^{-4} = 0{,}00257$.
Das Ereignis C hat $\binom{15}{3} = 455$ Ergebnisse mit der Wahrscheinlichkeit von je $1{,}98 \cdot 10^{-4}$. Also ist $P(C) = 0{,}09010$.
Damit ist $P(A) = P(C) - P(B) = 0{,}0875$.

24.27 C sei das Ereignis „3 violette, 5 weiße und 6 gelbe Krokusse sind unter 14 willkürlich herausgegriffenen Krokussen". Dann ist

$$P_A(C) = \frac{\binom{20}{3} \cdot \binom{20}{5} \cdot \binom{10}{6}}{\binom{50}{14}} = 0{,}00396, \; P_B(C) = \frac{\binom{10}{3} \cdot \binom{10}{5} \cdot \binom{30}{6}}{\binom{50}{14}}$$

$= 0{,}01915.$

Gesucht ist die Wahrscheinlichkeit $P_C(A)$, daß Kollektion A vorlag. Nach der Formel von Bayes ist

$$P_C(A) = \frac{P_A(C) \cdot P(A)}{P_A(C) \cdot P(A) + P_B(C) \cdot P(B)} = \frac{0{,}00396 \cdot 0{,}6}{0{,}00396 \cdot 0{,}6 + 0{,}01915 \cdot 0{,}4}$$

$= 0{,}237$ oder $23{,}7\%$.

25.1 X hat den Wert 1 für die Zahlen 1, 2, 3, 5, 7, ..., 47, den Wert 2 für 4, 6, 9, ..., 49 usw.
Da jede Kugel mit gleicher Wahrscheinlichkeit auftritt, ist hier die Wahrscheinlichkeit $P(X = k)$ gleich der relativen Häufigkeit der Zahlen mit k Primfaktoren:

k	1	2	3	4	5
$P(X = k)$	$\frac{16}{49}$	$\frac{17}{49}$	$\frac{10}{49}$	$\frac{4}{49}$	$\frac{2}{49}$

25.2 Für die relative Häufigkeit h_n ergibt sich folgende Tabelle:

<table>
<tr><td>Punkte</td><td>0</td><td>1</td><td>2</td><td>3</td><td>4</td><td>5</td><td>6</td><td>7</td><td>8</td><td>9</td><td>10</td><td>11</td><td>12</td><td>13</td><td>14</td></tr>
<tr><td>a) h_n</td><td>$\frac{1}{20}$</td><td>0</td><td>$\frac{1}{20}$</td><td>0</td><td>0</td><td>$\frac{1}{5}$</td><td>$\frac{1}{10}$</td><td>$\frac{3}{20}$</td><td>$\frac{1}{20}$</td><td>$\frac{1}{10}$</td><td>$\frac{3}{20}$</td><td>$\frac{1}{10}$</td><td>0</td><td>$\frac{1}{20}$</td><td>0</td></tr>
<tr><td>b) h_n</td><td colspan="3">$\frac{1}{10}$</td><td colspan="3">$\frac{1}{5}$</td><td colspan="3">$\frac{3}{10}$</td><td colspan="3">$\frac{7}{20}$</td><td colspan="3">$\frac{1}{20}$</td></tr>
<tr><td>c) h_n</td><td colspan="5">$\frac{1}{10}$</td><td colspan="5">$\frac{3}{5}$</td><td colspan="5">$\frac{3}{10}$</td></tr>
</table>

Bei der Vergröberung des Ergebnisraumes gehen die Einzelheiten verloren, und die Gestalt der Histogramme kann sich so stark ändern, das sie nur noch wenig aussagen.

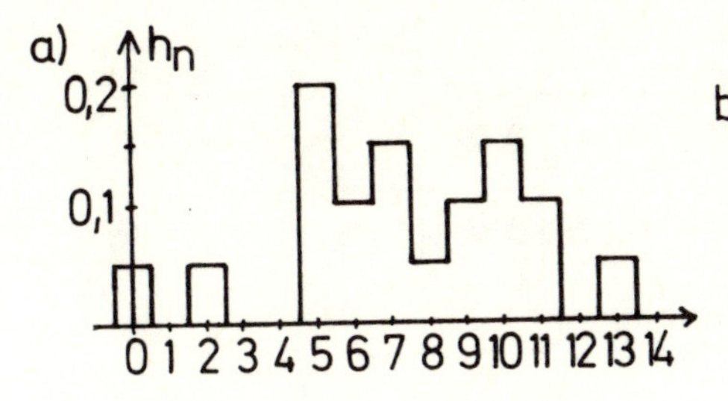

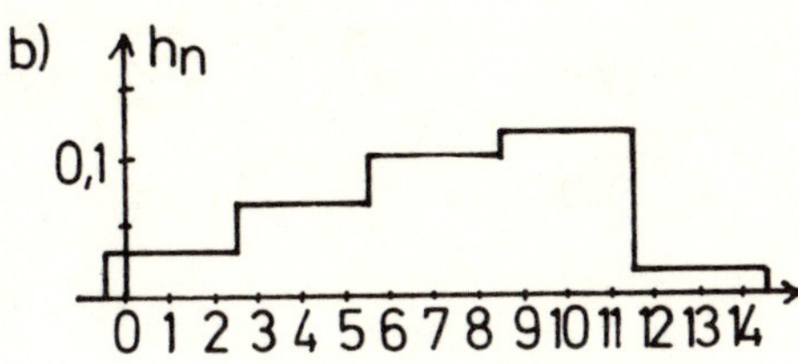

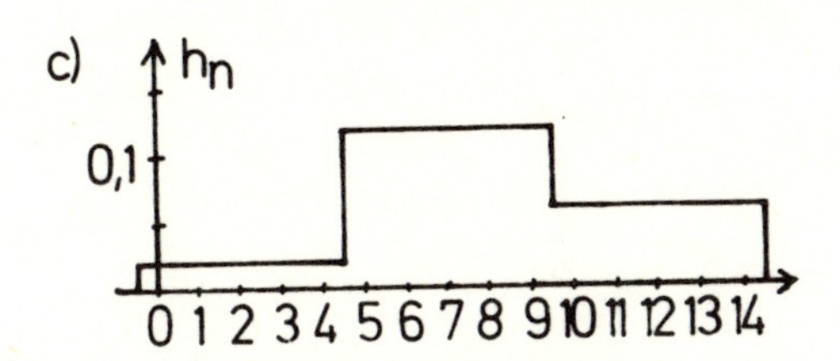

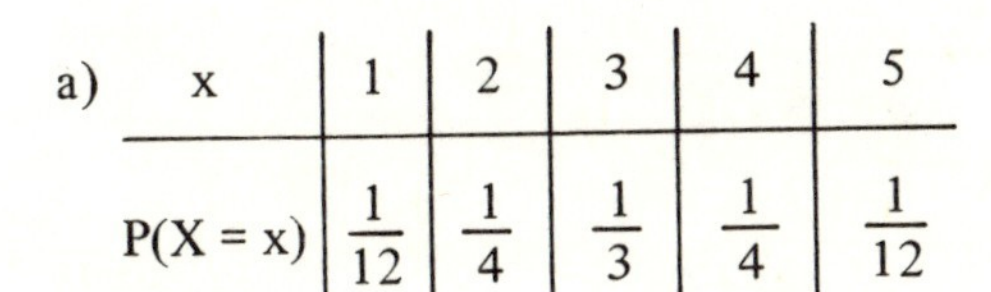

25.3 a)

x	1	2	3	4	5
P(X = x)	$\frac{1}{12}$	$\frac{1}{4}$	$\frac{1}{3}$	$\frac{1}{4}$	$\frac{1}{12}$

b)

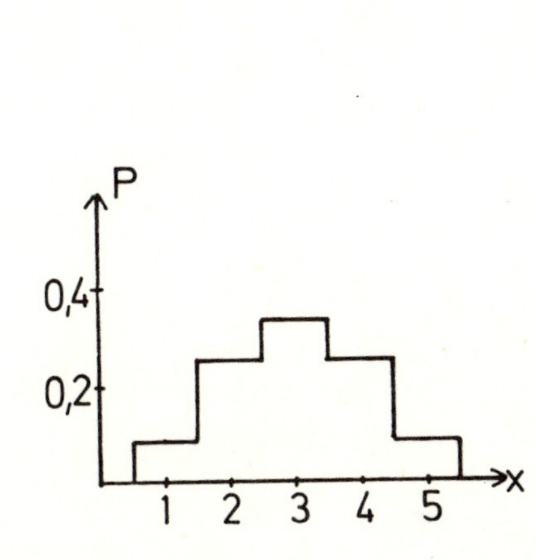

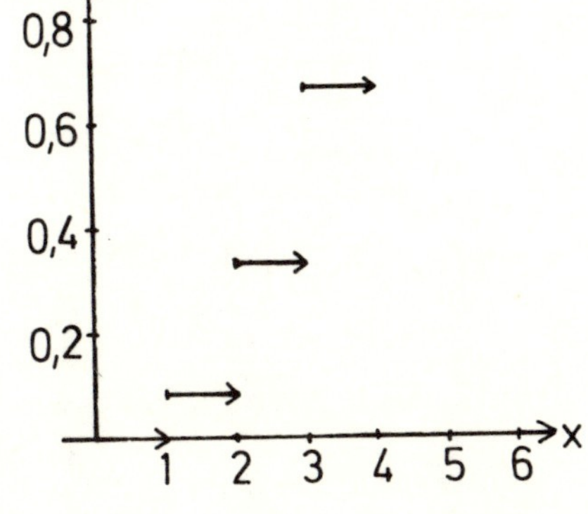

25.4 Die Wahrscheinlichkeit, erst k–1 Nieten und dann einen Gewinn zu ziehen, ist $\left(\frac{3}{4}\right)^{k-1} \cdot \frac{1}{4}$ (k = 1, ..., 5).

Die Wahrscheinlichkeit, 6 Lose, d.h. erst 5 Nieten zu ziehen, ist $\left(\frac{3}{4}\right)^5$.

Damit ergibt sich die Wahrscheinlichkeitsverteilung

Anzahl der Lose x	1	2	3	4	5	6
$P(X = x)$	0,250	0,188	0,141	0,105	0,079	0,237
$P(X \leq x)$	0,250	0,438	0,578	0,684	0,763	1

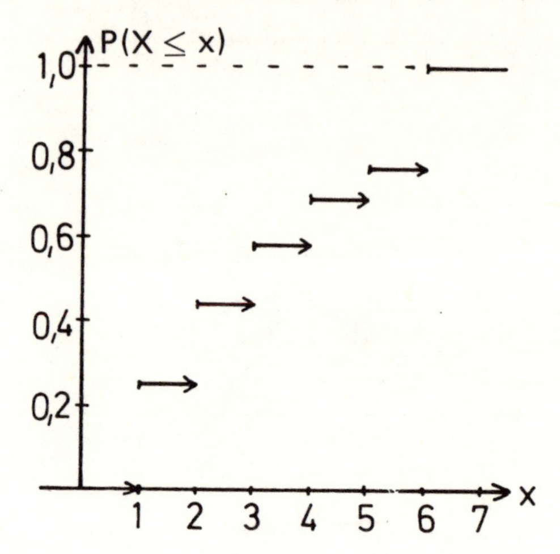

25.5 a)

y / x	2	3	6	$P(X = x)$
2	$\frac{5}{18}$	$\frac{2}{9}$	$\frac{1}{6}$	$\frac{2}{3}$
5	$\frac{2}{9}$	$\frac{1}{9}$	0	$\frac{1}{3}$
$P(Y = y)$	$\frac{1}{2}$	$\frac{1}{3}$	$\frac{1}{6}$	

b) Es ist z.B. $P(X = 2) \cdot P(Y = 2) = \frac{2}{3} \cdot \frac{1}{2} = \frac{1}{3} \neq \frac{5}{18} = P(X = 2 \wedge Y = 2)$.

Also sind X und Y nicht unabhängig.

25.6 Die Wahrscheinlichkeit für x schwarze und y rote Kugeln ist

$$\frac{\binom{1}{x} \cdot \binom{2}{y} \cdot \binom{3}{3-x-y}}{\binom{6}{3}} \quad (x \leq 1;\, y \leq 2).$$ Damit ergibt sich:

y \ x	0	1	2	
0	$\frac{1}{20}$	$\frac{6}{20}$	$\frac{3}{20}$	$\frac{1}{2}$
1	$\frac{3}{20}$	$\frac{6}{20}$	$\frac{1}{20}$	$\frac{1}{2}$
	$\frac{1}{5}$	$\frac{3}{5}$	$\frac{1}{5}$	

$$P(X = 0) \cdot P(Y = 0) = \frac{1}{2} \cdot \frac{1}{5} = \frac{1}{10} \neq \frac{1}{20} = P(X = 0 \wedge Y = 0).$$

X und Y sind nicht unabhängig.

26.1 Insgesamt gibt es $\binom{5}{2} = 10$ gleichwahrscheinliche Ergebnisse. Die Zufallsgröße X nimmt den Wert 2 für (1; 2), den Wert 3 für (1; 3) und (2; 3), usw. an. Somit gilt die Verteilung

x	2	3	4	5
P(X = x)	0,1	0,2	0,3	0,4

.

$E(X) = 2 \cdot 0{,}1 + 3 \cdot 0{,}2 + 4 \cdot 0{,}3 + 5 \cdot 0{,}4 = 4.$

$\text{Var } X = (4-2)^2 \cdot 0{,}1 + (4-3)^2 \cdot 0{,}2 + (4-4)^2 \cdot 0{,}3 + (4-5)^2 \cdot 0{,}4 = 1.$

26.2 a) Mit der Abkürzung $p_i = P(X = x_i)$ gilt

$$\text{Var } X = \sum_i (x_i^2 - 2\mu x_i + \mu^2) p_i = \sum_i x_i^2 p_i - 2\mu \sum_i x_i p_i + \mu^2 \sum_i p_i.$$

$\sum_i x_i^2 p_i$ ist der Erwartungswert der Zufallsgröße X^2, also $E(X^2)$.

Wegen $\sum_i x_i p_i = E(X) = \mu$ ist der zweite Term $-2\mu^2$. Der dritte Term hat wegen

$\sum_i p_i = 1$ den Wert μ^2. Hiermit folgt die Behauptung: $\text{Var } X = E(X^2) - \mu^2$.

b) Der Einfachheit halber ist in der Tabelle $\binom{6}{2} \cdot P(X = x)$ statt $P(X = x)$ angegeben:

x	2	3	4	5	6
15 P(X = x)	1	2	3	4	5

.

Nach dieser Tabelle ergibt sich

$$\mu = E(X) = \frac{1}{15}(2 \cdot 1 + 3 \cdot 2 + 4 \cdot 3 + 5 \cdot 4 + 6 \cdot 5) = \frac{14}{3}.$$

$$\text{Var } X = \frac{1}{15}(2^2 \cdot 1 + 3^2 \cdot 2 + 4^2 \cdot 3 + 5^2 \cdot 4 + 6^2 \cdot 5) - \left(\frac{14}{3}\right)^2 = 1{,}556.$$

c) Die Formel ist vorteilhaft, wenn X ganzzahlige Werte annimmt, μ dagegen keine ganze Zahl ist.

26.3 a) Die Wahrscheinlichkeit für den Wurf einer 4 ist $\frac{1}{3}$; für eine 1 ist sie $\frac{2}{3}$. Die Zufallsgröße X bezeichne den Gewinn oder Verlust von B.

x	1	2	3	–4
P(X = x)	$\frac{1}{3}$	$\frac{2}{3} \cdot \frac{1}{3} = \frac{2}{9}$	$\left(\frac{2}{3}\right)^2 \cdot \frac{1}{3} = \frac{4}{27}$	$\frac{8}{27}$

,

$$E(X) = 1 \cdot \frac{1}{3} + 2 \cdot \frac{2}{9} + 3 \cdot \frac{4}{27} - 4 \cdot \frac{8}{27} = \frac{1}{27}.$$

B ist auf Dauer im Vorteil. Bei 100 Spielen ist der Erwartungswert $100 \cdot \frac{1}{27}$ DM $= 3{,}70$ DM.

b) Die Wahrscheinlichkeit ist Null, da der Gewinn nur ein ganzzahliger DM-Betrag sein kann.

26.4 a)

x	30	70	100
P(X = x)	0,5	0,35	0,15

,

$$E(X) = 30 \text{ DM} \cdot 0{,}5 + 70 \text{ DM} \cdot 0{,}35 + 100 \text{ DM} \cdot 0{,}15 = 54{,}50 \text{ DM}.$$

b) $\sigma = \sqrt{30^2 \cdot 0{,}5 + 70^2 \cdot 0{,}35 + 100^2 \cdot 0{,}15 - 54{,}5^2}$ DM $= 26{,}36$ DM.

c) Bei 96% der Geräte treten keine Reparaturen auf. Die Zufallsgröße Y bezieht sich auf alle Geräte:

y	0	30	70	100
P(Y = y)	0,96	0,02	0,014	0,006

,

$$E(Y) = 2{,}18 \text{ DM } \left(= \frac{1}{25} \cdot 54{,}50 \text{ DM}\right).$$

$$\sigma = \sqrt{30^2 \cdot 0{,}02 + 70^2 \cdot 0{,}014 + 100^2 \cdot 0{,}006 - 2{,}18^2} \text{ DM} = 11{,}91 \text{ DM}.$$

26.5 X_i sei die vom i-ten Würfel angezeigte Zahl. Dann gilt für alle i = 1, ..., 7:

$E(X_i) = \frac{1}{6}(1 + \ldots + 6) = 3{,}5$ und $\text{Var } X_i = \frac{1}{6}(1 + 4 + \ldots + 36) - 3{,}5^2 = 2{,}917$.

Da die X_i unabhängig sind, ergibt sich für die Augensumme

$X = \sum_{i=1}^{7} X_i$ der Erwartungswert

$E(X) = 7 \cdot 3{,}5 = 24{,}5$, die Varianz $\text{Var } X = 7 \cdot 2{,}917 = 20{,}42$

und die Streuung $\sigma = \sqrt{\text{Var } X} = 4{,}52$.

26.6 An der durch $P(X = x)$ und $P(Y = y)$ ergänzten Tabelle

x \ y	2	3	6	P(X = x)
2	$\frac{1}{3}$	$\frac{2}{9}$	$\frac{1}{9}$	$\frac{2}{3}$
5	$\frac{1}{6}$	$\frac{1}{9}$	$\frac{1}{18}$	$\frac{1}{3}$
P(Y = y)	$\frac{1}{2}$	$\frac{1}{3}$	$\frac{1}{6}$	1

erkennen Sie, daß X und Y unabhängig sind.

a) $E(X) = 3$, $E(Y) = 3$, $\text{Var } X = 2$, $\text{Var } Y = 2$,
$E(X + Y) = E(X) + E(Y) = 6$, $\text{Var }(X + Y) = \text{Var } X + \text{Var } Y = 4$.

b) $E(X \cdot Y) = E(X) \cdot E(Y) = 9$.
Achtung! Für $\text{Var }(X \cdot Y)$ gilt eine solche Formel nicht. Hier müssen Sie nach der Tabelle rechnen. Für $Z = X \cdot Y$ gilt

z	4	6	12	10	15	30
P(Z = z)	$\frac{1}{3}$	$\frac{2}{9}$	$\frac{1}{9}$	$\frac{1}{6}$	$\frac{1}{9}$	$\frac{1}{18}$

$\text{Var }(X \cdot Y) = (4-9)^2 \cdot \frac{1}{3} + (6-9)^2 \cdot \frac{2}{9} + \ldots + (30-9)^2 \cdot \frac{1}{18} = 40.$

26.7 Für die Sprünge von A und B gelten die Verteilungen

a	– 1	1
P(A = a)	0,35	0,65

und

b	0	– 1
P(B = b)	0,6	0,4

.

Die Erwartungswerte sind E(A) = 0,3 und E(B) = – 0,4.
Der Erwartungswert für den Abstand nach k Sekunden ist dann

$$k + \sum_{i=1}^{k} E(B) - \sum_{i=1}^{k} E(A) = k + k \cdot (-0{,}4) - k \cdot 0{,}3 = 0{,}3\,k.$$

26.8 Nach den Formeln über den Erwartungswert und die Varianz ergibt sich

$$E(\overline{X}) = E\left(\frac{1}{n}\sum_{i=1}^{n} X_i\right) = \frac{1}{n} E\left(\sum_{i=1}^{n} X_i\right) = \frac{1}{n}\sum_{i=1}^{n} E(X_i) = \frac{1}{n}\cdot n\,E(X_i) = E(X_i),$$

$$\operatorname{Var}\overline{X} = \operatorname{Var}\left(\frac{1}{n}\sum_{i=1}^{n} X_i\right) = \frac{1}{n^2}\operatorname{Var}\left(\sum_{i=1}^{n} X_i\right) = \frac{1}{n^2}\sum_{i=1}^{n}\operatorname{Var} X_i =$$

$$= \frac{1}{n^2}\cdot n \operatorname{Var} X_i = \frac{1}{n}\operatorname{Var} X_i.$$

Mit $\sigma(X_i) = \sqrt{\operatorname{Var} X_i}$ folgt $\sigma(\overline{X}) = \dfrac{\sigma(X_i)}{\sqrt{n}}$.

26.9 Ist Var X = 0, weil X nur einen Wert $\neq 0$ annehmen kann, und Var Y $\neq 0$, so weist X · Y eine Streuung auf, d.h. Var (X · Y) $\neq 0$, während Var X · Var Y = 0 ist.

26.10 Für die Berechnung der Wahrscheinlichkeiten gilt

$$P(k) = \frac{\binom{6}{k}\binom{9}{6-k}}{\binom{15}{6}}$$, wobei k die Anzahl der gezogenen roten Kugeln ist.

Damit ergibt sich die Verteilung

k	0	1	2	3	4	5	6
P(X = k)	0,017	0,151	0,378	0,336	0,108	0,011	0,000

.

a)

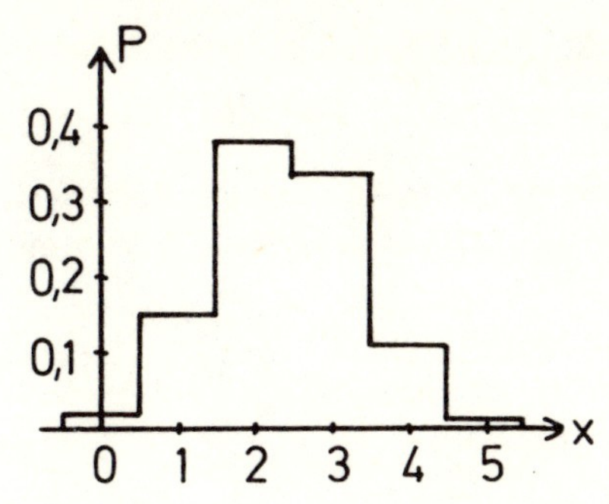

b) Mit $\mu = 2{,}4$ und $\sigma = 0{,}9621$ ergibt sich die Transformation $U = \dfrac{X - 2{,}4}{0{,}9621}$

und die standardisierte Verteilung

u	–2,49	–1,46	–0,42	0,62	1,66	2,70	3,74
P(U = u)	0,017	0,151	0,378	0,336	0,108	0,011	0
Histogramm-höhe	0,017	0,156	0,364	0,323	0,104	0,011	0

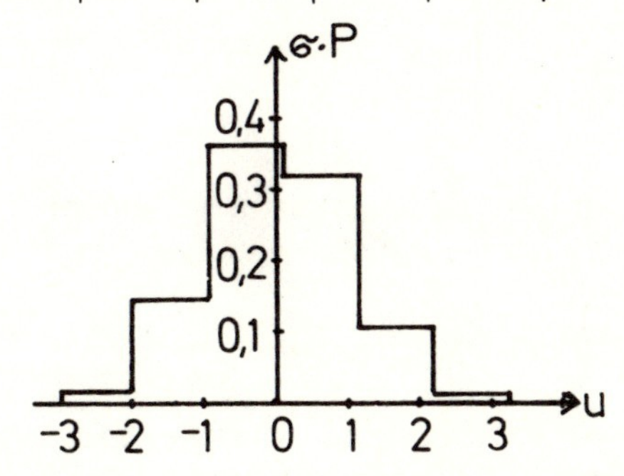

26.11 X sei der Gewinn.

x	0	5	50	200
P(X = x)	0,955	0,040	0,004	0,001

$\mu = 0{,}6,\ \sigma = \sqrt{50{,}64},\ U = \dfrac{X - 0{,}6}{\sqrt{50{,}64}}$.

Standardisierte Verteilung:

u	–0,084	0,618	6,942	28,02
P(U = u)	0,955	0,040	0,004	0,001

26.12 Für die Verteilung ist $\mu = 2{,}400$ und $\sigma = 0{,}9621$. Nach Tschebyschow ist

$P(|X - \mu| > 1{,}4) \leq P(|X - \mu| \geq 1{,}4) \leq \frac{0{,}9621^2}{1{,}4^2} = 0{,}47.$

$|X - 2{,}400| > 1{,}4$ ist für $X = 0, 4, 5$ und 6 erfüllt. Nach der Wahrscheinlichkeitstabelle bei den Lösungen zu 26.10 ist der genaue Wert somit $0{,}017 + 0{,}108 + 0{,}011 = 0{,}136$.

26.13 Nach Tschebyschow gilt

$P(|X - 17{,}8| < a) \geq 1 - \frac{1{,}3}{a^2} = 0{,}9$. Hieraus ergibt sich $a^2 = 13$, $a = 3{,}6$. Die Zufallsvariable X liegt also mit mindestens 90% Wahrscheinlichkeit im Intervall $14{,}2 \leq x \leq 21{,}4$.

26.14 a) A_i, B_i, C_i seien die Gewinne der Freunde in der i-ten Runde. Diese Zufallsgrößen sind gleichverteilt und unabhängig. Es gilt die Verteilung

a_i, b_i, c_i	9	3	$-r$
P	$\frac{1}{18}$	$\frac{1}{9}$	$\frac{5}{6}$

.

Damit nur eine Umverteilung stattfindet, muß der Erwartungswert Null sein. Wegen der Unabhängigkeit der Zufallsgrößen folgt

$9 \cdot \frac{1}{18} + 3 \cdot \frac{1}{9} - r \cdot \frac{5}{6} = 0, \; r = 1.$

b) Die Kasse macht vor dem siebten Wurf Pleite für folgende Zahlungen:
$9 + 9 + 9 + 9 + 9$, $3 + 9 + 9 + 9 + 9 + 9, \ldots, 9 + 9 + 9 + 9 + 3 + 9$,
$-1 + 9 + 9 + 9 + 9 + 9, \ldots, 9 + 9 + 9 + 9 - 1 + 9$.
Die Wahrscheinlichkeit für diese Fälle ist

$$\left(\frac{1}{18}\right)^5 + 5 \cdot \left(\frac{1}{18}\right)^5 \cdot \frac{1}{9} + 5 \cdot \left(\frac{1}{18}\right)^5 \cdot \frac{5}{6} = 3{,}03 \cdot 10^{-6}.$$

c) $A = \sum_{i=1}^{n} A_i$ ist der Gewinn eines Spielers in n Runden. Der Erwartungswert ist

$E(A) = 0$. Mit $\text{Var } A_i = 81 \cdot \frac{1}{18} + 9 \cdot \frac{1}{9} + 1 \cdot \frac{5}{6} = \frac{19}{3}$ folgt $\text{Var } A = n \cdot \frac{19}{3}$.
Die Bedingung $P(|A| \leq n \cdot 0{,}5) \geq 0{,}9$ ist nach der Tschebyschowschen Ungleichung

$P(|X - \mu| < a) \geq 1 - \frac{\text{Var } X}{a^2}$ erfüllt, wenn $1 - \frac{\text{Var } X}{a^2} = 1 - \frac{n \cdot \frac{19}{3}}{(n \cdot 0{,}5)^2} \geq 0{,}9$
gilt. Hieraus folgt $n \geq 253{,}3$, also $n = 254$.

26.15 Die Zufallsgröße X_i bezeichne die Reparaturkosten für den i-ten Wartungsvertrag. Mit $X = \Sigma X_i$ ist $\overline{X} = \frac{1}{n} \sum_{i=1}^{n} X_i = \frac{X}{n}$ das arithmetische Mittel für die anfallenden Kosten. Es soll gelten $P(|\frac{X}{n} - 7{,}2| < 3) = P(|X - 7{,}2n| < 3n) \geq 0{,}9$. Mit der Tschebyschowschen Ungleichung ergibt sich die Abschätzung

$1 - \frac{\text{Var } X}{(3n)^2} \geq 0{,}9$ oder $\frac{\text{Var } X}{(3n)^2} \leq 0{,}1$. Da die X_i gleichverteilt und unabhängig sind, ist $\text{Var } X = \text{Var } (\Sigma X_i) = n\,\sigma^2$ mit $\sigma = 15$. Hiermit folgt $\frac{n \cdot 15^2}{9\,n^2} \leq 0{,}1,\ n \geq 250$.

26.16 Mit $\mu = 0$ und $\sigma = 1$ ergibt sich die Tschebyschowsche Ungleichung in der Form

$P(|U| \geq a) \leq \frac{1}{a^2}$ bzw. $P(|U| < a) \geq 1 - \frac{1}{a^2}$.

27.1 Es ist $p = \frac{15}{20} = 0{,}75$, $n = 3$. Nach der Tabelle für $B(3; 0{,}75; k) = B(3; 0{,}25; 3-k)$ ergibt sich:

k	0	1	2	3
B(3; 0,75; k)	0,0156	0,1406	0,4219	0,4219

27.2 Gesucht ist $B(15; \frac{4}{37}; 3)$. Hierzu finden sie keinen Tabellenwert. Die direkte Berechnung ergibt

$$B\left(15; \frac{4}{37}; 3\right) = \binom{15}{3} \cdot \left(\frac{4}{37}\right)^3 \cdot \left(\frac{33}{37}\right)^{12} = 0{,}1457.$$

27.3 Für die Ereignisse

A: „eine Packung stammt von Maschine A“,
B: „eine Packung stammt von Maschine B“,
C: „eine Packung enthält vier Ausschußstücke“

gilt: $P(A) = \frac{180}{480} = \frac{3}{8}$; $P(B) = \frac{5}{8}$; $P_A(C) = B(20; 0{,}2; 4) = 0{,}2182$

und $P_B(C) = B(20; 0{,}1; 4) = 0{,}0898$.

Nach der Formel von Bayes ist

$$P_C(A) = \frac{P_A(C) \cdot P(A)}{P_A(C) \cdot P(A) + P_B(C) \cdot P(B)} = \frac{0{,}2182 \cdot \frac{3}{8}}{0{,}2182 \cdot \frac{3}{8} + 0{,}0898 \cdot \frac{5}{8}} = 0{,}593.$$

Die Wahrscheinlichkeit ist 59%.

27.4 Mit p = 0,25 ergibt sich die Bedingung B(50; 0,25; k) = 0,026. Aus der Tabelle lesen sie ab B(50; 0,25; 18) = 0,0264 und B(50; 0,25; 7) = 0,0259. Alle anderen Werte weichen stark von 0,026 ab. Also gilt k = 7 oder k = 18.

27.5 a) $P(X = k) = \frac{\binom{5}{k}\binom{15}{2-k}}{\binom{20}{2}}$;

k	0	1	2
P(X = k)	0,5526	0,3947	0,0526

.

Der Erwartungswert ist $\mu = 1 \cdot 0{,}3947 + 2 \cdot 0{,}0536 = 0{,}5000$.

b)

k	0	1	2
$B(2; \frac{1}{4}; k)$	0,5625	0,3750	0,0625

;

$\bar{\mu} = 1 \cdot 0{,}3750 + 2 \cdot 0{,}0625 = 0{,}5000$.

Trotz unterschiedlicher Einzelwerte würde sich nichts ändern.

27.6 a) $\frac{\binom{3}{2}\binom{7}{1}}{\binom{10}{3}} = 0{,}1750$; b) $\frac{\binom{30}{2}\binom{70}{1}}{\binom{100}{3}} = 0{,}1883$;

c) $\frac{\binom{300}{2} \cdot \binom{700}{1}}{\binom{1000}{3}} = 0{,}1889$; d) $B(3; 0{,}3; 2) = 0{,}1890$.

27.7 a) $P(X \leq 24) = \sum_{i=0}^{24} B(100; 0{,}35; i) = 0{,}0121$.

b) $P(X \geq 24) = 1 - P(X < 24) = 1 - \sum_{i=0}^{23} B(100; 0{,}35; i) = 1 - 0{,}0066 = 0{,}9934$.

27.8 Mit $B(n; p; i) = B(n; 1-p; n-i)$ ist

$$\sum_{i=0}^{k} B(n; p; i) = \sum_{i=0}^{k} B(n; 1-p; n-i) = 1 - \sum_{i=k+1}^{n} B(n; 1-p; n-i).$$

Setzt man n–i = j, so werden die neuen Summationsgrenzen j = n– (k + 1) = n–k–1 und j = n–n = 0. Damit ist

$$\sum_{i=0}^{k} B(n; p; i) = 1 - \sum_{j=0}^{n-k-1} B(n; 1-p; j).$$

Ersetzt man rechts j wieder durch i, so hat man die Formel.

27.9 Die Wahrscheinlichkeit für eine Beanstandung ist p = 0,1.

a) $P(X > 20) = 1 - P(X \leq 20) = 1 - \sum_{i=0}^{20} B(200; 0{,}1; i) = 1 - 0{,}5592 = 0{,}4408.$

b) Es ist der größte Wert von k gesucht, für den

$\sum_{i=0}^{k} B(200; 0{,}1; i) \leq 0{,}95$ gilt.

Für k = 26 ist die Summe 0,9328, für k = 27 ist sie 0,9566. Er wird mit einer Wahrscheinlichkeit von bis zu 95% höchstens 26 Reklamationen erhalten.

27.10 Die Wahrscheinlichkeit für eine 1 ist p = 0,25. Aus $n \cdot 0{,}25 = 50$ folgt n = 200.
$\text{Var } X = n \cdot p \cdot q = 200 \cdot 0{,}25 \cdot 0{,}75 = 37{,}5$.
Die Streuung ist $\sqrt{37{,}5} = 6{,}12$.

$$P(X > 50) = 1 - P(X \leq 50) = 1 - \sum_{i=0}^{50} B(200; 0{,}25; i) = 1 - 0{,}5379 = 0{,}4621.$$

27.11 Sie finden den Wert durch Differenzieren von

$\text{Var } X = n \cdot p \cdot q = n \cdot p \cdot (1-p)$ nach p:

$$\frac{d \text{ Var } X}{dp} = n(1-2p) = 0 \Rightarrow p = \frac{1}{2}.$$

27.12 a) $\mu = 3{,}2$; $\sigma = \sqrt{3{,}2 \cdot 0{,}6} = 1{,}39$; $U = \frac{X-3{,}2}{1{,}39}$.

k	0	1	2	3	4	5	6	7	8
P(X = k)	0,017	0,090	0,209	0,279	0,232	0,124	0,041	0,008	0,001
u	–2,31	–1,59	–0,87	–0,14	0,58	1,30	2,02	2,74	3,46
σ·P(X=k)	0,023	0,124	0,290	0,386	0,322	0,172	0,057	0,011	0,001

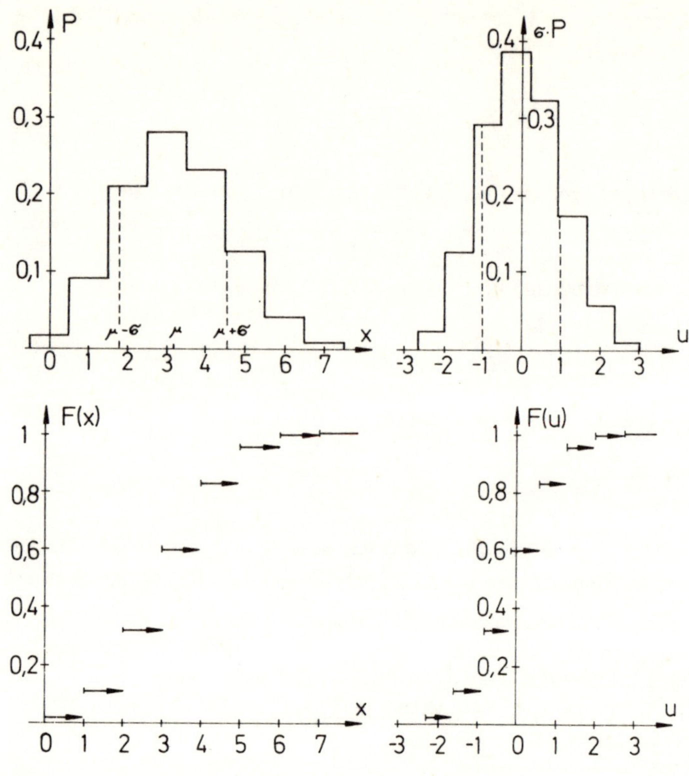

b) $P(\mu - \sigma \leq k \leq \mu + \sigma) = P(1{,}81 \leq k \leq 4{,}59) = \sum_{i=2}^{4} B(8; 0{,}4; k) = 0{,}720.$

27.13 Beide Spieler hatten Pech; denn ihre Trefferzahlen lagen unter den Erwartungswerten. Um zu entscheiden, wer mehr Pech hatte, vergleichen Sie die Abweichungen vom Erwartungswert in der standardisierten Form. Aus $\mu_1 = 1{,}8$ und $\sigma_1 = 1{,}2$ folgt $U_1 = \frac{X_1 - 1{,}8}{1{,}2}$.

Für $x_1 = 1$ ergibt sich $u_1 = \frac{1 - 1{,}8}{1{,}2} = -\frac{2}{3}$.

Aus $\mu_2 = 3$ und $\sigma_2 = 1{,}5$ folgt $U_2 = \frac{X_2 - 3}{1{,}5}$.

Für $x_2 = 2$ ergibt sich $u_2 = \frac{2 - 3}{1{,}5} = -\frac{2}{3}$.

Beide Spieler hatten gleich großes Pech.

27.14 a) $\boxed{P(|X - np| \geq a) \leq \frac{npq}{a^2}}$, b) $\boxed{P(|h_n - p| \geq \epsilon) \leq \frac{pq}{n \cdot \epsilon^2}}$.

27.15 $P(|h_n - p| > \epsilon) \leq P(|h_n - p| \geq \epsilon) \leq \frac{pq}{n\epsilon^2} = \frac{\frac{1}{6} \cdot \frac{5}{6}}{3000 \cdot 0{,}02^2} = 0{,}116$

oder 11,6%.

27.16 $\mu = 500 \cdot 0{,}01 = 5, \sigma^2 = 5 \cdot 0{,}99 = 4{,}95.$

$P(0 \leq X \leq 10) = P(|X - 5| \leq 5) \geq 1 - \frac{4{,}95}{25} = 0{,}802.$

Die Wahrscheinlichkeit ist also mindestens 80%.

27.17 $\mu = 600, \sigma^2 = 420.$ Aus $P(|X - 600| < a) \geq 1 - \frac{420}{a^2} = 0{,}95$ folgt

$a = 91{,}7$ und damit $|X - 600| < 92$ oder $508 < X < 692.$

27.18 a) In einer Bernoulli-Kette mit der Wahrscheinlichkeit p strebt die Wahrscheinlichkeit, daß sich die relative Häufigkeit um weniger als ϵ von p unterscheidet, mit wachsender Kettenlänge gegen 1. Dabei ist ϵ eine beliebig kleine positive Zahl.

$$\boxed{\lim_{n\to\infty} P(|h_n - p| < \epsilon) = 1.}$$

b) Nach der Tschebyschowschen Ungleichung ist

$$\lim_{n\to\infty} P(|h_n - p| < \epsilon) \geq \lim_{n\to\infty} \left(1 - \frac{pq}{n\epsilon^2}\right) = 1.$$

Da eine Wahrscheinlichkeit höchstens gleich 1 sein kann, gilt das Gleichheitszeichen.

27.19 a) Die Wahrscheinlichkeit für eine Serie von drei Gewinnlosen ist $p = 0{,}3^3 = 0{,}027.$ Die Wahrscheinlichkeit, keine Gewinnserie zu ziehen, soll unter 0,5 liegen: $B(n; 0{,}027; 0) = 0{,}973^n < 0{,}5.$

$$n > \frac{\log 0{,}5}{\log 0{,}973} = 25{,}3, \quad n = 26.$$

b) $B(n; 0{,}027; 0) \approx \frac{(n \cdot 0{,}027)^0}{0!} e^{-0{,}027n} = e^{-0{,}027n} < 0{,}5;$

$$n > \frac{\ln 0{,}5}{-0{,}027} = 25{,}7, \quad n = 26.$$

27.20 Der Erwartungswert ist $\mu = 6$.

a) $P(X = 8) = \frac{6^8}{8!} e^{-6} = 0{,}103$ oder 10,3%.

b) $P(X > 6) = 1 - P(X \leq 6) = 1 - \sum_{i=0}^{6} P_6(i) = 1 - 0{,}606 = 0{,}394$ oder 39,4%.

27.21 a) Die Poisson-Näherung ergibt sich, wenn man in $B(n; p; k)$ bei konstantem Erwartungswert $\mu = n\,p$ den Grenzwert für n gegen ∞ bildet.

b) Strebt in $\mu = n\,p$ die Kettenlänge n gegen ∞, so strebt p gegen Null und damit $\text{Var}\,X = n\,p\,q = \mu\,(1 - p)$ gegen μ.

27.22 a) $p = \frac{1}{365}$, $n = 1000$, $\mu = 2{,}74$.

Der Wert $\mu = 2{,}74$ steht nicht in der Tafel. Sie müssen daher die Formel für die Poissonnäherung anwenden:

$$P(k > 5) = 1 - P(k \leq 5) =$$
$$= 1 - [P(k = 0) + P(k = 1) + P(k = 2) + P(k = 3) + P(k = 4) + P(k = 5)] =$$
$$= 1 - e^{-2,74}\left[1 + 2{,}74 + \frac{2{,}74^2}{2} + \frac{2{,}74^3}{6} + \frac{2{,}74^4}{24} + \frac{2{,}74^5}{120}\right] = 0{,}060.$$

b) Bei 1000 Personen ist zu erwarten, daß an $0{,}060 \cdot 365 \approx 22$ Tagen des Jahres jeweils mehr als fünf Geburtstag haben.

27.23 Hier ist $p = \frac{1}{\binom{49}{6}} = 7{,}15 \cdot 10^{-8}$ und $\mu = 4 \cdot 10^6 \cdot p = 0{,}286$.

Für $\mu = 0{,}286$ finden Sie keine Tabellenwerte; Sie müssen deshalb mit der Formel für die Poisson-Näherung rechnen:

$$P(X > 2) = 1 - P(X \leq 2) = 1 - e^{-\mu}\left(\frac{\mu^0}{0!} + \frac{\mu^1}{1!} + \frac{\mu^2}{2!}\right) = 0{,}00315.$$

Die Wahrscheinlichkeit ist rund 0,3%.

27.24 Der Erwartungswert für die Anzahl der gleichzeitigen Gespräche ist $\mu = \frac{1200}{480} = 2{,}5$.

In der Tabelle für $\sum_{i=0}^{k} P_{2,5}(i)$ finden Sie für $k = 4$ erstmals eine Wahrscheinlichkeit, die über 85% liegt. Also liegt die Wahrscheinlichkeit, daß mehr als 4 Gespräche gleichzeitig kommen, unter 15%. Es müssen mindestens vier Apparate installiert werden.

27.25 $\mu = 3{,}2$, $\sigma = 1{,}39$, $U = \dfrac{X - 3{,}2}{1{,}39}$. Wertetabelle siehe Lösungen 27.12.

a), b)

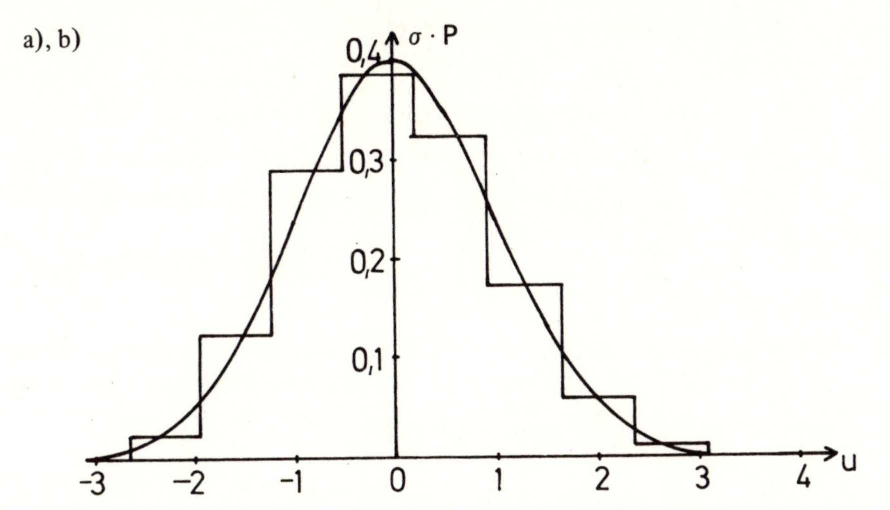

c) Die Gaußsche Kurve ist symmetrisch zur Achse u = 0. Sie nähert sich für $u \to \pm\infty$ asymptotisch der u-Achse und schließt mit der u-Achse eine Fläche vom Inhalt 1 ein. Bei $u = \pm 1$ hat sie Wendepunkte.

d) Die Gaußsche Funktion entsteht aus der standardisierten Binomialverteilung durch den Grenzübergang $n \to \infty$ bei konstantem p.

27.26 $\mu = 350$, $\sigma = \sqrt{350 \cdot 0{,}3} = 10{,}25$, $\dfrac{k - \mu}{\sigma} = \dfrac{320 - 350}{10{,}25} = -2{,}93.$

$$B(500; 0{,}7; 320) = \frac{1}{10{,}25}\,\varphi(-2{,}93) = \frac{1}{10{,}25\sqrt{2\pi}}\,e^{-\frac{1}{2}(-2{,}93)^2} = 5{,}36 \cdot 10^{-4}.$$

27.27 a) $n = 300$, $p = 0{,}2$, $\mu = 60$, $\sigma = \sqrt{48}$, $k = 300 \cdot \dfrac{1}{6} = 50,$

$$\frac{k - \mu}{\sigma} = \frac{50 - 60}{\sqrt{48}} = -1{,}443.$$

$$B(300; 0{,}2; 50) \approx \frac{1}{\sqrt{48}}\,\varphi(-1{,}443) = 0{,}0203.$$

b) $n = 300$, $p = \dfrac{1}{6}$, $\mu = 50$, $\sigma = \sqrt{50 \cdot \dfrac{5}{6}} = 6{,}45$, $k = 60,$

$$\frac{k - \mu}{\sigma} = \frac{60 - 50}{6{,}45} = 1{,}549.$$

$$B(300; \frac{1}{6}; 60) \approx \frac{1}{6{,}45} \varphi(1{,}549) = 0{,}0186.$$

Die Wahrscheinlichkeiten sind verschieden.

27.28 a) $P(U \leq -1) = \Phi(-1) = 1 - \Phi(1) = 1 - 0{,}8413 = 0{,}1587.$

b) $P(|U| \leq u) = P(-u \leq U \leq u) = P(U \leq u) - P(U < -u) = \Phi(u) - \Phi(-u)$

$= \Phi(u) - (1 - \Phi(u)) = 2\,\Phi(u) - 1.$

$P(|U| \geq u) = 1 - P(|U| < u) = 1 - (2\,\Phi(u) - 1) = 2\,(1 - \Phi(u)).$

27.29 Die Wahrscheinlichkeit $P(a \leq X \leq b)$ wird im Histogramm der Binomialverteilung durch die Fläche mit den Grenzen $a - 0{,}5$ und $b + 0{,}5$ dargestellt. Durch die Standardisierung $U = \frac{X - \mu}{\sigma}$ werden daraus die Grenzen $\frac{a - 0{,}5 - \mu}{\sigma}$ und $\frac{b + 0{,}5 - \mu}{\sigma}$, die auch für die Näherung durch die Gaußsche Kurve gelten. Bei der Näherungsformel $P(a \leq X \leq b) \approx \Phi(\frac{b - \mu}{\sigma}) - \Phi(\frac{a - \mu}{\sigma})$ werden die schraffierten Rechtecke nicht berücksichtigt.

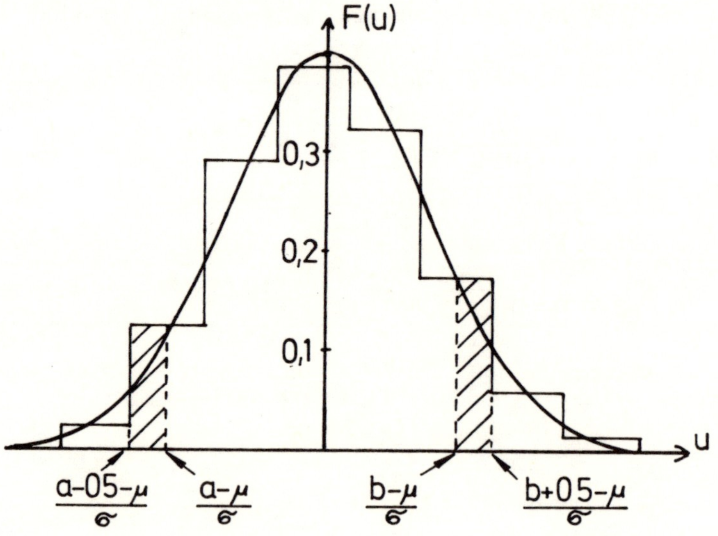

27.30 a) $\mu = 160, \ \sigma = \sqrt{32}, \ \frac{k - \mu}{\sigma} = -1{,}237.$

$$B(200; 0{,}8; 153) \approx \frac{1}{\sqrt{32 \cdot 2\pi}} e^{-\frac{1}{2}(-1{,}237)^2} = 0{,}03280.$$

b) $B(200; 0,8; 153) \approx \Phi\left(\frac{153 - 160 + 0,5}{\sqrt{32}}\right) - \Phi\left(\frac{153 - 160 - 0,5}{\sqrt{32}}\right)$

$= \Phi(-1,149) - \Phi(-1,326) = 1 - 0,87473 - (1 - 0,90755) = 0,03281.$

c) $B(200; 0,8; 153) = 0,03281.$

27.31 $\mu = 250, \sigma = \sqrt{208,3}$,

a) $P(|X - 250| < a) \geq 1 - \frac{208,3}{a^2} = 0,95, \; a = 64,5.$

Die Abschätzung ergibt $185 < X < 315$.

b) $P(|U| < b) \approx 2\,\Phi(b) - 1 = 0,95, \; \Phi(b) = 0,975, \; b = 1,960.$

Aus $\frac{X - 250}{\sqrt{208,3}} = U$ folgt mit $|U| < b = 1,960$

$|X - 250| < 1,960 \cdot \sqrt{208,3} = 28,3.$

Die Anzahl der Sechsen liegt zwischen 221 und 279.

27.32 a) Die Einnahmen betragen bei 50 Spielen 50 DM. Der Betreiber hat einen Verlust, wenn mindestens 11 Gewinne auftreten.

$P(X \geq 11) = 1 - P(X \leq 10) = 1 - \sum_{i=0}^{10} B(50; 0,15; i) = 1 - 0,880 = 0,120.$

Die Wahrscheinlichkeit ist 12%.

b) Der Betreiber erleidet einen Verlust, wenn die relative Häufigkeit $\frac{X}{n}$ für einen Gewinn bei n Spielen über 0,2 liegt. Es muß also

$P(\frac{X}{n} > 0,2) = P(X > 0,2\,n) = 1 - P(X \leq 0,2\,n) < 0,01$ gelten.

Es liegt eine Bernoulli-Kette der Länge n mit $p = 0,15$ vor.

Damit folgt $\sum_{i=0}^{0,2n} B(n; 0,15; i) > 0,99.$

Mit $\mu = 0,15\,n$ und $\sigma = \sqrt{0,15n \cdot 0,85}$ ergibt die integrale Näherungsformel die Bedingung

$\Phi\left(\frac{0,2n - 0,15n + 0,5}{\sqrt{0,15n \cdot 0,85}}\right) > 0,99.$

Diese Bedingung ist erfüllt, wenn das Argument von Φ mindestens 2,326 ist. Damit wird $\frac{0,05n + 0,5}{\sqrt{0,15 \cdot 0,85} \cdot \sqrt{n}} \geq 2,326,$

$$n - 16{,}61\sqrt{n} + 10 \geq 0,$$
$$n \geq 255{,}6.$$

Das Glücksrad muß mindestens 256 mal betrieben werden.

27.33 Alle Versuche einer Bernoulli-Kette sind unabhängig und haben dieselbe Streuung. Deshalb ist der zentrale Grenzwertsatz anwendbar.

27.34 Die Wahrscheinlichkeiten erhalten Sie aus der Standardnormalverteilung. Mit dieser ergibt sich

a) $P(|X - \mu| \leq \sigma) = P(|U| \leq 1) = 2\,\Phi(1) - 1 = 2 \cdot 0{,}84134 - 1 = 0{,}6827$ oder 68,27%.

b) $P(|U| \leq 2) = 2\,\Phi(2) - 1 = 2 \cdot 0{,}97725 - 1 = 0{,}9545$ oder 95,45%.

27.35 Nach 27.34 gilt:

a) $P(|X - \mu| \leq \sigma) \approx 68{,}27\%$. Die Wahrscheinlichkeit für die Abweichung um mehr als 2% ist 31,73%.

b) $P(|X - \mu| \leq 2\sigma) \approx 95{,}45\%$. Die gesuchte Wahrscheinlichkeit ist 4,55%.

27.36 a) Da das Füllgewicht innerhalb eines gewissen Bereiches jeden Wert annehmen kann, liegt eine kontinuierliche Verteilung vor. Mit

$$\mu = 1, \quad \sigma = 0{,}01 \quad \text{und} \quad U = \frac{X - \mu}{\sigma} = \frac{X - 1}{0{,}01}$$

ergibt sich:

$$P(|X - \mu| < 0{,}01) = P\left(\frac{|X - \mu|}{\sigma} < \frac{0{,}01}{\sigma}\right) = P(|U| < 1) =$$

$$2\,\Phi(1) - 1 = 2 \cdot 0{,}8413 - 1 = 0{,}683 = 68{,}3\%.$$

b) $P(X - \mu \leq -0{,}005) = P(U \leq -0{,}5) = \Phi(-0{,}5) = 1 - \Phi(0{,}5) =$
$1 - 0{,}6915 = 0{,}3085 = 30{,}9\%.$

Von 30,9% = 1543 Dosen ist zu erwarten, daß das Füllgewicht um mindestens 5 g zu gering ist.

28.1 a) Fehler 1. Art: $\alpha = P_0(X \in \bar{A}) = 1 - P_0(X \in A) = 1 - \sum_{i=0}^{11} B(50; 0{,}15; i)$

$= 1 - 0{,}9372 = 0{,}0628.$

Fehler 2. Art: $\beta = P_1(X \in A) = \sum_{i=0}^{11} B(50; 0{,}30; i) = 0{,}1390.$

b) Die Wahrscheinlichkeit für den Fehler 1. Art wird größer, für den 2. Art kleiner.

$\alpha' = 1 - \sum_{i=0}^{9} B(50; 0{,}15; i) = 1 - 0{,}7911 = 0{,}2089.$

$\beta' = \sum_{i=0}^{9} B(50; 0{,}30; i) = 0{,}0402.$

28.2 Nullhypothese: Die Behauptung des Betreibers stimmt, $p_0 = 0{,}25$.
Alternative: $p_1 = 0{,}15$. Annahmebereich: $A = \{21, ..., 100\}$.

a) Der Kunde bekommt zu unrecht recht, wenn die Nullhypothese verworfen wird, obwohl sie zutrifft (Fehler 1. Art).

$\alpha = \sum_{i=0}^{20} B(100; 0{,}25; i) = 0{,}1488.$

b) Fehler 2. Art: $\beta = \sum_{i=21}^{100} B(100; 0{,}15; i) = 1 - \sum_{i=0}^{20} B(100; 0{,}15; i)$

$= 1 - 0{,}9337 = 0{,}0663.$

28.3 Nullhypothese $p_0 = 0{,}5$, Alternative $p_1 = 0{,}35$.

Fehler 1. Art: $\mu = 80$, $\sigma = \sqrt{40}$.

$\alpha = \sum_{i=0}^{67} B(160; 0{,}5; i) \approx \Phi\left(\frac{67 - 80 + 0{,}5}{\sqrt{40}}\right) = \Phi(-1{,}98)$

$= 1 - \Phi(1{,}98) = 1 - 0{,}976 = 0{,}024.$

Fehler 2. Art: $\mu = 56$, $\sigma = \sqrt{36{,}4}$.

$\beta = \sum_{i=68}^{160} B(160; 0{,}35; i) \approx 1 - \Phi\left(\frac{67 - 56 + 0{,}5}{\sqrt{36{,}4}}\right) = 1 - \Phi(1{,}91)$

$= 1 - 0{,}972 = 0{,}028.$

Die Wahrscheinlichkeit für den Fehler 2. Art ist größer, also ist B benachteiligt.

28.4 a) 

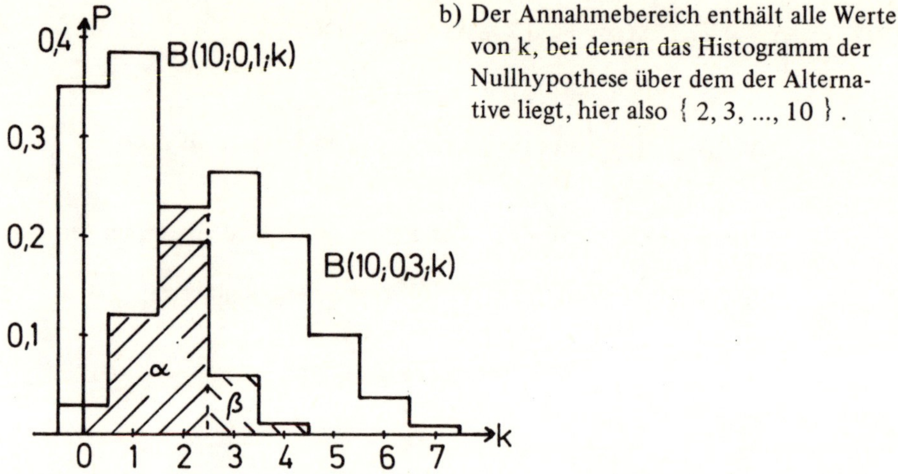

b) Der Annahmebereich enthält alle Werte von k, bei denen das Histogramm der Nullhypothese über dem der Alternative liegt, hier also $\{2, 3, ..., 10\}$.

c)

A	α	β	$\alpha + \beta$
3, ..., 20	0,0355	0,3231	0,3586
4, ..., 20	0,1071	0,1329	0,2400
5, ..., 20	0,2375	0,0432	0,2807

Durch den Annahmebereich $\{4, ..., 20\}$ und nur durch diesen wird die Summe der Fehlerwahrscheinlichkeiten unter 0,25 gedrückt.

28.5 a) Unter den Annahmebereichen, für die die Wahrscheinlichkeit des Fehlers 1. Art unter 5% liegt, ist der kleinste zu bestimmen. Nach der Tabelle ist

$$\sum_{i=k+1}^{50} B(50; 0{,}2; i) = 1 - \sum_{i=0}^{k} B(50; 0{,}2; i) < 0{,}05 \text{ für } k \geq 15 \text{ erfüllt. Also ist}$$

$\{0, ..., 15\}$ der gesuchte Annahmebereich.

b) Zu dem Annahmebereich $A = \{0, ..., k\}$ der Nullhypothese ermitteln Sie α, β und $4\alpha + \beta$ für verschiedene Werte von k:

k	α	β	$4\alpha + \beta$
15	0,0308	0,0033	0,1265
16	0,0144	0,0077	0,0654
17	0,0063	0,0164	0,0415
18	0,0025	0,0325	0,0425
19	0,0009	0,0595	0,0632

Aus der Tabelle erkennt man, daß $4\alpha + \beta$ für den Annahmebereich $\{0, ..., 17\}$ minimal wird.

28.6 Sie bestimmen $p \to P(X \in A) = \sum_{i=0}^{30} B(50; p; i)$:

p	0,1	0,2	0,3	0,4	0,5	0,6	0,7	0,8	0,9
P(X ∈ A)	1,0	1,0	1,0	0,999	0,941	0,554	0,085	0,001	0,000

Die Sicherheitswahrscheinlichkeit für die Nullhypothese ist 0,941.

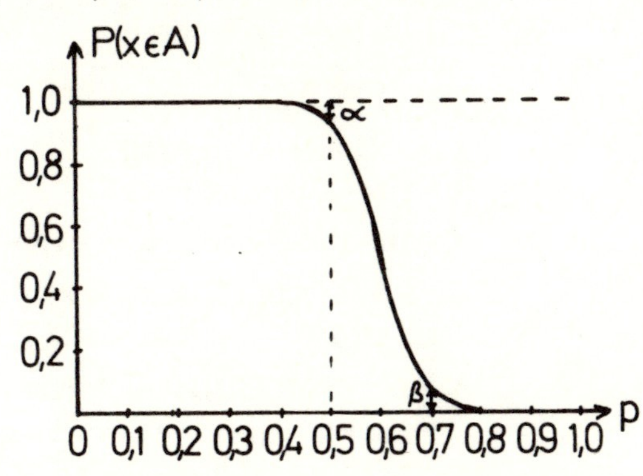

28.7 $p \to P(X \in A) = \sum_{i=0}^{27} B(100; p; i) - \sum_{i=0}^{14} B(100; p; i)$.

p	0,10	0,15	0,20	0,25	0,30	0,35	0,40
P(X ∈ A)	0,073	0,542	0,885	0,717	0,296	0,056	0,005

Die Sicherheitswahrscheinlichkeit ist für $p \approx 0{,}21$ am größten.

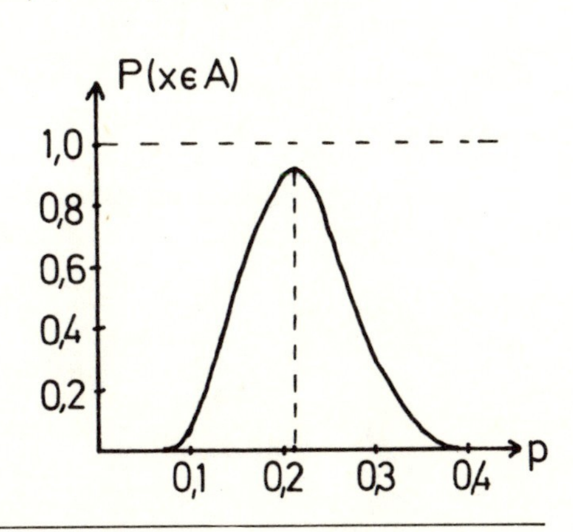

28.8 Die Irrtumswahrscheinlichkeit ist die Wahrscheinlichkeit, die Hypothese p = 0,6 abzulehnen, obwohl sie wahr ist (Fehler 1. Art). Sie ist

$$\alpha = P(X \leq 55) = \sum_{i=0}^{55} B(100; 0{,}6; i) = 1 - \sum_{i=0}^{44} B(100; 0{,}4; i) = 1 - 0{,}821 \approx 18\%.$$

28.9 a) Für die Poissonverteilung brauchen Sie den Erwartungswert für die Zahl X der Zwillingsgeburten; er ist

$$\mu = E(X) = \frac{1}{85} \cdot 1324 = 15{,}58.$$

Auszug aus der Tafel der kumulierten Poissonverteilung:

	$\mu = 15$	$\mu = 16$
k = 21	0,9469	0,9108
k = 22	0,9673	0,9418
k = 23	0,9805	0,9633

Die Annahmebereiche wären also

für $\mu = 15$ $A = \{0, 1, 2, ..., 22\}$,
für $\mu = 16$ $A' = \{0, 1, 2, ..., 23\}$,

Für $\mu = 15{,}58$ erhält man A oder A′. Der beobachtete Wert von 20 Zwillingsgeburten liegt in jedem Fall im Annahmebereich der Nullhypothese. Die Abweichung vom langjährigen Mittel ist also nicht signifikant.

b) Für die Normalverteilung brauchen Sie außer μ noch die Standardabweichung

$$\sigma = \sqrt{n \cdot p \cdot (1-p)} = \sqrt{1324 \cdot \frac{1}{85} \cdot \frac{84}{85}} = 3{,}923.$$

$$P(X \leq k) \approx \phi\left(\frac{k + 0{,}5 - \mu}{\sigma}\right) \geq 0{,}95,$$

$$\frac{k + 0{,}5 - \mu}{\sigma} \geq 1{,}645,$$

$$k \geq 21{,}53.$$

Also wird der Annahmebereich $A = \{0, 1, 2, ..., 22\}$ und die Abweichung ist wieder nicht signifikant.

28.10 Der Annahmebereich hat die Form $\{k, ..., 500\}$. Mit $\mu = 150$ und $\sigma = \sqrt{105} = 10{,}25$ ergibt sich die Bedingung

$$\Phi\left(\frac{k - 1 - 150 + 0{,}5}{10{,}25}\right) \leq 0{,}05 \text{ oder } \Phi\left(\frac{150{,}5 - k}{10{,}25}\right) \geq 0{,}95.$$

Der Tabelle der Standardnormalverteilung entnehmen Sie $\frac{150{,}5 - k}{10{,}25} \geq 1{,}645$.

Hieraus ergibt sich $k \leq 133{,}6$.

Also ist $A = \{133, ..., 500\}$.
Da die Alternative $p < 0{,}3$ ist und damit beliebig nahe der Nullhypothese liegt, ist die Wahrscheinlichkeit für den Fehler 2. Art gleich der Sicherheitswahrscheinlichkeit der Nullhypothese. Diese ist $\Phi\left(\frac{150{,}5 - 133}{10{,}25}\right) = \Phi(1{,}708) = 0{,}956$.

28.11 Der Annahmebereich ist $A = \{404, ..., 449\}$. Mit $\mu = 432$ und $\sigma = \sqrt{108} = 10{,}39$ wird die Sicherheitswahrscheinlichkeit

$$\Phi\left(\frac{449 - 432 + 0{,}5}{10{,}39}\right) - \Phi\left(\frac{404 - 432 - 0{,}5}{10{,}39}\right) = \Phi(1{,}684) - \Phi(-2{,}742) = 0{,}951.$$

Das Signifikanzniveau ist dann 0,049 und liegt damit unter 5%.

28.12 a) $P(\mu - k \leq X \leq \mu + k) = 2\Phi\left(\frac{k + 0{,}5}{\sigma}\right) - 1 \geq 0{,}95,$

$$\Phi\left(\frac{k + 0{,}5}{\sigma}\right) \geq 0{,}975, \quad \frac{k + 0{,}5}{\sigma} \geq 1{,}96.$$

Mit $\mu = 600$ und $\sigma = \sqrt{540} = 23{,}2$ ergibt sich dann $k \geq 45{,}05$ und damit $A = \{554, ..., 646\}$.

b) Je kleiner der Annahmebereich ist, um so kleiner wird die Sicherheitswahrscheinlichkeit und umgekehrt.

Aus $\Phi\left(\frac{k + 0{,}5}{\sigma}\right) \geq 0{,}95$ ergibt sich $\frac{k + 0{,}5}{\sigma} \geq 1{,}645$, $k \geq 37{,}7$.

Der Annahmebereich ist jetzt $\{562, ..., 638\}$.

c) Will man sicher sein, daß der Generator einwandfrei arbeitet, wird man die Nullhypothese nur dann annehmen, wenn das Testergebnis nahe dem Erwartungswert liegt, d.h. man wird den Annahmebereich klein wählen. Kleiner Annahmebereich bedeutet kleine Sicherheitswahrscheinlichkeit. Also wird man eine kleine Sicherheitswahrscheinlichkeit fordern.

28.13 a)

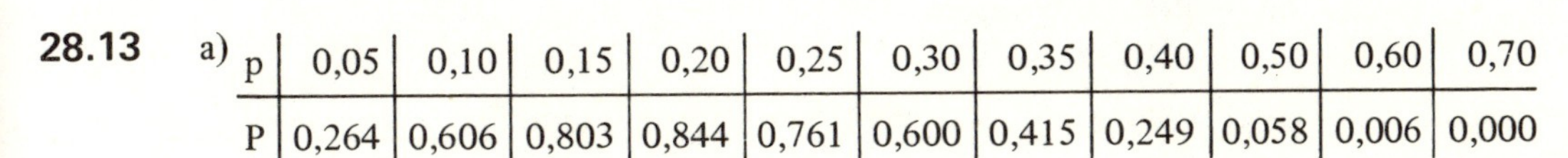

p	0,05	0,10	0,15	0,20	0,25	0,30	0,35	0,40	0,50	0,60	0,70
P	0,264	0,606	0,803	0,844	0,761	0,600	0,415	0,249	0,058	0,006	0,000

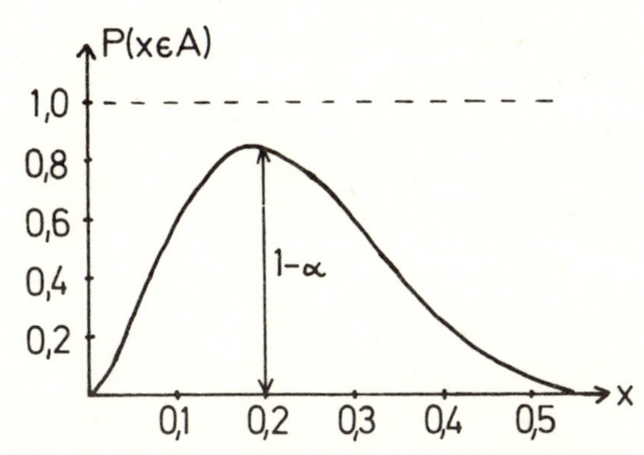

b) Für jedes $p \neq 0$, ergibt sich ein Fehler 2. Art. Da das Maximum der OC-Kurve nicht genau bei $p = 0{,}2$ liegt, gibt es Werte von p, für die die Wahrscheinlichkeit β des

Fehlers 2. Art größer als die Sicherheitswahrscheinlichkeit $1 - \alpha$ ist. Dann ist die Summe der Fehlerwahrscheinlichkeiten größer als 1: $\alpha + \beta > 1$.

Ein solcher Test heißt verfälscht.

c) α) Das Maximum der OC-Kurve verschiebt sich zu kleineren Werten von p hin.
β) Das Maximum der OC-Kurve verschiebt sich zu größeren Werten von p.

28.14 a) Die Auszählung der Wortlängen ergibt folgende Tabelle:

x	Anzahl k	kx	kx^2
1	0	0	0
2	14	28	56
3	47	141	423
4	27	108	432
5	20	100	500
6	17	102	612
7	10	70	490
8	9	72	576
9	3	27	243
10	8	80	800

x	Anzahl k	kx	kx^2
11	7	77	847
12	4	48	576
13	7	91	1183
14	5	70	980
15	2	30	450
16	3	48	768
17	1	17	289
18	1	18	324
21	1	21	441
	186	1148	9990

$$\bar{x} = \frac{1141}{186} = 6{,}172,$$

$$s^2 = \frac{1}{185}(9990 - 186 \cdot 6{,}172^2) = 15{,}70.$$

Im Idealfall der Poissonverteilung müßte s^2 gleich dem Mittelwert $\bar{x} - 2 = 4{,}201$ von $X - 2$ sein.

b) Die Tabellenwerte für die Poissonverteilung sind nach der Formel

$$f(x) = 186 \cdot e^{-4{,}172} \cdot \frac{4{,}172^{x-2}}{(x-2)!}$$

berechnet. Sie stimmen mit dem Ergebnis der Auszählung auch nicht näherungsweise überein. Also ist die Länge der deutschen Wörter nicht poissonverteilt.

x	f(x)
2	3
3	12
4	25
5	35
6	36
7	30
8	21
9	13
10	7
11	3
12	1
13	0
14	0

28.15 a) $p = \frac{1}{2}$, $n = 1$, $E(X) = \frac{1}{2}$, $\operatorname{Var} X = \frac{1}{4}$.

b)

$\bar{x}$	0	$\frac{1}{4}$	$\frac{1}{2}$	$\frac{3}{4}$	1
mögl. Erg.	(0; 0; 0; 0)	(0; 0; 0; 1)	(0; 0; 1; 1)	(0; 1; 1; 1)	(1; 1; 1; 1)
$P(\bar{X} = \bar{x})$	$\frac{1}{16}$	$\frac{1}{4}$	$\frac{3}{8}$	$\frac{1}{4}$	$\frac{1}{16}$
$(\bar{X} - E(X))^2$	$\frac{1}{4}$	$\frac{1}{16}$	0	$\frac{1}{16}$	$\frac{1}{4}$
Z	0	$\frac{3}{4}$	1	$\frac{3}{4}$	0

Ein Beispiel für die Berechnung von Z: In der zweiten Spalte ist $X_1 = X_2 = X_3 = 0$, $X_4 = 1$ und $\bar{X} = \frac{1}{4}$, also

$$Z = \left(0 - \frac{1}{4}\right)^2 + \left(0 - \frac{1}{4}\right)^2 + \left(0 - \frac{1}{4}\right)^2 + \left(1 - \frac{1}{4}\right)^2 = \frac{12}{16} = \frac{3}{4}.$$

c) α) $E(\bar{X}) = \frac{1}{16} \cdot 0 + \frac{1}{4} \cdot \frac{1}{4} + \frac{3}{8} \cdot \frac{1}{2} + \frac{1}{4} \cdot \frac{3}{4} + \frac{1}{16} \cdot 1 = \frac{1}{2} = E(X).$

β) $\operatorname{Var} \bar{X} = E\,[(\bar{X} - E(\bar{X}))^2] = E\,[(\bar{X} - E(X))^2]$

$$= \frac{1}{16} \cdot \frac{1}{4} + \frac{1}{4} \cdot \frac{1}{16} + \frac{3}{8} \cdot 0 + \frac{1}{4} \cdot \frac{1}{16} + \frac{1}{16} \cdot \frac{1}{4} = \frac{1}{16} = \frac{1}{4} \operatorname{Var} X.$$

γ) $E(S^2) = \frac{1}{3}\, E(Z) = \frac{1}{3}\left(\frac{1}{16} \cdot 0 + \frac{1}{4} \cdot \frac{3}{4} + \frac{3}{8} \cdot 1 + \frac{1}{4} \cdot \frac{3}{4} + \frac{1}{16} \cdot 0\right) = \frac{1}{4}$

$= \operatorname{Var} X.$

28.16 $$E(X) = \bar{X} = \frac{1 \cdot 0{,}47 + 5 \cdot 0{,}48 + 13 \cdot 0{,}49 + 17 \cdot 0{,}50 + 9 \cdot 0{,}51 + 5 \cdot 0{,}52}{50} = 0{,}4986.$$

$$\operatorname{Var} X = \frac{1}{49}\,(1 \cdot 0{,}0286^2 + 5 \cdot 0{,}0186^2 + 13 \cdot 0{,}0086^2 + 17 \cdot 0{,}0014^2 + 9 \cdot 0{,}0114^2 + 5 \cdot 0{,}0214^2) = 1{,}43 \cdot 10^{-4}.$$